"十二五"普通高等教育本科国家级规划教材

首饰艺术设计

（第2版）

张晓燕　主　编
楼慧珍　副主编

中国纺织出版社

内 容 提 要

本书以国际的视野和眼光，立足于本土首饰业现状，以东方文化为基石、欧美大量优秀作品为实例，细致全面地撰写了首饰发展的历史起源、首饰材料的鉴定、首饰设计的创新方法、首饰绘图技法的表达、首饰制作工艺以及首饰的人体工学等章节，为产业发展和高等院校首饰及时尚专业教育提供了导向作用。

本书用于指导教学以及学生的首饰创意设计与工艺，可作为服装专业和首饰设计专业的教学和参考用书。

图书在版编目（CIP）数据

首饰艺术设计 / 张晓燕主编. --2 版 . -- 北京：中国纺织出版社，2017.3（2023.3重印）

"十二五"普通高等教育本科国家级规划教材

ISBN 978-7-5180-3092-7

Ⅰ . ①首… Ⅱ . ①张… Ⅲ . ①首饰—设计—高等学校—教材 Ⅳ . ① TS934.3

中国版本图书馆 CIP 数据核字（2016）第 277699 号

策划编辑：王 璐　　责任编辑：魏 萌　　责任校对：寇晨晨
责任设计：何 建　　责任印制：王艳丽

中国纺织出版社出版发行
地址：北京市朝阳区百子湾东里A407号楼　邮政编码：100124
销售电话：010—67004422　传真：010—87155801
http://www.c-textilep.com
E-mail: faxing@c-textilep.com
中国纺织出版社天猫旗舰店
官方微博 http://weibo.com/2119887771
北京通天印刷有限责任公司印刷　各地新华书店经销
2010年6月第1版　2017年3月第2版　2023年3月第4次印刷
开本：787×1092　1/16　印张：15.5
字数：282千字　定价：58.00元

出版者的话

全面推进素质教育，着力培养基础扎实、知识面宽、能力强、素质高的人才，已成为当今教育的主题。教材建设作为教学的重要组成部分，如何适应新形势下我国教学改革要求，与时俱进，编写出高质量的教材，在人才培养中发挥作用，成为院校和出版人共同努力的目标。2011年4月，教育部颁发了教高[2011]5号文件《教育部关于"十二五"普通高等教育本科教材建设的若干意见》（以下简称《意见》），明确指出"十二五"普通高等教育本科教材建设，要以服务人才培养为目标，以提高教材质量为核心，以创新教材建设的体制机制为突破口，以实施教材精品战略、加强教材分类指导、完善教材评价选用制度为着力点，坚持育人为本，充分发挥教材在提高人才培养质量中的基础性作用。《意见》同时指明了"十二五"普通高等教育本科教材建设的四项基本原则，即要以国家、省（区、市）、高等学校三级教材建设为基础，全面推进，提升教材整体质量，同时重点建设主干基础课程教材、专业核心课程教材，加强实验实践类教材建设，推进数字化教材建设；要实行教材编写主编负责制，出版发行单位出版社负责制，主编和其他编者所在单位及出版社上级主管部门承担监督检查责任，确保教材质量；要鼓励编写及时反映人才培养模式和教学改革最新趋势的教材，注重教材内容在传授知识的同时，传授获取知识和创造知识的方法；要根据各类普通高等学校需要，注重满足多样化人才培养需求，教材特色鲜明、品种丰富。避免相同品种且特色不突出的教材重复建设。

随着《意见》出台，教育部于2012年11月21日正式下发了《教育部关于印发第一批"十二五"普通高等教育本科国家级规划教材书目的通知》，确定了1102种规划教材书目。我社共有16种教材被纳入首批"十二五"普通高等教育本科国家级教材规划，其中包括了纺织工程教材7种、轻化工程教材2种、服装设计与工程教材7种。为在"十二五"期间切实做好教材出版工作，我社主动进行了教材创新型模式的深入策划，力求使教材出版与教学改革和课程建设发展相适应，充分体现教材的适用性、科学性、系统性和新颖性，使教材内容具有以下几个特点：

（1）坚持一个目标——服务人才培养。"十二五"普通高等教育本科教材建设，要坚持育人为本，充分发挥教材在提高人才培养质量中的基础性作用，充分体现我国改革开放30多年来经济、政治、文化、社会、科技等方面取得的成就，适应不同类型高等学校需要和不同教学对象需要，编写推介一大批符合教育规律和人才成长规律的具有科学性、先进性、适用性的优秀教材，进一步完善具有中国特色的普通高等教育本科教材体系。

（2）围绕一个核心——提高教材质量。根据教育规律和课程设置特点，从提高学生分析问题、解决问题的能力入手，教材附有课程设置指导，并于章首介绍本章知识点、重点、难点及专业技能，增加相关学科的最新研究理论、研究热点或历史背景，章后附形式多样的习题等，提高教材的可读性，增加学生学习兴趣和自学能力，提升学生科技素养和人文素养。

（3）突出一个环节——内容实践环节。教材出版突出应用性学科的特点，注重理论与生产实践的结合，有针对性地设置教材内容，增加实践、实验内容。

（4）实现一个立体——多元化教材建设。鼓励编写、出版适应不同类型高等学校教学需要的不同风格和特色教材；积极推进高等学校与行业合作编写实践教材；鼓励编写、出版不同载体和不同形式的教材，包括纸质教材和数字化教材，授课型教材和辅助型教材；鼓励开发中外文双语教材、汉语与少数民族语言双语教材；探索与国外或境外合作编写或改编优秀教材。

教材出版是教育发展中的重要组成部分，为出版高质量的教材，出版社严格甄选作者，组织专家评审，并对出版全过程进行过程跟踪，及时了解教材编写进度、编写质量，力求做到作者权威，编辑专业，审读严格，精品出版。我们愿与院校一起，共同探讨、完善教材出版，不断推出精品教材，以适应我国高等教育的发展要求。

中国纺织出版社

教材出版中心

序

　　回顾历史，展望未来。中国珠宝首饰业从20世纪80年代复兴，经过20多年的励精图治，时至今日，无论制造业还是零售业均保持着高速增长的态势。对比80年代年销售总额不足2亿元发展到如今的1900亿元，我国已成为全球第二大珠宝制造基地。2004年我国铂金消费超过世界总产量的一半，黄金产销量位居世界第二，并成为亚洲最大的钻石消费国。同时，中国也已形成了翡翠玉石最大的消费市场。2005年，商务部曾断言，珠宝首饰正成长为继住房、汽车之后的第三大消费热点。如今，珠宝首饰产业已是我国国民经济构成中不可缺少的重要产业之一。尽管加工制造水平一流、国内市场消费需求潜力旺盛，但是我国要完成从首饰制造业到首饰品牌真正建立的转变仍需付出艰苦的努力。与西方许多首饰巨鳄相比，我国首饰业还有很长的路要走，因此，培育适应我国珠宝首饰业发展所需要的专业人才仍迫在眉睫。

　　回国多年，我一直致力于首饰设计与制作专业人才的教育与培养，国外的研究学习和国内首饰业的建设让我有所感悟。西方的首饰业是伴随着现代艺术设计发展的，其与西方的绘画、建筑、雕塑等空间艺术在造型的形式上有所关联；新材料的开发运用、思想流派的多样性也与珠宝的内容有着千丝万缕的联系。在将这些西方现代主义的精髓与造型方法引入国内的同时，我一直在思考一些问题，即中国的首饰设计所应该具有的本土化特征与文化内涵何在？首饰作为有概念内涵的视觉艺术与时尚商品之间的关系如何？等等。

　　20世纪的伟大艺术家杜桑认为："一件艺术品从根本上来说是艺术家的思想，而不是有形的实物——绘画和雕塑，有形的实物可以出自一种思想。"这种观念被后来的达达主义发扬并在其后被美国和欧洲的艺术家们继承并发展着，与结构主义、符号学、语言学等相结合，形成了多种不同形式的概念主义。这种概念主义同样为后现代首饰设计提供了广阔的空间。在借鉴西方造型设计的方法论与理念的同时，中国几千年来的文化和艺术为我国新一代首饰设计师提供了丰富的思想来源，也许这正是走一条有中国特色的首饰设计之路的突破口吧。

　　能够以艺术创意为中心，融入深厚的本土文化；能紧跟时尚流行的脉搏，具备将艺术创意转化为深受消费者欢迎且便于品牌推广的商款设计的能力；同时，又具备优秀的首饰工艺制作能力，这样的学生就是我们的培养目标。本书是我的研究生编写的一本较全面而细致的首饰教材，她以国际的视野和眼光，立足于本土首饰业现状，以东方文化为基石，细致全面地阐述了首饰发展的历史起源，首饰材料的鉴别，首饰设计的创新方法，首饰绘图技法的表达，首饰制作工艺以及首饰的人体工学等内容。希望此书能够为产业发展和高等院校首饰及时尚专业教育提供导向作用。

邹宁馨

北京服装学院教授、硕士生导师

比利时安特卫普皇家美院硕士

2010年2月

第2版前言

时光荏苒，自2010年本书第1版出版以来，又经过了五个春秋。五年来，国内的首饰业发生了诸多变化。如果说五年前，对于中国人来说，当代首饰艺术的概念还比较陌生，那么五年后的今天，以北京、上海、深圳为中心的专业首饰展览如同雨后春笋般展示着这个行业未来的潜在生机，与专业的首饰展览并进的是一些颇具特色的首饰沙龙与画廊，以及以个人名义注册经营的首饰工作室，这些首饰沙龙与画廊代理了诸多国内外首饰艺术家的作品，这些作品连同其设计师的名字正在慢慢地走入消费者的视线中，成为独具特色的首饰艺术的典范。

如果说当代首饰常常被看作是一种以手工为前提，介于高级珠宝与艺术作品之间，既有艺术思想，又受当代文化影响的特殊的首饰物品的话，那么它一方面挑战着批量化的配饰商品，另一方面在带有深邃的艺术概念的同时又被赋予了一种可佩戴的特性。它作为一种特殊的消费产品满足着较高层次的消费者的精神与心理的独特需求。

在国外，当代首饰一般由画廊以及专业的首饰代理商来负责其销售与推广，这一点更像艺术品，而今天的上海，几家颇具特色的当代首饰画廊，正朝着同样的方向迈进。首饰设计师的作品在国内外各大首饰展览、首饰沙龙及画廊中的曝光度影响着其作品未来的市场空间。当然，画廊并不是首饰作品的唯一销售平台，更不是某个作品可以绽放其生命光泽的全部。

在上海，随着上海市政府近几年来对珠宝首饰行业的重视与推动，上海首饰设计大赛已连续举办了三年。2014年，上海国际首饰展览首次举办，上海首饰设计师协会正式成立，首饰行业正迎来新的发展机遇与空间。在深圳，深圳市政府的大力支持下，以TTF珠宝、仙路珠宝等珠宝公司为龙头，多年来一直致力于发掘有中国特色兼具当代意识的优秀原创首饰设计师，扩大中国首饰在国际市场的影响力，进行着业内各种专业交流。优秀的专业首饰交流平台为当代首饰作品提供了展示平台，推动了首饰产业向更高更广的层次发展。

虽然在荷兰、英国、德国和奥地利，当代首饰发展已有大约四五十年的历史，但在国内，当代首饰在创作上还是一个非常年轻的领域。随着首饰艺术领域国际化交流日趋频繁，伴随着国内各种首饰大赛、首饰展览与博览会的举办日趋成熟，中国首饰业正面临着国际化信息大量快速地流入所带来的机遇、挑战与问题，在与世界各国的首饰艺术作品的碰撞交流中，我国首饰设计师正面临着如何不完全被西方首饰艺术淹没而失去自身特色的挑战，因此让当代首饰在中国真正生根发芽成为时代的主题。随着时间的流逝，这些都将成为过去，中国首饰将伴随着中国经济的转轨以及中国人精神层面的苏醒探索着，并终将探索出自身的道路。

　　为使教材更具前瞻性，本书在第一版的基础上对以下内容进行了修改：第二章增加了"第五节 综合材料在首饰设计中的应用"部分，由于首饰用材正在从传统的贵金属走向综合材料，所以该部分对近三年来教学中的综合材料首饰作品进行分析，以指导学生深入地理解首饰创作的材料，并掌握综合材料的首饰创作技巧；对原书的"第四章 首饰艺术的绘图技法"进行了整体的修改，并加入了学生优秀的首饰绘图设计的获奖作品作为案例；教材对原书"第五章 首饰艺术的制作工艺"进行了修改，使此章节变得更加系统化，便于学生理论与实践动手练习的有效结合；教材对"第六章 首饰的人性化设计"进行了整体修改，更换了不再时尚的设计作品案例，并通过教学成果的案例分析，帮助学生理解掌握首饰设计的人性化设计的内涵。

上海工程技术大学　张晓燕

2016年10月28日

第1版前言

如果我们把珠宝首饰艺术的历史比喻成一条浩浩荡荡的长河，那么顺着河流找寻源头，就会发现从人类诞生之时，自然的万物就成为人们用来装扮自己的材料，这种材料被人类所用并围绕人体进行着从无意识到有意识的装扮，而这种装扮也逐渐成为一种设计活动。单纯谈珠宝首饰的设计似乎是一个充满神秘的古老话题，它让人联想到旧石器时代那些古朴、原始、自然的化石项链，想到古埃及人用彩色玻璃做成圣甲虫挂饰，更令人感叹的是那些远古时期与装饰无关的神秘观念。而当这些古老的传统文化内韵与现代抽象的时尚流行元素相结合时，珠宝首饰艺术又开始以另一种面目出现在我们面前。在东方与西方、传统与现代之间找到结合点，在精品首饰与时装首饰之间研究首饰的人性化设计是本书的价值所在。

今天，随着我国经济的发展和人民生活水平的提高，人们对于珠宝首饰消费的热情日益高涨。20世纪80年代，我国开始打开黄金饰品的内需市场，允许其内销；90年代，刚刚打开的国内市场引发了人们购买珠宝首饰的热情；21世纪的今天，仅中国浙江义乌一地就已经拥有4000家左右的饰品企业。而作为我国首饰业的"中关村"——精品首饰加工基地深圳，依靠距离国际珠宝首饰中心之一香港较近的优越地理位置和多年来的加工基础，首饰产业更是以前所未有之势快速发展着。企业的发展引起对人才的渴求，时至今日，首饰行业缺乏高级专业人才和专业技工的现状仍未得到真正解决。为了适应快速发展的首饰产业和人才缺乏之间的矛盾，我国各高等院校及部分高职院校陆续建立起首饰设计与制作专业。此外，政府也开始了珠宝首饰行业的职业资格等级培训。相信这些都能够为珠宝首饰产业的发展提供人才的原动力。本书正是在这样的国内业态下编写的适合国情的首饰艺术设计专业教材。

正如著名史学家贡布里希所说："现实中根本没有艺术这种东西，只有艺术家而已。"在德国艺术家丢勒开始注视自然之美时，在达·芬奇创作《蒙娜丽莎的微笑》时，抑或在大卫企图封住画面深度以强调画中面时，艺术早已不存在，它不是成为艺术家表现基督教教义的工具，就是帮助艺术家建立起一种崭新的思想，或者成为艺术家尝试新形式的手段，更是艺术家内在感情的表现。首饰艺术的领域同样如此！首饰艺术品的诞生，实质上是首饰艺术家内在思想及观念的结晶。基于此，本书希望为那些想要通过首饰作品完美地表现自我个性和情感的艺术家们提供一些技巧与方法，这些技巧与方法仅仅是帮助首饰工作者成功地表达内心情感与个性的手段，而使用这些手段实现的成果则是设计者内在修养与个性的体现。

基于这样的思考，作者参阅了大量的国外资讯，并仔细研读了仅有的几本国内珠宝首饰专业书籍，编著了本书。本书是集首饰艺术发展历史、概念设计、绘图技法、材料及鉴别、制作工艺及人性化设计等于一体的全面、细致、实用、专业的首饰艺术设计教程。教材引导读者进入一个精彩的珠宝首饰艺术设计世界，来自于欧洲、美国、日本的艺术首饰的精美作品图片向读者展示了现代艺术首饰设计的个性与内涵，编者潜心提炼出的艺术首饰创新设计的手法帮助读者最大限度地打开设计思维。对于珠宝首饰的历史与现状的探讨，引导读者进入神秘有趣的首饰文化世界，而首饰的材料及鉴别、制作工艺与绘图技法等章节，为读者真正进入珠宝首饰行业提供了知识积累和技术支持。

本书的参编人员包括上海第二工业大学江洁，山东理工大学杨秀丽，山东工艺美术学院刘菲，上海工程技术大学胡越、孙荪、邱米昉、倪洁诚，东华大学李明，复旦大学视觉艺术学院外聘教师龚根发、学生陆盛青为本书的资料查询等提供了帮助，并给予宝贵建议。其中，复旦大学视觉艺术学院教师龚根发多年来从事首饰蜡雕工艺制作，为本书提供了首饰制作工艺章节的蜡雕工艺制作范例，该学院陆盛青同学为本书提供了首饰绘图技法章节的手工绘图技法、Jewel CAD首饰设计范例，在此表示感谢！

谨以此书，献给那些孜孜不倦、教书育人的辛勤园丁，遨游书海的莘莘学子，以及那些热爱艺术、奉献自己、回报社会的人们，以期共勉！

张晓燕

2010年1月于上海工程技术大学

教学内容及课时安排

章/课时	课程性质/课时	节	课程内容
第一章 （4学时）	基础理论		· 首饰艺术的概念与发展
		一	首饰艺术的概念
		二	首饰艺术的发展
第二章 （8学时）	基础理论		· 首饰艺术的材料
		一	新材料与新技术对首饰设计的影响
		二	金属材料
		三	宝玉石材料
		四	其他常用材料
		五	综合材料在首饰设计中的应用
第三章 （8学时）	基础理论及应用		· 首饰艺术的设计创新
		一	首饰概念创新设计中的灵感来源
		二	空间中的流动元素——点、线、面、体
		三	源自自然，体味设计
		四	源自生活和文化的启迪——首饰设计中的趣味性及文化内蕴
		五	首饰设计的抽象化语言
		六	首饰设计中的流行元素及民族语言
第四章 （12学时）	基础理论及应用		· 首饰艺术的绘图技法
		一	手工绘图技法
		二	电脑绘图技法——Photoshop
		三	电脑绘图技法——JewlleryCAD
第五章 （28学时）	工艺实践		· 首饰的制作工艺
		一	首饰制作的基本工具及使用技巧
		二	首饰基础工艺技术
		三	首饰镶嵌工艺
		四	首饰蜡雕工艺
		五	首饰铸造工艺
		六	首饰珐琅工艺
		七	首饰花丝工艺
第六章 （4学时）	理论及应用		· 首饰艺术的人性化设计
		一	服饰与人体
		二	首饰与服装
		三	首饰与形象设计
		四	首饰艺术设计的情感需求及个性化表现

注 各院校可根据自身的教学特点和教学计划对课程时数进行调整。

目录

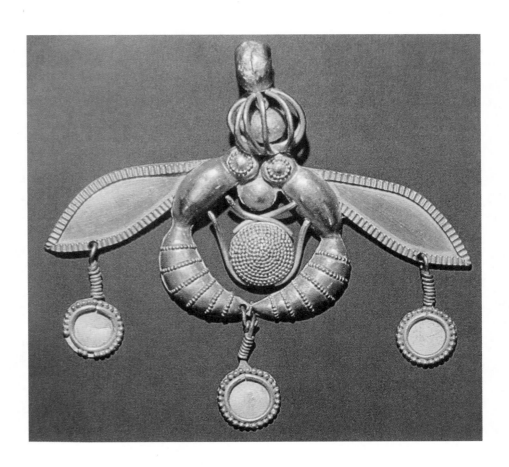

首饰艺术的概念与发展

课题名称： 首饰艺术的概念与发展

课题内容： 首饰艺术的概念

首饰艺术的发展

课题时间： 4课时

训练目的： 通过学习西方首饰发展史真正理解西方首饰与东方首饰的
根本不同。理解当代首饰设计在国内外的发展现状与发展
方向。

教学要求： 了解首饰艺术的概念、起源及分类。

了解西方首饰艺术的发展简史。

了解国内外首饰业态、现代首饰的发展、当代首饰的特点。

第一章　首饰艺术的概念与发展

第一节　首饰艺术的概念

一、设计领域中的精灵——首饰艺术设计

艺术设计的空间可谓"博大而神奇"，早在很久以前，日本的设计师川添登先生就根据人、自然、社会的对应关系，将设计领域划分为三大领域——传达设计、产品设计和环境设计。三大类设计从服务对象来说都离不开"以人为中心，为人服务"的根本原则，这使得它们之间有着本质的必然联系，单纯从概念设计的本原来看它们几乎是完全相通的。而作为产品设计的首饰又有其独有的特点，即"精致而小巧"，因为体积小所以灵动，以至于它几乎无处不在，恣意遨游。

1. 首饰与建筑设计

屹立于空间环境中的庞大的建筑艺术经过缩小、简化、提炼，可以成为灵动的首饰；建筑艺术中常用的造型原理、力学规则等手法也常常被首饰设计师所运用，那些空灵的立体抽象的首饰形态无限放大重新架构，可以成为雕塑或建筑艺术的雏形。除造型艺术的相融相通之外，它们在概念设计的本原上也是相通的。图1-1为德国建筑家费雷设计的2008年奥运会国家体育馆的建筑作品，作品以"鸟巢"的形象体现出人类与自然的亲和。而图1-2这个小小的灵动的首饰作品用同样的设计语言，不同的材料诠释着相同的设计概念。两者都以"线"元素的穿插交错的造型方式为主，前者以钢结构、新型防火材料秸秆板材为主，用五彩的灯光创造出华丽动人的效果，而后者则以纯银金属材料为主，配合闪烁的钻石。两者同样借鉴自然界中的"鸟巢"形象来表现人类与自然的交流对话与环保意识。

2. 首饰与服装艺术

在服装时尚领域，珠宝首饰参与到围绕人体进行的个性化包装之中，成为不可缺少的元素。图1-3为2004年加利亚诺为"迪

图1-1　国家体育馆"鸟巢"

奥"品牌推出的高级时装，据说，这些为衣裙配饰的钻石与皇冠加起来的重量超过了模特本身的体重，夸张的造型配以首饰，让伊丽莎白时代的高贵质感美到了极点。

这样的首饰一方面装扮时装，另一方面和时装一起装扮着人体，共同创造着个性优雅的服饰氛围。而当首饰脱离时装单独来装饰人体时，首饰的艺术价值增高，商业价值减少，同时逐渐向艺术品概念过渡。

3. 首饰与室内装饰艺术

首饰脱离人体，走下时装，还可以成为装扮环境服务于人的室内实用装饰品。图1-4中这款趣味性的塑料质地的时尚室内沙发缩小后可以替换图1-5中项饰的一个单元，成为戴在人体颈部

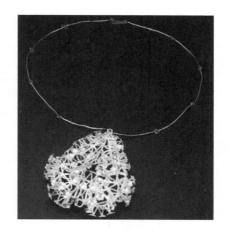

图1-2　镶钻银项饰

图1-3　迪奥品牌2004年作品

图1-4　趣味沙发

（图片来源：*New Chairs*，MelByars 编著）

图1-5　项饰

（图片来源：*500 Necklace*）

的项饰的一个单元元素，将其缩小复制可以成为项饰、时尚腕饰、腰饰、鞋子上面的装饰点等。从这个角度来看，在室内装饰领域，某些室内装饰品的体积也可以无限缩小成首饰中的一个单元。

4.　首饰与雕塑艺术

在纯艺术领域，扩大的首饰本身就是一件雕塑。而雕塑作为景观中不可缺少的一部分，又属于环境设计中的一个元素。图1-6中的雕塑作品无论从材料还是从造型的角度上看都和首饰艺术品有着异曲同工之妙。

甚至在汽车行业，继桑塔纳汽车与钻石亲密接触之后，PGO敞篷车与施华洛世奇水晶又再次联姻，数以万计的施华洛世奇水晶包裹住PGO的整个车身，极度奢华与精致（图1-7）。此外，在2005年上海国际车展上，极具代表性的Wellendorff花环图形和黄白K金制作的装饰条使得优雅的迈巴赫汽车更具贵族风范。

首饰作为空间中流动的装饰元素，它有时是一个点，装饰于各种产品之中，有时是一个面，镶嵌于各种材料之上，而独立的首饰本身又是一个体，将其扩大可以成为雕塑或建筑装饰于城市的四维空间之中。如此灵动，可大可小，可远可近，这样一个精灵，在艺术海洋中遨游，不禁让人叹服它神奇的存在。

也正因为此，首饰艺术设计与设计领域中各个方向——"二维的视觉平面设计，三维的服装、

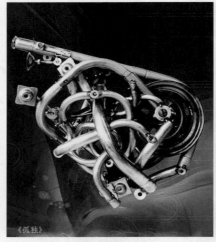

图1-6　雕塑作品

图1-7　施华洛世奇水晶包裹的PGO敞篷车

装潢等产品的设计，四维的舞台美术、播放设计等"始终有着千丝万缕的联系。首饰设计师可以从雕塑、建筑、舞台设计甚至于音乐、戏剧等作品中找寻灵感来源，尤其在今天，艺术学科的交流互动日益频繁之时，单一的学科发展已经成为设计思维拓展的限制，我们在学习研究首饰艺术设计之前，更应该先明鉴于此，培养对艺术学科的热爱。

二、首饰艺术的概念及分类

1.　首饰的概念

如果为首饰设计归类的话，人们会毫不犹豫地将它划入到产品设计的范畴。然而，要想对首饰给出明确的概念却是一件比较困难的事情。因为它内涵太广。除传统的装扮人体的首饰外，从首饰概念的延展意义上看，作为装饰品，许多个人用品以及室内陈列品也被划入首饰艺术的范畴。

广义而言，首饰应该是"首饰"概念无限扩展后出现的名词，它是指使用各种材料（包括金属、天然珠宝玉石，人工宝石，塑料，木材，皮革等多种材料）用于个人装饰及相关环境物品装饰的饰品。

狭义的首饰的概念，则是指用典型首饰材料（贵金属材料及天然珠宝玉石材料）制作的工艺精良并以个人装饰为主要目的，且随身佩戴的饰品。

2. 首饰的分类

从艺术设计的角度，按照产品的类别进行划分，首饰则包括时装首饰，艺术首饰和商业首饰。其中，时装首饰更多的是依附于时装、装扮时装，是服装的配套饰品。艺术首饰更多的被看作是一件雕塑，从雕塑的角度来看艺术首饰，首饰不再是单纯的平面化的装饰语言，而是立体的空间的充满文化内涵的艺术品。而商业首饰则是来源于丰厚的艺术首饰设计的创作源泉，不可避免地依附于时装和人体，更加无法逃脱市场的限制的商品。更多的时候，三大类首饰之间并没有明确的界限，有的与时装相配的时装首饰也兼具艺术味道，具有和艺术首饰同样的内涵，有的看似商业化的商业首饰本身就是时装首饰。图1-8是一款手工银项饰，夸张而充满艺术味道的感觉让这款首饰兼具时装首饰和艺术首饰的味道。图1-9这款项饰以银和铝制成，造型与结构颇具艺术首饰的张力，夸张而体积较大又兼具时装首饰的特点。

三、首饰艺术的特点

1. 时装首饰

（1）时装首饰的特点

从材料上看，时装首饰选材随意，材料成本较低，它不选用贵金属和高档珠宝，各种合金、人造宝石、有机玻璃、合成水晶、贝壳、牛骨、陶瓷、竹木等都可以用来制成个性化的时装首饰。从设计风格上看，时装首饰造型体积较大，设计风格夸张、反传统，紧跟时尚。从服务对象看，时装首饰以人体为中心，与服装相互搭配，服务于人体。

（2）时装首饰的存在形态

作为与时装相配的时装首饰，它的存在是以包装人体为首要目的的，并与服装的造型和其材料质感、色泽形成节奏与对比。

时尚的王国中有许多各具特色的成员，如"发型设计，美容化妆，时装设计，各种配饰等的设计"。这些成员无不围绕着人

图1-8　手工银项饰
（Urban Primal，2004年，作者：Kari Woo）

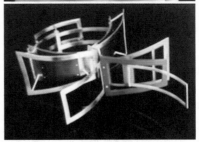

图1-9　手工银铝项饰
（Venus Fly，2002年，作者：Addam）

体进行各种各样的装扮，它们之间关系密切，同人体之间更是不可分割。一顶和时装不相配的帽子会让人显得突兀，格格不入，同样一个肚子肥大的人在腰际扎上艳丽的腰带无疑让人觉得可

笑。正因为有了如此密切的联系，也使得它们之间分割的界限比较模糊。时装首饰既是时尚大家庭中的一员，又是造型领域中的一个元素，这个元素在设计师的手中或以点的形式出现，或流逝成线，或扩展成面，甚至延展成整套时装。

作为造型元素中的一个点，它经常被设计师做成头花、项坠、耳饰、别针、腰饰等。或协调整套时装的配色，或成为视觉中心，能成为视觉中心点的时装首饰往往做得精细有加，如图1-10所示。

作为造型元素中的线，它有时如同夜晚的流星成为视觉的引导线，有时做成长长的挂坠飘洒于胸前，有时镶嵌在时装面料之上形成线形纹样。这些具有感情色彩的线，或给人以力量，或装扮得平实，有时又扩展成面，如图1-11所示。

作为造型元素中的面，它经常直接被设计师做成面料，想象一下整套时装都镶嵌宝石、银饰

或其他软材质的首饰时，会传递给人们一种怎样的情感呢？或高贵奢华，或神秘晦涩，或明朗有趣，都取决于我们的总导演——设计师，如图1-12所示。

时装首饰从点到线再到面，最后蔓延至整套时装，从默默无闻到惊世骇俗，角色的转换传递着设计师不同的情感，而这种情感无不遵循着设计的规则，即："取材于自然，服务并装扮于人体"。设计师用多视角的发散思维将大自然中多种多样的材质用于时装首饰之中，进行着千姿百态的设计。

（3）时装首饰的保养

由于时装首饰用材随意广泛，成本较低，有些材料性能不稳定，在佩戴时有可能变形，若遇风吹、日晒、雨打后表面形态容易变质。所以，时装首饰佩戴具有即时性的特点，一般不宜多次、长期佩戴同一件时装首饰。此外，时装首饰不宜与水接触，如不小心遇水，最好立即用软干布擦干净。若是群镶类、较复杂的时装首饰沾水，建议首先用力甩掉大部分水，再用吹风机吹干，所以洗澡时最好不要佩戴时装首饰。图1-13为绿松石腕饰，由于有些绿松石硬度较低，长期佩戴表面难免受损留下痕迹。

2. 艺术首饰

（1）艺术首饰的特点

如果说时装首饰更多地依附于时装、装扮时装，是以人体为中心的服装配套设计中的概念的话，那么艺术首饰则可以被看作是一件雕塑。从雕塑的角度来看艺术首饰，首饰不再是单纯的平面化的装饰语言，而是立体的、空间的、充满文化内涵来源的艺术品。

（2）艺术首饰的存在形态

艺术首饰和雕塑相同，空间立体形态来源于造型的基础——

图1-10　点元素首饰在迪奥高级时装作品中的运用　　　图1-11　线元素首饰在迪奥作品中的运用

图1-12　迪奥发布的宫廷时装作品　　　　　　　图1-13　绿松石腕饰

点、线、面、体。题材来源于自然界中多姿多彩的自然形态，还来源于自然界中广博的材质以及人类历史所形成的丰厚的文化积淀。

目前艺术首饰的创作设计在国际上有几大趋势：一是无限抽象化；二是自然形态的模拟；三是各种材质的混用，追求新材质的效果；四是依托于特色民族文化理念的设计；五是后现代主义时期，追求表现个性化、自我意识并体现情感需求的设计；六是首饰作为人体佩戴品时所表现出来的媒介交流作用。当然，除了以上几大趋势，艺术首饰设计作为艺术品随着各艺术领域的不断交流，还会产生各种各样的设计导向，例如，以技术为推动力的体现高科技感的设计，甚至有一天，动感的带有音乐背景的首饰也会深受人们的喜爱。

第一，从造型的角度看，艺术首饰就像一个小型雕塑，空间立体形态的存在依附于造型的基本元素——点、线、面、体。而这些基本的造型元素可以将具象的设计元素抽象化。在抽象的首饰设计中，这些具有向心力的点、流动的线、穿插的面、旋转的体，在四维的空间之中创造着美的形态和意境。图1-14的首饰造型就是分别由线、面、体等造型元素所构成的抽象的首饰形态。

第二，艺术首饰设计常常从自然界中一些给人启迪、引发人兴趣的形态中找寻灵感，那些古村落中斑驳的墙壁、江南烟雨中的小桥流水，还有那些西湖美景中的亭亭莲花、千年古镇里的吊脚楼……都为艺术首饰设计提供了取之不尽的宝贵财富。

第三，艺术首饰设计同时装首饰设计是相通的，它们的取材都不受时空的限制。在广博的自然材质的基础上，设计师通过

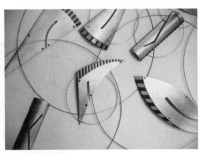

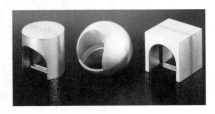

图1-14　具有抽象感的艺术首饰

（图片来源：《日本首饰设计》，以线、面、体为主要构成形式的首饰艺术品）

对新材料的研制和常用材料的处理，将各种各样的材料综合应用在一起。这些材料成为对设计者心灵诠释的载体（图1-15）。

第四，后现代主义时期，艺术首饰也同样表现出风格多样化、设计语言个性化的特征。强烈的自我意识让年青一代的前卫首饰设计师开始关注自我的内心世界与周围的默契（图1-16）。

此外，民族的就是现代的，上下五千年的中国文化是艺术首饰设计的源泉。开发有中国味道兼具现代感的民族首饰，在首饰业发展的今天和未来都将是永不褪色的主题。图1-17是"老凤祥"杯中国首饰电视大赛的入围作品之一《相遇》，作品采用了银金属和黑色漆皮、镶嵌红色石榴石。"阴阳双合成太极，日月一脉蕴乾坤"，设计来源于道禅文化中的太极图，流水匆匆而逝，枝头花开花落，意含永恒亘古不渝的爱情，阴阳相合，与日月乾坤循环永恒同在。

3. 商业首饰

商业首饰是一类受市场约束较大，以市场需求为导向，以企业利润为衡量标准，受到服饰品的流行因素影响的一类首饰。

从形态特点上看：①商业首饰设计的创意来源于艺术首饰。一款毫无艺术概念创意的商业首饰也许能在市场上流行一时，但由于此类首饰缺少背后的文化依托，也只能是昙花一现。②有艺术文化概念的商业首饰有利于企业产品开发的序列化和产品理念的深入推广。③由于艺术首饰创作者毫无约束的设计理念，有些作品可能无法直接投入市场批量化。商业首饰需要在艺术首饰的基础上提炼简化为便于批量化生产、适应市场的产品。④相对于艺术家手工作坊里的单品艺术首饰，商业首饰更具备大众消费的亲和力。图1-18为蒂梵尼2006年新款商业首饰。

图1-15 日本设计师青木敏和的作品
（图片来源：《日本首饰设计》）

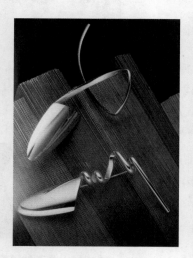

图1-16 日本设计师的作品
（图片来源：《日本首饰设计》）

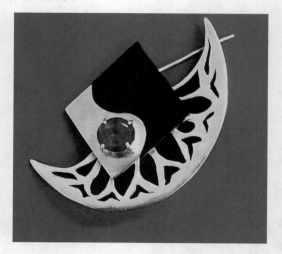

图1-17 "华宝奖首届两岸三地珠宝首饰设计大赛"铜奖

（2014年，华商珠宝企业家协会）

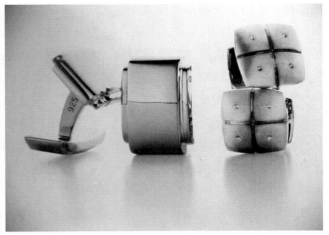

图1-18　蒂梵尼2006年新款商业首饰

第二节　首饰艺术的发展

现代的珠宝首饰业内的专家们努力地寻找着首饰的起源，就像人们不知道当年美索不达米亚地区的苏美尔人究竟来自于高山还是来自于大海一样，人们也不能给出首饰的具体起源时间。

很久很久以前，在遥远的旧石器时代……

一、首饰艺术的起源

在那个遥远的洪荒年代，先人们赤身裸体生活在大自然的丛林中，他们为生存将石头或捕获的野兽牙齿磨成斧头、镰刀等工具，能够打制这些工具作为首饰佩戴在身上，本身代表了原始人个人的威严和能力。后来，人们为了炫耀自己的这种能力，将这些石头、牙齿等凿上小孔挂在胸前，同时，挂在性命攸关的咽喉部位的首饰还具备了抵挡野兽及弓箭进攻、保护生命的潜在心理作用。此外，据说那个时代，人类作为高等动物的一部分，雄性远多于雌性，那时候的男人为了吸引心爱女人的青睐，常常佩戴兽牙犬齿，以显示自己的英勇无比。在上述过程中，便形成了发生学中人们佩戴首饰的原始动机：生活所用，保护生命，满足心理自豪感，繁衍后代。

美国赫洛克在《服装心理学——时装及其动机分析》中曾经记载："在许多原始部落，妇女习惯于装饰，但不穿衣服，只有妓女才穿衣服。"由此可见，尽管人们无法推测首饰的具体起源时间，但有一点却可以肯定："首饰作为原始装饰的一部分，它的起源几乎早于服装等几乎所有的设计形态。"

二、文明进程中的首饰艺术

要想深刻地理解某一历史时期艺术的特点、风格，必须首先理解这一时期的文化底蕴，因为后者始终决定着前者……所以，本章所阐述的首饰的发展历史也是追寻着这一原则，始终围绕着文明发源的中心，始终围绕着每一历史时期特殊的文化背景所决定的首饰状态。

世界文明有四大发源地——古巴比伦、古埃及、古印度、古代中国。这四大文明都是建立在河川台地附近，这是因为有固定的水源才可以使农业和商业较容易发展。两河流域的古巴比伦，尼罗河流域的古埃及，印度河、恒河流域的古印度，以及黄河、长江流域的古代中国，文明以及由此所决定的首饰状态就是在这片河川的环抱孕育中成长、发展、延续的……

如果我们一定要追溯四大文明发源地的文明产生的先后顺序的话，那么现在欧洲文明的发源地就欧洲本土来说，应该是在希腊文明的基础上发展的，而希腊文明则是在非洲的古埃及文明和亚洲的古巴比伦文明的基础上发展起来的。由此，首饰发展史的起源，也要追溯到那个久远的年代——对欧洲文化影响最深的两河流域的美索不达米亚文明时期。

（一）古代的首饰

1. 两河流域的苏美尔人

打开一张世界地图，就像打开了一扇通往时间隧道的门，流淌着一条浩浩荡荡的人类文明艺术发展的长河，在这轴装满文明兴衰的沧桑画卷中，人们总会最先想起美索不达米亚。这片"新月形"的富饶平原，就是古巴比伦王国和苏美尔城邦的所在地，既今天的伊拉克地区。这里早期生活着"闪族人"和"苏美尔人"，其中，苏美尔人是两河流域最早的居民。

苏美尔人常被称为"来自远方的黑发民族"，还有人说"可能是来自波斯高原的游牧民族"等。没有人知道苏美尔人究竟是来自高原？还是来自波涛汹涌的大海？这一切都为苏美尔人打上了神秘的烙印。作为两河流域继蒙昧的洪荒年代进入文明的最早的人类，苏美尔人有着太多神秘的令人称奇的内容。据说，在苏美尔人的古老典籍中记载的天空中的恒星和行星，与现代的星相图几乎毫无区别；苏美尔人还发明了世界上第一种文字——楔形文字；另外，苏美尔人生活的地区，完全缺乏必备的资源，森林以及金、银、铜等矿物质，而这些物质是发展研究冶金工艺学的必需，但是苏美尔人却成功地制造出了世界上第一种合金——青铜，这也为后世的金属雕塑和金属首饰的发展奠定了基础。真是很难想象，这样一种神秘文化怎样在极端的环境下成功地创造了文明的核心部分！而不管苏美尔人究竟起源于何时、来自何方，他们确实为后世首饰艺术的发展打下了牢牢的根基，正是苏美尔人发明的优秀的金工技术才有了古埃及首饰的绚烂辉煌。

有人说：自从有了文字，人类才真正进入了文明时代，人们还把文明出现之前的时代统称为史前。而苏美尔人创造了楔形文字，成为进入古代社会的最早的人类。传说苏美尔人对生活的态度是消极和悲观的，当埃及人写诗赞美尼罗河泛滥所带来的肥沃时，苏美尔人却在诅咒带给他们洪水的大河。

苏美尔人流浪到美索不达米亚地区，开始了农耕和原始贸易，交换物包括陶器、金属制品、编织品等，也许正是这种手工艺人的生活方式使得苏美尔人的工艺技术能够走在同一时代其他民族的前面。此外，苏美尔人还修建了学校，兴建了城市，20世纪20年代对这些古老城市的发掘向我们展示了苏美尔人美得令人难以置信的首饰和精湛工艺。

此外，苏美尔的统治者们相信生命可以永恒，于是首饰就变成了墓穴里的陪葬品，使后世的考古有了依据，由此，我们可以看到这个古老的黑发民族所在的两河流域的首饰及艺术形态。

（1）人物——在最古老和最现代的雕塑之间

说其最古老是因为发黄的历史和久远的时代，说其最现代则是因为这些出土的古老雕塑品，无论从造型、神态，还是技术上看，其制作者比起现代的雕塑和首饰艺术家都毫不逊色。图1-19中的女性陶像来自于大英博物馆收藏，从中不难看出公元前4500年的苏美尔人已经使用了现代的雕塑家惯于运用的夸张和省略的造型手法。从左侧的陶像看，当时的雕塑家夸张地表现了女性丰满的胸部、臀部和大腿，双手简化，头部完全省略；右侧的女性陶像则夸张了肩部，塑造了细长的身体造型。这种最原始的雕塑作品在夸张省略手法的使用上不亚于现代的雕塑家。图1-20是现代著名雕塑家的作品，躯干简化抽象，夸张的大腿则增加了稳定和现代感。

（2）神兽——二维与三维的结合

从二维走向三维，将二维形体与三维形体结合重构，将浮雕和圆雕的造型相融合的手法是现代雕塑家们惯用的造型方式之一，在 Figurations-Abstractions 所编著的《艺术雕塑》一书中，雕塑家就采用了这种手法（图1-21）。而早在公元前三四千年前的苏美尔时期的青铜神兽浮雕中，当时伟大的工匠们就已经大胆采用了这一手法（图1-22），图中这一狮头鸟身动物，鸟的翅膀张开，狮头和鸟身超出了浮雕的范围走向三维，用圆雕的形式表现。这种浮雕和圆雕结合的方式不仅在艺术造型的领域是一大突破，可以与现代雕塑媲美，同时也反映了这一时期苏美尔人的青铜技术领先于世界其他文明发源地，很有可能比古中国的夏朝还要早。

（3）建筑——昔日的通天梯巴别塔，今日的废墟

举世闻名的古巴比伦城是一座令人神往的古城，而在这座古代最繁华的古城中，巴别塔是其中最壮观的建筑物之一，如图1-23所示。

《圣经·旧约·创世纪》中记载：大洪水劫后，……天下人都讲一样的语言，都有一样的口音。诺亚的子孙越来越多，遍布地面，于是向东迁移到古巴比伦附近，遇见一片平原，定居下来。于是他们拿砖当石头，用石漆当灰泥。他们说："来吧，我们要建造一座城和一座塔，塔顶通天，为传扬我们的名，免得我们分散在各地。"由于大家语言相通，同心协力，建成的巴比伦城繁华而美丽，高塔直插云霄，似乎要与天公一比高低。没想到此举惊动了上帝！上帝深为人类的虚荣和傲慢而震怒，不能容忍人类冒犯他的尊严，决定惩罚这些狂妄的人们，就像惩罚偷吃了禁果的亚当和夏娃一样。他看到人们这样齐心协力，

图1-19　古老的女性陶像

图1-20　现代人体雕塑

（图片来源：Figurations-Abstractions
编写的 *Artists Sculptors*）

图1-21　浮雕和圆雕结合的
现代雕塑

（图片来源：Figurations-
Abstractions 编写的 *Artists
Sculptors*）.

图1-22　古老的青铜神兽

（图片来源：网络）

图1-23　巴别塔油画

统一强大，心想：如果人类真的修成宏伟的通天塔，那以后还有什么事干不成呢？一定得想办法阻止他们。于是他悄悄地离开天国来到人间，变乱了人类的语言，使他们分散在各处，那座塔于是半途而废了。高塔中途停工的画面在宗教艺术中有象征意义，表示人类狂妄自大最终只会落得混乱的结局。

然而，不管圣经故事怎样叙述，巴别塔在建筑艺术的发展史上都是一个奇迹……该建筑是一个多层金字塔，上下高达90m，塔顶有一座神庙，蓝色的玻璃窗在阳光照射下五彩斑斓。曾经有一位德国考古学家这样描述巴别塔："连绵的白墙，华丽的铜门，环绕的碉堡，以及林立的千层低楼。"如此沿圣路而上的通天塔难怪引起上帝的关注。

（4）金属和首饰制品——陵墓中的发现，令人惊叹的工艺

如果把远古的历史横向比较，也许当西方文明发源地的苏美尔人在为王后的墓穴制造黄金首饰时，东方文明的发源地之一古中国的工匠也在为皇帝及王妃制造死后的玉衣。后世考古学家对苏美尔"Pu-abi皇后墓"（普阿比王后）以及中国"汉王墓"的发现，让世人看到了远古时期令人惊叹的金工及丝织水平。

图1-24中这顶Pu-abi皇后头饰就是墓穴中发现的放于皇后身体一侧的著名桂冠。相比陪葬女士们的金项圈、金耳环和金头饰而言，这顶以黄金和天青石制成的精细的桂冠更加奢华绚丽。苏美尔人的聪明智慧在这顶头饰中体现得淋漓尽致。利用黄金的延展性敲制出的薄薄的叶片，装饰有天青石的圆片，配合精细的编织技巧，以及头顶装饰的三朵金花无不向人展示出苏美尔人的精湛工艺。

图1-24　Pu-abi皇后头饰

中国是玉和丝的国家，对比苏美尔的Pu-abi皇后墓以黄金装扮死者，古中国的汉王墓则是以玉来装扮尸身。据记载，穿着"金缕玉衣"的汉王妃窦绾安睡在西汉王刘胜的身旁，玉衣共用了2160片玉片，金丝重700g，这件以人体为模型制成的玉衣从外观上看和人体几乎一模一样。头部有玉质的脸盖和脸罩，上衣有前片、后片和左、右袖筒，裤由左、右裤筒组成，彼此各自分开。手足部各有装饰。王妃身上裹满丝绸，那件极负盛名的素纱禅衣只有49g重。这件49g的素纱禅衣轻若缥缈的烟雾，薄如隐约的蝉翼，即使现代的科学家研究多年都制作不出低于49g的蝉

衣，最后经研究才知道，要想织出轻如云烟的蝉衣就得养育特小的蚕，小蚕才能吐出特细的丝。

除了 Pu-abi 皇后头饰以外，图 1-25 所示的现存于美国宾夕法尼亚大学博物馆里的"金山羊与圣树"也是苏美尔人留下的令人惊叹的金工首饰艺术品。该作品中山羊站立在这棵被称为"生命之树"的木质底座上，踮起的脚尖以及面部栩栩如生的表情触人心弦。黄金、贝壳、青金石成为细致灵巧的工匠表达情感的媒介。

2. 尼罗河流域的古埃及人

据说："2000 年以前的希腊人和罗马人看埃及，就像现代西方人看希腊和罗马废墟"。这样一个时间，是非常久远的。公元前 3000 年，古埃及人在与苏美尔人的贸易交往中，形成了富有自己特色的文明——尼罗河文明。有人说尼罗河是古埃及的"赠礼"，与两河流域不同的是尼罗河流域西面是利比亚沙漠，东面是阿拉伯沙漠，南面是努比亚沙漠和飞流直泻的大瀑布，北面的三角洲地区是没有港湾的海岸。

埃及人信仰众多神灵，日月星辰，山川河流，都有相应的神灵执掌。例如：奥西里斯是土地、植物和水之神，被认为是尼罗河的化身和生命的象征。传说他是古埃及的国王，被其兄弟杀死，妻子将其尸体做成木乃伊。后来人们从尼罗河的定期涨落、植物的枯荣中得出奥西里斯死而复活的观念，奉他为主宰大地和冥世的冥国之神。荷鲁斯是奥西里斯的儿子，替父报仇，成为落日之神。从这一神话中也能够看出：埃及人相信灵魂不灭，死后如果将尸体保护好，灵魂有了依附，就可以不灭，死者就可以永生。埃及人优秀的防腐技术将 4000 年前古埃及法老的尸体保存至今。据说法老的生命无穷无尽，是埃及文明持续不断的基本信条。同时，埃及人的这种信仰也为他们的首饰增加了象征意义，赋予了神韵。

如果将古埃及与苏美尔人的金工首饰作一对比的话，那么古埃及人卓越的金属工艺水平是在苏美尔人金属制造技术的基础上发展而来的，并将其发展到极致，形成了首饰史上独特的艺术风格，具有较高的艺术造诣。

无论从首饰的设计和材料的角度，还是从工艺与技术的方面看，埃及人的首饰都为后世作出了突出的贡献。总结起来，有以下几大特点：

第一，多种绚丽的色彩被黄金的金色和谐地统一在一起，像一扇扇彩色玻璃窗。这种用色的方式和中国传统用色极其相似，且不说那些中国古代的绫罗绸缎，就是中国的古建筑也习惯用各

图 1-25 金山羊与圣树

种绚烂的纯色装饰，金色镶边，金色起到了统一各种纯色的作用。而古埃及——早在公元前 4000 ~ 前 3000 年间的金工首饰中绚丽的镶嵌画般的色彩组合与古中国是何等的相似，如图 1-26 所示。

第二，卓越的仿制技术。埃及人是制造赝品的一流专家，我们很难想象埃及作品中那一扇扇东方味道十足的彩色玻璃窗，是用埃及人发明的人造材料制成的。荒漠中的埃及是一个资源匮乏的地方，能够用来制作首饰的只有彩色石头，后来这种石头也快用完了，于是，埃及人发明了替代宝石的玻璃料，他们还在透明水晶的背面涂彩色胶泥仿光玉髓，在陶片上涂彩釉仿不透明的深蓝色天青石。新材料的发明使得埃及首饰在追求表面装饰和内在神韵的结合上达到了艺术高峰。

第三，黄金、天青石、光玉

图1-26　埃及的金工首饰

髓，包括彩色玻璃等各种仿制材料被古埃及人综合运用到一起，并且每一种材料都被赋予神圣的意义。金是太阳的颜色，代表生命的源泉；银代表月亮，也是制造神像骨骼的材料；天青石仿佛保护世人的深蓝色夜空；绿松石和孔雀石象征尼罗河带来的生命之水；沙漠出产的墨绿色碧玉像新鲜蔬菜的颜色，代表再生；红玉髓及红色碧玉的颜色像血，象征生命。

此外，古埃及人在材料的使用方面也反映了他们的聪明才智，法老、贵族的首饰多用贵重金属和半宝石制成，而平常百姓所戴的首饰一般用釉料制成，通常以石英砂为胎或在石子上涂釉彩而成。图1-27中的一对手镯现在保存于伦敦大英博物馆，由黄金、天青石、彩色玻璃制成。

第四，深受古埃及人喜爱的太阳神"圣甲虫"图案频频出现在首饰中。"圣甲虫"对古埃及

人来说是太阳神的象征，它既是古埃及的民族标志和吉祥物，同时又成为埃及人的护身符和陪葬品。小甲虫"两条前腿捧着一个日轮"的形象频频出现在埃及的首饰中。它之所以被赋予如此神圣的使命，是因为它的产卵习性，为了给将要出生的幼虫准备好食物，小甲虫常常像滚雪球似的将动物的排泄物堆积成一个个小球。人们看到小小的圣甲虫能够推动一个比它自身大的球时，尤其是看到这些球里还能够诞生出小甲虫，就认为这种虫的力量来自冥界或者神，把它当作是太阳神的象征。古埃及人则通过圣甲虫这种形象化的图像，将首饰和神联系起来。图1-28中的脚镯上的图案就是张开翅膀捧着太阳的甲虫形象。

第五，令人惊叹的珐琅镶嵌工艺。古埃及人将细丝工艺和彩色玻璃结合起来，形成了最完美的色彩展示。这种镶嵌方法实际上是一种珐琅镶。图1-29中的图坦卡门面具是为年仅18岁就去世的国王图坦卡门铸造的，这个用宝石和玻璃进行镶嵌的面具做

图1-27　手镯

图1-28　圣甲虫脚镯　　　图1-29　埃及国王图坦卡门的面具

工极其精细，宝石的镶嵌方式就是传统的珐琅镶。据说，从古王国时期，埃及就已经出现了铸金技术。

3.　爱琴海的古希腊人

从时间上来看，两河流域与尼罗河流域的文明都比古代中国要久远很多，而古希腊文明的出现也稍早于古中国。古希腊的地理范围，除了现在的希腊半岛外，还包括整个爱琴海区域和北面的马其顿和色雷斯、亚平宁半岛和小亚细亚等地。爱琴海曲折的海岸线为古希腊提供天然开放的优良港湾的同时，希腊固有的泛神论和神话故事也使得艺术领域具备了人本主义色彩。

公元前五六世纪，这里产生了灿烂的希腊文化。古希腊人不仅在金工首饰，而且在文学、戏剧、雕塑、建筑、哲学等诸多方面有很深的造诣，这些文明遗产在古希腊灭亡后，被古罗马人破坏性地延续下去，从而成为整个西方文明的精神源泉。

古希腊早期，即古希腊文明兴起之前约800年，爱琴海地区就孕育了灿烂的克里特文明和迈锡尼文明。从早期克里特岛和迈锡尼出土的金工首饰中，我们可以看出古希腊首饰的精湛技艺。

图 1-30　公牛头形奠酒瓶

图 1-31　黄金垂饰

（1）克里特人的首饰

公元前14世纪上半叶，克里特岛人与希腊大陆频频联系，并与古埃及通商通航，使得当时的埃及文化深受克里特岛人的影响。那时候，克里特岛人将象牙、香料以及金属工艺品销往缺少资源的埃及等地。此外，据说地中海西岸的意大利和西班牙等地，已经有武器匠、青铜器匠、镂刻技人、象牙技师等技能高超的匠师，显示了当时手工业的不凡水平。在那时的城市，还出现了专门的手工业特区，在这些特区里，奴隶主贵族享用着奴隶制造的各种金工首饰品。

另外，克里特人崇拜各种花、鸟、鱼、兽、树等，他们把牦牛看作是力量和丰收的化身，所以在当时斗牛也非常盛行。图1-30中这个公牛头形奠酒瓶就是当时人们对于公牛喜爱的见证。整个牛头是用蛇纹石和贝壳镶嵌而成的，这个工艺品现存于伊拉克利翁考古博物馆。

图1-31中带有自然主义风格的模拟黄蜂的黄金垂饰也是克里特岛出土的，来自马利亚，高4.6cm。工匠们采用金银丝细工和金珠粒工艺制成，这种工艺在当时都是相当先进的。

（2）迈锡尼人的首饰

迈锡尼城位于希腊半岛南端的伯罗奔尼撒半岛的东部。迈锡尼文明则因迈锡尼城而得名，史称"迈锡尼文化"，它成为克里特文化之后的又一重要文化。希腊荷马史诗中常用"多金的"来形容迈锡尼。其实迈锡尼并不盛产黄金，但是金银工艺制品相当发达，这是由于迈锡尼人同产金国，尤其是埃及直接贸易所形成的。其中最引人注目的是金面具、金酒器等。图1-32中的黄金面具出土于迈锡尼的竖穴墓，这个黄金面具高26cm，现收藏于雅典国家博物馆，在当时迈锡尼墓出土的时候，据说该面具覆盖在死者的脸上，面具表现出的鲜明的个性特征令人感受到希

图1-32 黄金面具

图1-33 青铜短剑

图1-34 古希腊戒指

腊人描绘肖像时的技能。

图1-33是迈锡尼出土的短剑，用青铜、黄金、银、乌银等制成。由于那时迈锡尼国王常常进行以掠夺人口、土地、牲畜等为目的的有组织的海盗式的侵略活动，所以图中的青铜短剑与用皮革和金属制成的盾及弓、矛等武器成为当时的必需品。

很多年后，克里特和迈锡尼相继衰落，野蛮的游牧民族南下，一代古老文明在铁蹄下变为一片废墟。但就在这文明的废墟上又滋生出了古希腊文明。

此外，在古希腊最有名的首饰品类当属戒指（图1-34）。那时的人们为炫耀而佩戴的刻面形宝石戒指特别讲究，造价极其昂贵。为保证戒指的独一无二性，当时的政府还规定一枚戒指做好之后，匠人们必须把模子销毁，不得私藏，否则依法论处。后来，戒指在古罗马时期成为人们订婚结婚的标志。

4. 台伯河地区的古罗马人

古罗马位于意大利中部的台伯河下游地区。台伯河在低山地区缓慢流淌，在沼泽地带折向海岸线，是从亚平宁山区下来的人们想要到达大海的理想通道。而谈到古罗马，人们首先想到意大利。意大利半岛伸进地中海内，形成了三面环海，北面被阿尔卑斯山围住的地势。亚平宁山脉则贯穿整个意大利半岛，将半岛分为东西两部分。西面是第勒尼安海，东面则是亚得里亚海，正是这些河流孕育了富饶的罗马帝国的博大威力。

罗马从公元前753年建城，后经过约400年的征战，统一了今天的亚平宁半岛，之后，领土扩张不断。早期的古罗马，黄金十分稀缺，后来罗马控制了意大利的大部分地区，包括一些黄金生产区，但仍然没有过量的黄金用于装饰，于是政府颁布了两项法律限制黄金的用量：一是限定了陪葬首饰的数量，二是规定了女人佩戴的珠宝首饰不得超过半盎司 [盎司（oz）是英制计量单位，1oz ≈ 28.350g]。所以最初的两百年左右的时间内，古罗马一直沿袭着古希腊的首饰艺术风格，直到两百年后，才形成自己独有的风格。

从造型上看，受当时建筑艺术的影响，古罗马的首饰（图1-35）重视体积和空间感的塑造，笔直的几何形及各种圆盘状、球形等简单造型质朴而充满现代韵味。这种追求内在造型的特点与苏美尔、古埃及、古希腊的首饰大相径庭，后者更加着重于追求饰品表面的装饰效果。

从色彩上看，与埃及人追求绚丽鲜艳的色彩装饰画般的东方色彩效果不同的是，古罗马首饰的色彩追求和谐典雅的配色效果，色彩朴素自然。另外，古罗马最初的黄金短缺使得工匠们将注意力转移到宝石上来。

从技术上看，古罗马人发明的用錾子在金片上敲出事先设计好的图案的技术类似于现代人制作铜浮雕的浮雕细工工艺。另外，古罗马的乌银镶完全不同于古埃及的珐琅镶嵌，而是真正的镶嵌技术。

（二）中世纪的首饰

1. 中世纪的黑暗

一位历史学家曾经这样说："一个世纪以前，几乎人人都在为中世纪忧伤扼腕，公元500～1500年，被看作是人类进步征途中一个漫长而毫无目标的迂回时代——穷困、迷信、暗淡的一千年，将罗马帝国黄金时代和意大利文艺复兴新黄金时代分割开来。"穷困、迷信、暗淡，这就是人们心目中的"黑暗时代"——中世纪。那时候，西罗马帝国正处于日耳曼人的入侵分裂之中，战火不断。君士坦丁大帝在拜占庭建立的东罗马又是一个三面环水、易守难攻的地方，所以在长达一千年的时间内，东罗马一次次击退外来入侵。整个欧洲处于战火不断之中。

对于中世纪的起止时间，人们有不同的界定，无论人们如何界定，也不管长期的战乱和早期基督教的禁欲主义给中世纪带来多么前所未有的黑暗，中世纪作为西方美术走向多元化、一体化进程的开始，以及它对后世文艺复兴艺术的繁荣所作出的不可磨灭的贡献，都将为西方史学界添上浓重的一笔。而中世纪的首饰艺术同样为后世留下了独具特色的艺术作品。

2. 中世纪的首饰

（1）北欧斯堪的纳维亚人的首饰

斯堪的纳维亚人即"维京人"。在维京人的社会阶层中，除了"奴隶、自由人和头领"之外，随着时间的推移，还出现了一个新的工匠阶层——铁匠。据说，在北欧的神话中，善于制造各种武器和工艺品的侏儒们得到神与人类的尊敬，而在维京人的世界里，铁匠也是受人们尊敬的职业。铁匠把铁加工制造成战争用的各种武器和其他生活必需品，这种技术也反映在他们的金工首饰中。

中世纪的许多历史故事中记载了斯堪的纳维亚人的好战。这个被称为北欧海盗的民族充满着神奇的传说故事，在许多描写中世纪的影片中，他们常常是一些戴着头盔、留着大胡子冲向商船抢劫财物的恶棍形象。这个好战的民族抛弃火葬采用土葬，为后世留下了不少考古研究的首饰，但首饰整体的艺术造诣并不高，

图1-35　古罗马的首饰

正如斯堪的纳维亚人好战的个性一样，这个民族的金工首饰也充满着战争骚动不安的气息。

第一，斯堪的纳维亚人的首饰从造型上分析，多为有棱有角的直线形象，象征战争的骚乱。那些战争中使用的长着角的头盔，有着骚乱纹饰的金属盔甲都表现着这个民族独有的风格，如图1-36所示。

第二，从金工技术上看，斯堪的纳维亚人喜欢使用模型浇铸技术，这种技术常常用在武器制造中，浇铸出的武器和首饰更加具有体量感。首饰造型精确，图案细致，如图1-37所示。

（2）中欧凯尔特人的首饰

凯尔特人曾经是古欧洲的一支松散的族群，常常被人们认为是一种民族集团。历史学家形

图 1-36　北欧盔甲

图 1-37　北欧项饰

容凯尔特人就像一个油渍点，一点点扩散，最后形成一个总体。这个油渍点的中心位置就是中欧腹地。而这种扩张实际上是一种迁徙活动。这个特殊的族群信仰一种神秘的宗教"德鲁伊德"，"dru"，意即："槲树"，就是"橡树"。高大的橡树是凯尔特人心中的神像，教义的核心则是"灵魂转世说"，即人死后灵魂不灭，由一个躯体转向另一个躯体，所以，人世中如果主张挽救一个人的生命则必须献上另一

个人的生命。

　　凯尔特人最有创意的地方要数他们开创的"瓮棺文化"。由于长期迁徙，凯尔特人经常将死者遗体焚化的骨灰盛入陶瓮，埋于集体群葬的地方。如此做法充分显示出这个族群的热情而富有创新的一面。

　　此外，凯尔特人的名称据说和史前砍凿工具斧、锛有关，所以尽管后世留下的首饰不多，从名称上也可以看出他们十分擅长手工技艺和金属制作。如果说斯堪的纳维亚人的直线形有棱角的首饰让人联想到战争的话，那么友好温和的凯尔特人的首饰则更加象征和平。凯尔特人的首饰以项圈为主，这种圆形项圈的造型元素频频出现在胸针、项饰等首饰门类中，充分体现了凯尔特人优雅和平的一面，如图 1-38 所示。

　　（3）东欧拜占庭人的首饰

　　拜占庭位于连结黑海到爱琴海之间的战略水道博斯普鲁斯海峡的中陲，三面环水，背后是物产丰富的小亚细亚。如此优越的地理位置曾经让拜占庭成为中世纪欧洲服饰的流行中心，也给了拜占庭艺术独特的包容性与东西方交融的艺术特色。

　　古希腊的遗风与中世纪基督教文化的混合，埃及及两河流域平面均衡、富丽堂皇的东方装饰性特点与西方写实精神的融合，由此产生了东西方混合的独特拜占庭艺术。这就是东方人眼中的西方艺术以及西方人眼中的东方艺术，如此奇妙的结合让拜占庭的首饰成为欧洲中世纪最具艺术感染力、艺术造诣最高的形式。总结起来，拜占庭首饰具有以下特点：

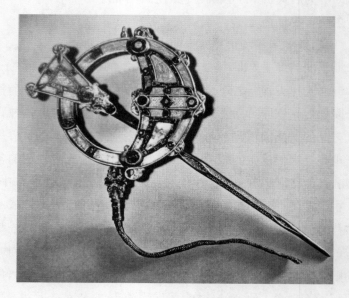

图 1-38　凯尔特人首饰

第一，背靠小亚细亚的优越地理位置使得拜占庭拥有充裕的矿产，为工匠们施展才华提供了物质保障，也使得拜占庭的首饰在材料的使用上极其丰富，黄金、宝石、次宝石和玻璃都被用到首饰之中。

第二，基督教的盛行影响了艺术的各个领域，宗教神话开始成为首饰主题。与此同时，由于基督教的权威地位，首饰用来陪葬的习俗到拜占庭时期完全终止。

第三，由于三面环水，首饰造型多采用船形和悬垂式，与古罗马帝国的简单朴素的造型形成鲜明对比的同时，东方味道十足，如图1-39所示。

第四，色彩极其华丽，古埃及时期的珐琅彩饰与透雕细工技术结合，让拜占庭首饰像马赛克拼图一样富丽堂皇，如图1-40所示。

图1-39 拜占庭人的悬垂式耳饰

（三）文艺复兴时期的首饰

1. 以人为本的文艺复兴

中世纪后期，战争不断，基督教盛行。基督教的婚姻观念、禁欲主义被当时的统治者利用，人们否定对今生今世快乐幸福的追求。教会内部甚至推行教士独身制和苦修制，文艺复兴正是在这样的背景下产生的。

那时候，资本主义开始萌芽，从文化的各个方面向封建制度和教会展开斗争。政治上，民族意识开始觉醒。文化上，意大利成为文艺复兴的摇篮。15世纪中叶，人文主义者充斥各地政府机构中，掀起了一场复兴古典文化，重视人文价值的革命。所谓人文主义指：万物以人为本，重视人的价值，提倡个性与人权，主张个性自由，反对天主教的神权，主张享乐主义，反对禁欲主义，提倡科学和文化，反对迷信。这一人文主义精神与中世纪的禁欲主义形成鲜明对比，成为文艺复兴的内在精髓。

2. 文艺复兴时期的首饰艺术

这一时期的艺术呈现出一片繁荣的景象。出现了许多著名的画家、美术家、雕塑家……著名画家达·芬奇、米开朗基罗、拉斐尔就出现在文艺复兴时期，被誉为文艺复兴"后三杰"。从中世纪长期的禁锢中走出来，艺术家们开始专注于人体的研究。艺术家们在各个领域对于未知世界尤其是"人体"的疯狂与探索同样影响决定着首饰艺术的新突破，何况许多画家本身就是工匠出身，这使得首饰艺术在这一时期也开始出现了新的艺术表达形式。

第一，从首饰主题上看，由于人文主义的思想充斥到艺术的

图1-40 拜占庭人的透雕细工船型耳饰

各个领域，受纯艺术领域的影响，首饰设计也开始关注人体，一些人物形象出现在首饰艺术中，采用不同的材质来表达着设计意图。用白玉髓雕刻浮雕面部，用异形珍珠表现各种躯体。丰富的传说成为创作的主题，人体成为首饰艺术家感兴趣的主要对象，如图1-41所示。

第二，从首饰材料类别上看，珍珠成为广受欢迎的最为流行的

材质的同时，项饰和胸针成为最为流行的首饰种类，各种造型的珍珠项饰和胸针与16世纪开始流行的时装刚好相配。

第三，勋章演变为帽徽的一部分，上面还镶嵌有各种钻石、红蓝宝石等贵重材料，如此贵重的帽子成为有地位的人的象征和贵重的财产。

图1-41 文艺复兴时期的
著名首饰 Canning Jewel

图1-42 模拟自然植物花卉形象以
宝石材料为主的17世纪的首饰

（四）17～18世纪的首饰

1. 17～18世纪的文化状态

17～18世纪的欧洲艺术是艺术史发展中的一个重要阶段，它上承文艺复兴，下启欧洲的19世纪。这一时期，艺术史上经历了从古典主义到新古典主义的演变。17世纪的巴洛克艺术，18世纪的洛可可艺术与16世纪文艺复兴时期艺术的庄重典雅相区别。这一时期的艺术形式热情奔放，运动强烈，装饰华丽，使得17世纪的巴洛克艺术在一定程度上发扬了现实主义的传统，此外，由于巴洛克艺术符合当时天主教会利用宣传工具争取信众的需要，也适应各国宫廷贵族的爱好，于是在17世纪风靡欧洲，影响了包含首饰艺术在内的各个艺术领域。而18世纪的洛可可艺术追求优雅、和谐、稳定的复古风，也成为首饰领域开始探寻、关注自然的萌芽时期。

2. 17～18世纪的首饰艺术

17～18世纪秉承了16世纪开始的首饰与服装相配的衣饰流行概念。世纪早期，整个欧洲再次沉浸在战乱之中。战争带来的贫困，使得不再流行的旧首饰被融化拆卸，重新设计改造。与此同时，首饰艺术背后的象征意义淡化，装饰意义变得越来越重要，首饰作为装饰艺术品频频出现在服装、挂表以及金属挂件与摆件中。受当时巴洛克艺术整体氛围的影响，这一时期的首饰也形成了独有的艺术特色。

第一，从首饰外观形式上看，花卉植物及昆虫动物的图案频频出现在金工首饰艺术品中，成为一种装饰时尚。与当时巴洛克风格的夸张造型相比，首饰更加贴近自然主义的装饰风格，造型也多选用对称式的均衡造型，一些花朵、蝴蝶结的形象常常出现在17～18世纪的首饰中。

第二，从首饰技术上看，宝石小平面琢磨法即玫瑰形琢磨法诞生，使得宝石光芒四射而成为17世纪最为流行的首饰材料，如图1-42所示。直到后期，钻石的玫瑰形切磨法诞生，钻石才开始代替宝石成为流行。

第三，从首饰材料上看，17世纪早期，战争及基督教的运动带给欧洲一片死亡的气息，使得"死亡首饰"出现，也使得"煤玉"这种大理石受到关注，如图1-43所示。

（五）19世纪末20世纪初的首饰

1. 19世纪末20世纪初的文化状态

1851年的水晶宫博览会展览了当时工业革命所带来的没有美感的产品，使得当时的艺术家们开始认识到美术必须与技术相

图1-43　17世纪的死亡首饰

结合，引发了一场轰轰烈烈的英国工艺美术运动。英国工艺美术运动提出美术与技术相结合，反对"纯艺术"，主张艺术家应从事产品设计，这具有先进的一面；同时，该运动又反对机器生产，主张回归到中世纪手工作坊式的时期，用手工运动取代机器化大生产，这一思想具有消极意义。

工艺美术运动的影响由英国传至比利时，由比利时蔓延至整个欧洲，促成了一场轰轰烈烈的新艺术运动。19世纪末20世纪初在欧洲和美国产生发展的这场装饰运动涉及十几个国家，影响到建筑、家具、首饰、服装、书籍插图等各个艺术领域，是设计史上一场轰轰烈烈的形式主义运动。

该运动反对对手工艺运动的历史还原主义，力图解决建筑等产品的风格问题。它通过对传统形式的否定，创造出一种符合工业时代精神的配合机器大生产的简化装饰。它承前启后，将新旧观念相互融合，讲究装饰效果，不墨守成规，追求变革，在19世纪末20世纪初成为世纪末最强烈的呐喊。然而该运动也有其致命伤，就是"形式主义"，它仅仅从形式上去改变传统，并未认识到工业产品与手工艺作品在生产手段上的不同，设计缺乏机能性。但是，无论怎样，这场新艺术运动都将世纪末的首饰艺术推向了高峰。

2. 新艺术风格的首饰艺术

新艺术风格在艺术领域内的影响引发了首饰艺术领域崭新的变革，形成了新艺术运动时期具有跨时代意义的世纪末首饰风格。

第一，新艺术风格的首饰线条极具装饰味道。弯曲的线条像抽出去的鞭索，象征着生命的激情和世纪末的抗争，那些自然界中的植物茎蔓，叶脉形状，鸟类羽毛以及昆虫翅膀等，都是新艺术风格首饰线条借鉴的蓝本，甚至于拉斐尔笔下丰满的美女形象，都频频出现在新艺术风格首饰中。这种放荡不羁、弯曲流动的线条正是新艺术风格首饰的内在精髓，如图1-44所示。

第二，新艺术时期首饰的主题主要有几大类：昆虫、鸟类、怪兽、美人鱼、自然景色、女性主题等。这些首饰的主题多来源于自然界或神话传说中的形象，如图1-45所示。这些充满气韵的首饰成为继古埃及之后首饰艺术追求外在形式美感的又一高峰，这些线条优美的首饰充满了自然的气息。

第三，新艺术风格首饰过于师法自然，过于形式主义，注重表面装饰。这种追求表面装饰忽视内在造型的做法十分矫揉造作，使得首饰作品缺乏值得品味的内在韵味。

第四，首饰造型追求变化，敢于推陈出新。多采用不对称的上宽下窄的夸张的与众不同的造型，具有飘逸、运动、虚幻之美。这也是该时期的首饰相对于18世纪追求复古的对称式造型的首饰形态的一大突破。

图 1-44　新艺术风格首饰之
"女人体"

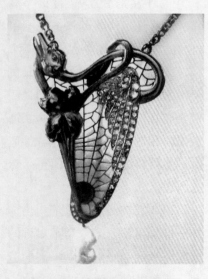

图 1-45　新艺术风格首饰之
"自然风景"

（六）20 世纪二三十年代的首饰

1. 20 世纪二三十年代的文化状态

新艺术运动发展到 20 世纪二三十年代，它追求表面效果的装饰意图已经变得过分矫揉造作，被人称作"轻浮的浪漫和造作的情感"。于是，"装饰艺术风格"应运而生。

装饰艺术运动实际上是对新艺术运动的一种强烈的"反动"。它反对新艺术风格所遵循的强调中世纪的手工美，追求自然风格的表面装饰的古典主义，它尝试抹去饰品表面繁琐而没有实际用途的装饰，开始运用抽象造型和几何线条作点缀，使用优美的几何图形和流线型。在首饰艺术中，常常可以见到以方形、椭圆形、环状等几何图形为基础的作品，设计简洁，作风严谨，极具现代意识。并且，受苏联芭蕾舞的影响，首饰不再强调材料的贵重，开始以装饰为目的。同时，时装首饰作为首饰的类别之一开始频频出现。这一切都促成了装饰艺术风格的产生。

装饰艺术运动几乎和现代主义运动同时发生、发展，并受到现代主义的影响。而两者又有着根本的区别，那就是装饰艺术只为富裕的上层阶级服务，而现代主义运动则强调为大众尤其是低收入的阶层服务。

2. 装饰艺术风格的首饰艺术

装饰艺术风格的首饰在形式及内蕴上受到许多因素的影响和启迪。如对古埃及装饰风格的借鉴，那些 3000 年前的建筑装饰图案，简单的几何形以及高度装饰的色彩效果都赋予装饰艺术丰富的设计源泉；来自于非洲和南美洲的原始部落艺术，夸张的舞蹈面具，抽象、简洁、明快的非洲木雕都给了设计师极大的启发；汽车等交通工具的发明让设计师感受到了未来，设计作品体现出速度与时代感；此外，苏联芭蕾舞剧鲜明的舞台设计、美国爵士乐强烈新鲜的节奏感都赋予装饰艺术首饰新鲜刺激富现代感的意识。

总结起来，装饰艺术风格的首饰在反对古典主义的同时，更加具有未来主义的现代感。

第一，从造型上看，装饰艺术风格的首饰多采用几何造型和一些平直的线条。简洁抽象的几何形与热情奔放的色彩相配，充满异国情调。看上去像马蒂斯笔下的绘画作品，如图 1-46 所示。

第二，首饰艺术发展至 20 世纪，在首饰用材上表现出极大的包容性。贵金属、珊瑚、软玉、玉髓、水晶、珐琅、正宝石等，只要设计需要，都可以被用到一起表现饱满的艺术效果。

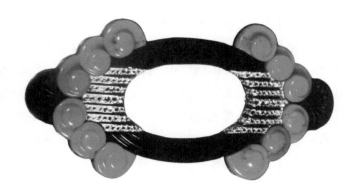

图1-46 装饰艺术风格的首饰

第三，从首饰设计的主题看，受19世纪末艺术风格遗风的影响，一些古典气氛浓郁的叙事性题材还会常常出现；此外，受汽车、飞机的影响，一些表现未来主义的新题材也被设计师所钟爱。

（七）第一所现代设计学校——包豪斯

"包豪斯"是德文"BAUHAUS"的译音，"BAU"为建筑之意，"HAUS"为房屋之意。这是人类历史上第一所现代设计学校，开创了真正意义上的现代设计的先河。它在建立始初，就用宽广的视野号召建筑家、画家、雕塑家以及手工工艺师、机器师等各行各业一起参与教学实验。它提出纯艺术要与实用艺术相结合、艺术要与技术相结合的新思想，它接受了机器大生产是历史的必然，并着手研究大量机器生产的方法，同时，它认为技术知识可以传授，创作能力只能启发。这一切为现代设计指明了方向。

这所现代设计学校历经14年3个月，向社会输送了大量的现代设计人才，解决了机器化时代所带来的设计问题，并提出今天我们仍然喜闻乐道的思想"设计的目的是人，不是产品"。至此后，现代主义设计在各国逐渐扩展开来，形成了各种设计风格和流派。首饰设计师也开始了真正意义上的现代首饰设计历程。

（八）现代首饰艺术

20世纪中叶，先进的科学技术促进了社会飞速发展，伴随着社会中产阶级的产生，各种首饰艺术的新观念、新思维层出不穷。人们对于首饰的艺术性、个性化和独创性的呼声越来越高。在西方，艺术家开始追求新的艺术风格及新形式的创新。画家与雕塑家们开始不局限于手中的画笔和刻刀，在追求各种新材质运

用的同时，他们也加入到首饰制作的行列中来，为现代首饰艺术注入了新鲜的血液。甚至毕加索、达利等著名画家也曾经醉心于珠宝首饰的设计制作，为后世留下了不朽的作品。

另外，现代机器工业带来新的设计视角的同时，它的情感荒漠也使得人们开始怀念手工时代的宁静生活。于是伴随着现代文明的发展，现代首饰艺术也表现出前所未有的多样化。包豪斯在艺术与技术、工业机器师与手工技师之间架起的桥梁，为现代首饰艺术的发展繁荣作了充分的准备。批量化的首饰产品在满足新兴阶级需求的同时，那些对手工艺术满怀思念的艺术家们继续着充满情感的手工艺创作。

此外，艺术领域内各个艺术方向之间兼容并蓄，不断交流融合，产生了许多充满个性化的作品。建筑、雕塑、绘画、纤维艺术、广告招贴，甚至音乐与文学等各个方向不断融合，互相影响，使得艺术创作的视角无论是从原始材质方面还是从创作思维上都得以大大拓展。它们与首饰设计领域的相互渗透，同样为现代首饰艺术带来新气象。

现代首饰艺术表现出以下几个特点：

第一，从首饰造型方面看，现代首饰已经跳出新艺术和装饰艺术时期的纯装饰性框框，成为具有更大创作自由的艺术品。造型形式由平面装饰走向立体空

间，由一维二维走向三维四维。另外，包豪斯总结出来的艺术造型构成规律在现代首饰艺术中体现得淋漓尽致。大量夸张、变形、抽象的语言运用到设计中来。此外，现代建筑的立体空间、秩序构成、力学美感等概念也被首饰造型艺术所吸纳。首饰造型向多元化、抽象化、个性化迈进。

第二，从首饰材质方面看，首饰设计材料已不再局限于早期的真金真银及天然宝石，现代首饰设计师更加重视材料本身的视觉、触觉美感，只要设计需要，任何朴实无华的材料都可以用到设计中来。皮革、木材、铜板、铝板、陶瓷、珐琅、塑料树脂，以及各种人造合成宝石等组成了现代首饰艺术创作丰厚的材料宝库。在取材方面，设计师常常将不同质地、光泽的材料用在一起，以体现材质本身的对比美，还有的为取得设计需要的效果，尝试对材料表面作特殊效果的处理，如对金属表面的化学腐蚀等。许多著名的当代首饰艺术家醉心于新材料的研究，在原有艺术素养的基础上，向材料艺术的科学领域进攻，各种学科的交流互动，为当代首饰艺术带来前所未有的高科技产品。

第三，从首饰色彩方面看，受时尚文化的影响，时装首饰作为服装配饰越来越受到大众尤其是女性消费者的欢迎。国际流行色彩的预测由纤维纱线到纺织面料，之后推广到服装，而作为服装配饰的首饰，色彩的流行开始受到服装流行色的引导。

第四，从首饰艺术的风格流派来看，包豪斯以来的现代首饰艺术呈现出多种风格并存的新风貌。新古典风格、自然主义风格、未来主义风格、概念主义等各种艺术风格层出不穷。

第五，现代主义首饰表现出为艺术而艺术的精神，它通过反对古典主义对于形式和理想化的追求，表现人性和艺术的回归，回归到未被文化、世俗化所"污染"的原始状态。

（九）后现代主义首饰

后现代主义是对现代主义的挑战。包豪斯以来，现代主义建构起了许多科学的美学思维和设计理论，这些思维和理论到后现代主义时期被打破重构，在解构现代主义的游戏规则的同时，后现代主义对现代主义观念开始重新选择评估，使现代主义的部分因素在新的历史条件下重新发展。一方面，后现代主义提出了新时期艺术形态的新观点。另一方面，后现代主义将现代主义建构起的原型改变并夸张，甚至完全抛弃了原有的内容，它的这种无所顾忌的表达个性的方式变成了冷酷的无个性，实际上是现代主义的某些片断的极端发展。

此外，后现代主义反对设计中的国际主义、极少主义风格，主张以装饰手法达到视觉上的审美愉悦，注重消费者心理的满足。在设计上大量运用各种历史装饰符号，但又不是简单的复古，而是把传统文化与现代设计结合。本质上，后现代主义是在肯定现代主义实用功能的基础上，在产品形式上赋予其人格化、情感化的装饰效果。它们以幽默、叛逆和奇思妙想极大地充实丰富了我们的生活，展现给我们一个充满旺盛生命力和创造性的乐观年代。大量的历史风格，如哥特式、巴洛克式等，都被后现代主义设计师进行符号的挪用，戏谑、调侃、夸张和象征性描述，以多种风格的整合拼接达到装饰效果，许多首饰艺术作品都反映了这种特征。相对于品位高尚、严谨刻板的现代主义设计，它更加年轻而富有朝气。

现代主义首饰艺术形态在进入后现代主义时期后，表现出一些新特点：一，后现代主义时期，首饰设计师开始回归生活，企图打破原有的审美范畴，同时打破艺术与生活的界限。二，后现代主义时期的首饰艺术家开始关注人的感受，企图用多种艺术形式来表达思维方式，强调个体审美能力的表达。三，首饰艺术家开始从强调主观感情转向关注客观世界。四，首饰作品表现出对风格的漠视，否定一切意识形态和美学理论，并模糊它们之间的界限。五，首饰设计开始以科学为典范，研究艺术的概念在新的科技革命的冲击下是否有新变化，从而形成了各种复杂的新动向。

三、中国的首饰艺术

（一）中国古代首饰

中国的首饰艺术史也相当久远。早在原始社会，我们的祖先就已经习惯用首饰来装饰身体。旧石器时代，在我国河北地区的遗址中出土的扁珠包括很多种材质类别，有穿孔贝壳、钻孔石珠、鸟骨、鸵鸟蛋壳等。到新石器时代，首饰的种类增加，束发的骨笄、装饰手臂的陶臂钏、挂在颈部或腰间的骨珠均有出土。到新石器时代晚期，黄河、长江下游的文化遗址中，骨质、陶质类首饰减少，而石质、玉质类首饰增多，且制作精良。

商周时期，我国中原地区的殷墟出土了各种各样的"笄"，有骨笄、铜笄、玉笄等，笄头上大都刻有鸟头、兽头装饰。

到了汉代，男人的首饰只用"笄"，女人则又增添了新的首饰种类，"钗"和"口"，这时的"钗"形状比较单一，是将一根金属丝弯曲成两股而成，而"口"的造型则类似于窄条形的梳子。此外，汉代的发饰还有金胜、华胜、三子钗等。

南北朝时期，最为华贵的首饰当属汉代后妃开始流行的"步摇"了。这种"步摇"往往下端有"山题"，上端则有"桂枝"，其中黄金制成的"山题"形似鹿头状，而"桂枝"则形似鹿角状。"步摇"因走动时摇曳生姿而得名，往往饰有金玉花兽，缀有五彩垂珠。

唐代，发饰由汉晋时期的双股钗过渡到花钗。唐代重视花饰，花饰越做越大，几乎与钗股等长，利用模压、雕刻、镂空、剪凿等多种方法制成的花型有凤形、花鸟形、缠枝花卉形等。其中，后妃们戴的"花树"就是较大的花钗，往往一式两件，花纹相同，方向相反，常常多枚左右对称插戴。除花钗外，盛唐时期还流行一种"梳"，常常以两把"梳"为一组，上下对称而插，梳背的装饰极其富丽，有錾花金梳、玉背角梳等。

宋辽时期，宋代基本沿袭了唐代的以钗梳为主的首饰状态，只是顶端带花饰的簪增多。而在辽国，这些钗梳簪极少使用，取而代之的是项链、耳坠、臂钏这样一些品种。

明清时期，民间首饰素面简洁，而贵族首饰则造型复杂繁缛。镶嵌宝石、点翠、垒丝等技法，使得清代的首饰比前代还要华丽，

除各种各样的头饰钗簪外，清代的首饰还包括钿子、勒子、发罩、指甲套等多个品种。

我国首饰在与我国几千年的文明历史共同发展中凝结了许多独特的文化内涵，寓意深厚。有的古代首饰本身就是一首精美绝伦的唐诗宋词，有的首饰则是封建制度的等级象征，还有的首饰则是在劳动人民的劳作中形成独特风格的。研究这些寓意深刻，充满中国味道的民族首饰，将其与现代首饰设计理念与工艺结合，是我国首饰设计师扎根民族文化土壤，成长为我国首饰业的顶梁柱的必需。

（二）中国现代首饰业态

自20世纪80年代改革开放以来，珠宝首饰业已经走过了30多年的春秋。80年代以前，中国的珠宝首饰业处于停滞阶段，之后历经10年的恢复期发展到今天的快速发展阶段，首饰业将随着国内经济的发展逐步跟进。据报道，2014年国内珠宝首饰行业整体零售规模接近5000亿元，其中限额以上零售企业金银珠宝零售额达到2973亿元。受益于居民可支配收入稳定增长背景下购买力的增强以及黄金价格的大幅波动，过去五年来国内首饰行业零售额实现了17%以上的年复合增速，成为国内规模增长最为迅速的可选消费品之一。

中国的首饰业发展较晚，速

度较快，尽管现在也具备了一定的规模，但是在全球化的竞争中，缺少自己的优势，对比西方珠宝业的欣欣向荣，许多方面还较落后。如何在国际化竞争中找到自己的优势，追赶国际先进水平，是我国首饰业需要深思的问题。

1. 中国首饰业的特点及存在的问题

第一，珠宝首饰业是个特殊的行业。高端精品首饰产品大都具有珍奇、稀少、高雅、昂贵和富有文化意蕴等特征。由于它具备保值收藏的意义，又是承载着人们精神需求的特殊消费品，消费者大多以上层社会的富有阶层为主。而中产阶层则是相对贵重品的主要消费者，一般的工薪阶层和低收入人群则构成了大众型消费品的主要市场。其中高端市场是首饰业需要大力开拓的主体市场，这个市场具有庞大的消费能力，最近几年随着中产阶层的逐渐壮大，将会出现一个空间广阔、潜力巨大的市场，而一般工薪阶层则以规模和量取胜。因此，首饰企业要科学地进行市场定位，分别从高、中、低档产品的研发入手，分层次占领市场。

第二，中国是世界首饰的加工基地。以加工外单为主的首饰饰品企业比比皆是，这些企业生产的产品大多雷同，看上去有似曾相识的感觉，但是这些由我国国内生产的珠宝产品在国际市场上的竞争力越来越强。在广东番禺、深圳等地有200多家珠宝

企业常年忙于加工国外订单，金额达20多亿美元。在浙江义乌的4000多家饰品企业中，也有一半以上在做外单。而中国香港95%以上的珠宝首饰产品都是在内地加工生产，世界一流品牌的主要产品也有在内地加工生产的。多年的外单加工贸易，使大陆珠宝首饰加工企业已经完全具备了生产世界一流珠宝产品的能力。国内的珠宝产业要从劳动密集型的"中国制造"，向知识密集型的"中国创造"跨越，然而在跨越的过程中，还有许多问题需要逐渐解决。

第三，首饰产品的设计含量正在逐步增高。近十年建立新专业的院校经过多年来的探索对于培养适应企业需求的实用型人才开始有了深刻的认识，在地方政府的支持与协会的带动下，院校与企业之间开始建立沟通与互动。内地珠宝企业在企业改制、打造品牌、市场推广、产品设计、经营管理等方面做了很多尝试，但这些仅仅是一个开始，整个行业、企业还需要不断创新，只有这样，才能培育企业的生命力和核心竞争力，以面对国际同行的挑战。当然，也有为数较少的在国内市场站稳脚跟的本土企业开始走出国门。据报道，目前国内已经有几十家珠宝企业在境外设立办事处或公司，拓展国际业务，每年都有十几个考察团走遍五洲四海。这些企业不仅在欧美等发达国家拓展业务，同时也把发展的触角延伸到南美、非洲、中东等地区。中国珠宝以其精良的制作工艺和款式设计，正逐渐赢得国际经销商的青睐。

第四，作为服装配饰的时装首饰，我国与发达国家的发展还存在差距。在国外，时尚产业链是作为统一的不可分割的整体同步发展的，而我国，服装业的发展要早于包括首饰在内的配饰的发展，它们之间过去较少的对话也使得首饰业和服装业的发展较少交流。所以早几年，提到首饰，国人马上会想到金银宝石那些以保值为主的高端精品首饰。如今，人们的消费观念已经发生转变，首饰原本的常用材质贵金属、宝石已不是唯一，人们购买首饰的动机已经由最初的保值转向装饰美观等外在价值。首饰材质的无限扩展将促使珠宝首饰企业开始使用那些成本低廉，又能引起消费者关注和兴趣的新材料。对这些材料的灵活运用还需要企业不断培育设计理念，提高设计含量，以提高产品的附加值。

第五，在我国，首饰作为传统手工业历史悠久，早期人们一直沿用师傅带徒弟的习俗，这种一直以来的传统习惯使得业态的保护意识极强。所谓一专不易多能，那些在企业参与首饰技术研究制作的老师傅技艺精良，但大多不懂设计，设计与技术之间的距离以及长期以来技术的保密性使得该专业毕业的学生很少具备

全面优秀的适应企业需求的专业素质。而一些企业长期以来不重视产品的设计含量的习惯已经让缺乏创意、匠气十足的行货充斥了整个市场。企业认为这样的产品才会带来利润空间，他们凭借长期以来的市场经验引导着消费。

第六，中华民族是一个有着悠久历史和灿烂文明成果的多民族集合体，根植民族文化，无疑是中国珠宝首饰业生存和发展的基石。汲取博大精深的民族文化营养，使产品蕴涵中华民族特有的价值观念，发扬传统工艺技术、造型艺术、文学内涵和美学思想，这才是中国珠宝首饰业越来越受到国际市场关注的重要原因之一。因此，打造"中国珠宝首饰业驰名品牌"是重要的发展战略。

2. 中国首饰业的发展态势

除精品首饰外，人们还习惯将某些首饰称为"饰品"，这里的饰品更多的是时装配饰和装饰品的概念。而饰品行业则是从珠宝首饰、工艺礼品行业中分离出来、综合形成的一个新兴产业。其实，给"饰品"一词下严格的定义是一件比较困难的事情，它实在包含了太广阔的空间，除传统的首饰外，许多个人用品以及室内陈列品也被划入了饰品的范围。笼统地说，饰品应该是"首饰"概念无限扩展后出现的新名词。换个说法，饰品应该是类似于首饰的广义概念的范畴。正是这个充满商业味道的字眼在我国正成为商人们继汽车、房地产业之后的第三大投资热点。在发达国家，饰品行业作为新经济增长点已逐步走向成熟，而我国内地尚处于早期发展阶段。

从饰品品牌方面看，国内包括首饰在内的饰品品牌发展很快，像施华洛世奇、伊泰莲娜、石头记、六福珠宝、谢瑞麟、周大福、周生生、金伯利、金利来等品牌的崛起，使得国内饰品业表面上出现繁荣昌盛的状况，但真正有领导力的品牌还较缺乏。许多品牌还没有形成跨区域的规模化优势。从销售渠道方面看，目前我国饰品业销售渠道比较单一，大部分企业都是借助商场进行销售。而大部分商场都将经营成本转嫁到企业身上。从饰品品牌发展的时间上看，品牌的基础比较薄弱。另外，大多数饰品企业缺少自己的核心技术和独特产品，饰品品牌的产品设计同质化太过严重。这就导致了产品在行业内不得不依靠除产品外的价格竞争。

从饰品规模看，在我国已形成了三大饰品中心：一是以广东（东莞、佛山、番禺等）为主的华南生产基地，主要以香港地区的设计风格为主，产品大多以来样加工为主。产品的流向也大部分是通过香港地区转口到东南亚、澳大利亚、美国等地。二是以浙江、福建为主的生产基地，产品以符合国外饰品的需求而设计，以出口为主，产量规模化，价格上具竞争优势，近年来的国外大型跨国公司的采购中，这些厂家的产品都被列为采购之列。三是以青岛、大连为中心的华北片区，产品大部分以出口韩国、日本为主，还有很多韩国厂商将加工基地建在这里。

从国内首饰饰品消费来看，目前国内已经形成了饰品的四大消费片区：以成都为中心的西南片区，以广州为中心的华南片区，以哈尔滨、大连为中心的东北片区，以上海为中心的华东片区，基本形成了中国饰品消费的总体布局。

从首饰饰品种类来看，成品有项链、手链、耳环、戒指、包饰、胸花、胸针、发圈、踝链/圈、纽扣、丝巾扣、皮带扣、领带夹、发夹等；从材料看，各类合金、爪链、铜、银、亚克力、塑料、树脂、玻璃、布、木、石头、珍珠、贝壳、皮革、宝石、黄金珠宝、电子等制品种类繁多，琳琅满目。

此外，国内首饰饰品的营销方式陈旧，消费需求却与日俱增。首饰饰品行业的发展还存在着一些深层的问题。相当一部分企业仍处于手工作坊的阶段，工人素质不高，技术含量低，创造能力不足，基本上是以仿造为主，缺少发展潜力。目前，我国的饰品行业，无论从规模上还是从数量上说都相当可观，但从生产设备、技术水平、管理理念、服务意识、交易方式等来看，多数企业还处于比较原始化的发展阶段，总体竞争力不是很强，主要依赖于低廉的价格。从价格上来讲，目前饰品行业还存在一定的优势，随着中国经济的不断发展，市场的千变万化，竞争的不断加剧，各类费用的增加，唯一的价格优势也将逐渐丧失。因此，不断提高饰品行业整体的竞争力才是长久发展之计，饰品行业还处于一个相对混乱无序的发展阶段。

综上所述，我国珠宝首饰业的发展无论是以深圳为中心的高端精品首饰业，还是中低端饰品企业都还存在着诸多问题。院校首饰专业对于首饰设计与制作人才的培养还需要改善教学方法，加大实践力度，建立科学有效的培养方式。在自身专业特色的基础上培养适应企业需求的专业人才。

近几年，我国诸多院校正在努力完善十年前新建的首饰专业。2005年以来，许多院校相继建立了首饰实验室，开设首饰专业。各院校也根据自身的特色命名了这个专业，有的以"装饰"为名，有的以"首饰设计""首饰与礼品设计"为名，有的则以"饰品设计""服饰设计"为名，等等。除院校外，国家也建立了培训机制，培养首饰企业急需的各类人才。在这个过程中，我国首饰业的发展得到了较好的推进，院校和企业之间不断进行良好的互动，院校为企业提高设计含量、树立品牌意识、改善业态现状带来原始动力的同时，企业也可以尝试将产品研发基地放在院校，建立良性的产学研合作机制。

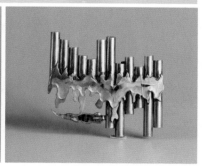

首饰艺术的材料

> **课题名称：**首饰艺术的材料
>
> **课题内容：**新材料与新技术对首饰设计的影响
>
> 金属材料
>
> 宝玉石材料
>
> 其他常用材料
>
> 综合材料在首饰设计中的应用
>
> **课题时间：**8课时
>
> **训练目的：**通过学习基础材料的性能与综合材料的首饰设计的技巧，
> 指导学生了解掌握各种综合材料与精品首饰的常用材料贵
> 金属、宝石的综合运用技巧。
>
> **教学要求：**了解首饰的各种基础材料与常用材料的性能。
> 学习综合材料在首饰设计中的应用技巧。

第二章　首饰艺术的材料

相传盘古开天地，创造了美丽的自然界，从此我们的祖先就在这片广袤的天地之间躬耕不息，代代繁衍。他们用树叶和兽皮包裹身体；他们刺穿少年的耳朵，插进黄金制成的饰板，或者刺穿鼻子、嘴唇插进木棍、金属条和动物骨头；他们用天然的石头进行雕磨，制成充满韵味的石雕装扮环境。难怪古书上说："人类是最富创造力的群体。"今天的我们把树叶和兽皮看作是人类最早的服装材料，认为远古寒冷地区的先人用兽皮包裹身体以避寒防冻，而热带地区的祖先用树叶等装扮身体。我们还把木棍、金属、动物骨头等当作最早的珠宝首饰材料，而把用石头雕成的像《维林多夫的维纳斯》一样的作品看作是人类最早的雕塑，这些石头则是人类最早的雕塑材料。可见，人类从他们产生时就是爱美的，这种爱美的天性使得人类的艺术史同整个人类史一样久远。而大自然赋予的各种各样的材料，经过不同时代的人们的技术改进，将首饰设计风格向更新更远的方向推进！

第一节　新材料与新技术对首饰设计的影响

我们的祖先是充满智慧的，他们对自然界的各种材料有着原始的热爱。这种潜在的引力使得首饰史和整个人类史一样绵长。今天的我们在一些古老的图片上可以看到许多古朴的、韵味十足的项链，这些最早的首饰据说始于旧时器时代，这一时期首饰的材料大多是一些动物的牙齿、贝壳、化石、卵石以及鱼类的脊骨等。它们造型古朴自然，充满原始的风韵。后来一些石头被钻孔磨光，制作逐渐走向精细，设计风格也变得细致完整。可见人类天生就有将周围材料为我所用的潜能，正是这种智慧的潜能丰富了设计史的内容。

当埃及人从千里之外的阿富汗运回天青石制作首饰的时候，苏美尔人也从遥远的小亚细亚、阿富汗等地运回金属、石头和木材。这些材料伴随着早期苏尔美人的农耕生活促进了金属工艺的全速发展。当时的苏美尔人把黄金敲打成薄薄的金箔，用金箔制成悬垂的树叶和花瓣。他们还用天青石、光玉髓和玻璃做成珠子串起来。说起用玻璃做成珠子，最早应归功于古埃及人。他们用石英砂混合碳化钾或硝酸钾来烧，玻璃柔软时可制成棒，放进金属线或小管子搅动，制成中空的珠子，开创了历史上最早用人造材料做珠子的先例。由于这一时期的金工首饰大都是为墓穴中死去的奴隶主贵族陪葬而做的，这为考古学家带来很大方便。出土的作品大都是用金银合金与天青石等制成的，这些早期发现的材料的综合运用充分体现了苏美尔人精湛的工艺技术。

苏尔美人发明的金属制造工艺被古埃及人发展到极致。古埃及人用他们的金属工艺，将各种彩色石头等拼合在一起，组成色彩绚丽的图画，这种镶嵌工艺的发展也使得彩色石头供不应求，手工艺人不得不去寻求其他替代品。于是就出现了在水晶背后粘上彩色胶泥来仿制光玉髓，用涂了彩釉的陶片来代替天青石的做法。最精彩的做法要属古埃及人用玻璃料来替代宝石，他们用金丝环绕镶嵌在彩色玻璃的四周，产生了一种漂亮的色彩组合。这种鲜活漂亮的色彩镶上金丝，金色就起到了协调各种纯色的作用。与其说我们禁不住被古埃及作品中绚丽的色彩所折服的话，不如说我们更看重隐藏在这些鲜活的色彩之后的更令人深思的东西，那就是古埃及人对新材料的探索和高超的工艺技术水平。如果说新艺术时期达到了首饰设计发展的高峰的话，那么古埃及制造赝品和对新材料的研发也应该放到一个引人重视的位置。

远古时期，黄金是我们先人设计制作首饰的重要材料之一。古罗马早期黄金材料相对缺乏，使得古罗马人对宝石产生了浓厚的兴趣，我们可以看到许多古罗马首饰作品都用宝石进行镶嵌。首饰设计的材料重心也由黄金转移到宝石上来。

古罗马之后到 15 世纪之前的拜占庭人使用的材料和古罗马人相同：黄金、宝石、次宝石和玻璃。他们将自己擅长的工艺技术透雕细工、金丝细工和珐琅彩饰用于当时流行的船形耳环中。

发展到 15 世纪，手工艺人发明了宝石琢磨技术。他们将钻石从中间切下一个单一的结晶体，形成两个棱锥体，再将棱锥体顶部磨平。这就是早期的钻石表面切平法。该技术的发明让钻石和宝石的内在光晕被人们发现，钻石和宝石的身价得到了提升。在此基础上，人们又研制出宝石玫瑰型琢磨法。当这种方法普及欧洲时，宝石设计不再仅仅依靠宝石的颜色了，而更着重于琢磨后的宝石的光泽。而在这之前，人们只认为黄金和珍珠最为宝贵。

17 世纪，手工艺人已经能够琢磨出 56 个刻面的宝石，使得 56 个刻面的宝石多角型琢磨法替代了 16 个刻面的玫瑰型琢磨法，这种工艺使钻石光芒大放。

当我们回顾历史时，总难忘记智慧的古埃及人怎样用玻璃和人造宝石代替真宝石。这种人造宝石在 18 世纪中叶大量生产，工业革命为其带来了新的技术。在英国，人们发明了制造人造宝石的玻璃质混合物的方法。这种混合物内含有折射率高的铅氧化物，而铅氧化物使钻石具有独特的光彩。这种钻石的代用品很容易进行切割和琢磨。另外，白铁矿石和小平面琢磨的水晶碎块也被用来作为钻石的替代物。新的技术使人造宝石成为 18 世纪末的新艺术形式而被新阶级所青睐。新阶级在使用人造宝石的同时，也负担不起黄金和白银，于是 18 世纪又出现了贵金属的代用品——铜等。

随着历史的发展，首饰材料的使用日益多样化，新的工艺技术水平更是不断提高，人们开始利用现代机器和传统工艺相结合的手法设计制作作品。许多设计大师开始藐视传统的设计观，不在乎所用材料的内在价值，只考虑它们制成产品的外在视觉效果。19 世纪末 20 世纪初的新艺术时期的首饰将首饰设计推向了高峰。它使用各种材料配合弯曲的线条描写自然界中的花鸟虫鱼，有时也用弯曲有力的线条再现人物形象而做成首饰，极具艺术感，成为世纪末美丽的惊叹号。进入 20 世纪，首饰的材料更是多种多样，甚至塑料首饰也备受青睐，而这一时期的装饰艺术运动提倡简洁有序的几何图形和流线型，这种造型充分地利用了金属加工的特有技术。

21 世纪的今天，首饰材料的范围已经无限制扩展，只要能为设计理念服务，几乎所有自然界中的材料都可以拿来使用。此外，为了能源的节约，业内也在努力研制使用一些地球矿床中含量多的金属资源，如钛、不锈钢、铝等，许多非贵金属也开始受到设计师的喜爱。

如果我们把设计理念当作设计过程中最为重要的内容，那么材料和技术的运用就是重中之重了。正应了那句中国的古语："巧妇难为无米之炊"。纵观整个首饰的发展史，我们不难看出材料和技术在每一阶段所起到的不可忽视的作用。它们已经不仅仅是辅助设计实现的物质或手段，更贴切地说，材料和技术的艺术本身就是一种设计，我们在创造它们的同时也创造了新的风格和理念。由此可见，了解首饰材料的特点和性能至关重要。

首饰的材料可以分为：金属材料、宝玉石材料、其他常用材料三大类。其中金属材料又可以分为：贵金属材料和其他金属材料。

第二节　金属材料

一、贵金属材料

1. 贵金属材料概述

贵金属材料是精品珠宝首饰行业的常用主要基础材料。它是金、银和铂族元素（钌、铑、钯、锇、铱、铂）的统称。

在地球纵深的空间中，贵金属的含量极少，而且常常以化合物或自然金属的状态分散存在。单就黄金而言，就分布于地核、地幔、地壳、海水、淡水及动植物体内，甚至于宇宙其他天体中。

由于贵金属在地壳中含量稀少又应用广泛，研究发展新的贵金属材料及加工工艺，不断研制各种贵金属合金，甚至发展改良应用非贵金属材料已经成为现代珠宝首饰行业发展的必需。

而且，无论在欧洲还是我国，贵金属的加工都有着悠久的历史，尤其是贵金属金和银，早期的农业社会中就已经开始使用。而铂族金属相对发现和使用较晚，但却是世界上最稀有的首饰用材之一。据记载，世界上只有南非和俄罗斯等少数国家产号称"贵金属之王"的铂金，每年的产量也只有黄金的5%。

除了产出稀少、分散分布、广泛应用之外，贵金属还因为其延展性好、耐腐蚀、抗氧化、挥发性小等本身固有的性质而受到人们的青睐。

2. 贵金属材料的物理化学性质及标识

（1）金

据考古学家报道，人类从上万年以前就开始使用黄金，那时候，黄金大多从原始人的古墓中发现。早在公元前4000年，神秘的苏美尔人就已经被黄金的魅力所折服。那时候的他们不远千里从阿富汗、小亚细亚、阿曼运回黄金，把它敲成薄薄的金箔，装饰味十足。古埃及人将自然金（10%～20%为银）、砂金及碎金矿石等装在陶器中，利用木炭吹气燃烧将其熔化。此外，这种被称为百金之王的黄金在久远的古代还曾经是一个国家的经济实力的标志，一个国家的黄金储量常常决定着这个国家的国民生产总值。

黄金的物理性质主要有四大特点：极好的延展性，良好的导电、导热性，密度大，挥发性很小。黄金的延展性在所有的金属中排名第五，这种延展性使得黄金非常便于加工，同时质软，很容易磨损。远古的先人能把黄金拉成很细的、像毛发一样的丝，或敲成极薄的金箔，都是利用了黄金极好的延展性能。据说，1g纯金可以拉成3420m长的细丝，并可以轧成厚度为0.23×10^{-8}mm的金箔。黄金的导电性仅次于白银和铜，导热性仅次于银。黄金的密度较大，仅次于铂，而且在不同的温度下密度略微不同，20℃时的密度为19.32g/cm³。此外，黄金的挥发性比较小，在1000～1300℃之间几乎不挥发。

黄金的化学性质非常稳定，无论在空气还是水中都不会发生变化。硝酸、硫酸、盐酸、硒酸、碱溶液、酒石酸、柠檬酸、醋酸、硫化氢等试剂或气体都不能与它相互作用。即使在高温下，金也不与氢、氮、硫、碳起反应。但是，金在一定的特殊环境下也可以起反应，像卤素气体、盐溶液、王水以及某些单酸、混酸就具有溶金性能。首饰制作中的炸金工艺就是利用了金可以溶于碱土金属的氰化钾溶液的特性。能溶金的其他溶剂还有氯水、溴水、碘、碘化钾、碘加酒精等，这也是金首饰遇到汞、酒精、碘等混合物或某些化妆品时会发生变色的原因。

黄金的成色是指在纯黄金和合金制品中含金量的多少，黄金的成色有三种计量方法：百分制法、K制法和成色法。

百分制法是我国常用的表示黄金成色的方法。这种方法以纯金为100%，10%是一成，1%叫一色，0.1%叫一点。我国民间流传着"七成者青，八成者黄，九成者紫，十成者赤"的说法，就是指黄金呈青色时为七成，即含金量为70%；呈黄色时为八成，含金量为80%；紫色时为九成，含金量为90%；赤色时为十成，含金量为100%。

K制法则是国际上通用的衡量黄金成色的方法。这种方法把黄金分为24份，称为24K。1/24份纯金，称为1K金，有18/24份纯金就称为18K金，24K自然是指纯金。

成色法则是以千分率（‰）来表示金的含量的方法。如首饰产品上标有860标记是指含金量86%，也可以说860‰；标有900标记的指含金量90%。

金与其他金属在一起熔化，形成合金。不仅可降低其熔点，而且还能改变金本身的力学性能。例如：加入银和铜可提高金的硬度，首饰工匠们广泛利用了这一特点。而砷、铅、铂、银、铋、碲则能使金变脆。此外，含铅仅有1%的合金，冲压一下就会变成碎块，纯金中若含0.01%的铅，它的良好可锻性就将完全丧失。

（2）银

白银是贵金属中储藏量最大的银白色贵金属。在我国古代唐宋时期白银就已经成为贸易货币开始流通，而在现代社会中，银的货币性质基本上被黄金所代替。作为精品首饰设计中的银经常独立或者和金、铂金、乌木、皮革等一起使用，创造着个性化的产品，用明矾煮过的没有经过抛光的白银，色彩细腻洁白，深受首饰设计师的喜爱。

白银的物理化学性质：①色彩光润洁白，随着其他杂质的加入，质地变硬，颜色也变深，白银在室温下可以与H_2S缓慢作用，形成黑色的模。②密度仅次于黄金，为10.5g/cm³，重于铜、铁等金属。③白银挥发性小，在自然界中容易被氧化生锈。④白银有较好的延展性。⑤有极强的导电、导热性能，是所有金属中最好的一种。⑥白银可溶于硝酸和硫酸。

白银的成色是指在银制品中含银量的多少。白银多夹杂在金、铜、铅、锌等矿石中，现在的白银大多是从矿石中提炼出来的。所以，白银或多或少总是夹杂着杂质。按照成色的高低

可以把白银分为纯银、足银和色银三种。纯银指的是含银量在99.9%~99.999%之间的银；足银又称纹银，含银量在95%~98%之间；色银指的是含有铜或其他金属的银，又称普通首饰银、次银、潮银，成色根据含银量多少一般在25%~95%之间。此外，我们通常所说的925银，是指含银92.5%的白银。在首饰的制作中，许多首饰设计师喜欢纯银，因为纯银质软色白，便于制作，但为了增加银的硬度，以防质地太软的银首饰成品发生变形，往往在纯银中混入铜等金属，以提高硬度。所以925银是市场上使用最为普遍的银。

（3）铂金

相传20亿年以前，一块巨大的陨石撞击了地球的北美洲部分，其中蕴含了丰富的铂金。那也许是铂金出现在地球上最早的记录。铂金称为Pt（Plati-num），俗称"白金"。它是首饰材料中最稀有的金属，色彩呈天然灰白色。据说，最初发现铂金时人们误以为它是白银的一种，因为它的外观状态也是呈金属白色，直到后来人们才将其定名为"铂金"。由于铂金在自然界中稀少并且难以加工，因为加工铂金需要高熔点，所以历史上流传下来的铂金用品较少。两千多年前人们才开始广泛地认识铂金，并逐渐认识与它密切共生的铂族贵金属元素钌、铑、钯、锇、铱。

作为精品首饰制作用的铂金具有以下几大特性：①极其珍贵稀有，每年的产量仅占黄金的5%，它比黄金稀有30倍，且制作提炼耗时较多。世界上的铂金80%产自南非，其余20%产自俄罗斯。②质地柔软，自然的银白色，色泽无瑕纯净。铂金具有良好的延展性，硬度是4.3，强度和韧性是黄金的2倍。人们习惯用铂金镶嵌钻戒，是因为用铂金制作的镶口更加牢固可靠，且铂金的色泽可以更好地衬托出钻石的纯净无瑕。③铂金密度高，具有耐强酸强碱、耐高温的能力，所以非常坚韧，不易退色变色，是最稳定的金属，也是最理想的制作首饰的金属材料。④铂金的熔点高，首饰制作的难度大，导电性能好，稳定性好。

铂金通常情况下以四大类为主：Pt850、Pt900、Pt950、Pt1000。其中，Pt900指含铂90%，含其他金属10%，而Pt1000指的是纯铂金。钻石或宝石的镶嵌往往使用前两种。

（4）钯金

在铂族贵金属元素钌、铑、钯、锇、铱中，钯金（Pd）是近年才兴起和被重视的贵金属，它是于1803年由英国化学家沃拉斯顿在分离铂金时发现的。它与铂金相似，具有绝佳的特性，常态下在空气中不会氧化和失去光泽，是一种异常珍惜的贵金属资源。现在主要用作汽车、电子工业和牙科用料等，首饰界常单独

使用钯金，或作为金、银、铂合金的组成成分，以增加其硬度。在市场上常能见到金、钯的K金和铂、钯的合金。

钯金作为贵金属首饰用材有以下几大特性：①比铂金还稀有，钯金是世界上最稀的贵金属之一，地壳中的含量约为一亿分之一。世界上只有俄罗斯和南非等少数国家出产，每年总产量不到黄金的5‰。②钯金呈银白色金属光泽，外观与铂金相似，色泽鲜明，相对密度12g/cm³，轻于铂金，延展性强。熔点为1555℃，硬度为4~4.5，比铂金稍硬。化学性质较稳定，不溶于有机酸、冷硫酸或盐酸，但溶于硝酸和王水，常态下不易氧化和失去光泽。③钯金具有极佳的物理与化学性能，耐高温、耐腐蚀、耐磨损和具有极强的伸展性，在纯度、稀有度及耐久度上，都可与铂金互相替代，无论单独制作首饰还是镶嵌宝石，都堪称最理想的材质。因为一方面钯金异常坚韧，钯金制成的首饰不仅具有铂金般自然天成的迷人光彩，而且经得住岁月的磨砺，历久如新；另一方面，钯金几乎没有杂质，纯度极高，闪耀着洁白的光芒。钯金的纯度还十分适合肌肤，不会造成皮肤过敏。

国际上钯金首饰品的标记是"Pd"或"Palladium"字样，纯度以千分数代表，如Pd900，表示纯度是900‰。钯金饰品的规格标识有Pd1000、Pd950、Pd900、Pd850。

（5）金、银、铂金的标识

金银首饰的标识由印记和标识物两部分组成。其中印记应该包括材料名称及其含量。此外，单件首饰重量小于0.5g的，印记内容可以免除。如果单件首饰由金、银、铂三种材料混合制作的，必须将三种金属名称及含量分别标注在三种金属材料上。

据我国法律规定，首先金银首饰的标识印记必须打印在金银首饰上，而产地和厂名可以标注在其他标识物上，此外，产地并不是必须注明的内容。其次金、银、铂首饰的名称可用金、银、铂的中文标注，也可以用大写英文GOLD、SILVER、PLATINUM标注，或者用英文单词第一个大写字母G、S、P标注，还可以用金、银、铂的化学元素Au、Ag、Pt来表示。

几种常用标准标注方式：足金指含金量千分数不小于990的黄金，标注方法可以用GOLD990或G990表示，或者打足金印记。千足金指含金量千分数不小于999的黄金，标注可以打GOLD999或G999印记，或者打千足金印记。925银则是指含银量千分数不小于925的白银，打925银印记，或者SILVER925、S925印记。足银指含银量千分数不小于990的白银，打足银印记，或者SILVER990、S990印记。950铂指含铂量千分数不小于950

的铂金，打 950 铂印记，或者按实际含量打 PLATINUM950、P950 印记。足铂指含铂量千分数不小于 990 的铂金，打足铂印记，或者打 PLATINUM990、P990 印记。

3．贵金属材料的热处理及焊接性能

（1）贵金属的退火热处理

在精品首饰的制作过程中，贵金属材料常常要经过压延、拉丝、敲打、煅压等工艺，在这些操作中，贵金属内部常常存在残余的内应力，化学成分与组织结构都变得不稳定，要想消除这些加工过程中带来的缺陷，提高金属的工艺及使用性能，必须进行退火处理。

贵金属的退火处理指将贵金属材料加热至适当的温度，保持一定的时间后，以缓慢的速度冷却，获得接近平衡状态的组织的一种热处理工艺。

按照贵金属退火处理的不同目的，可以将退火分为三种：去应力退火热处理，再结晶退火热处理，均匀化退火热处理。

去应力退火热处理，指把贵金属材料或半成品金属首饰材料加热到一个较低的温度（低于该材料的再结晶温度），保温一定时间后，以缓慢速度冷却的一种热处理工艺。在这个过程中，金属晶格在不断加温中原子活动加大，首饰加工中引起的内应力就得以释放。经过这种热处理的贵金属硬度及强度都不会变，而内应力减少，材料耐腐蚀等的稳定性增强。

再结晶退火热处理，指将贵金属材料加热到再结晶的温度以上，保持一定时间之后以缓慢的速度冷却，使贵金属材料的晶格组织恢复到冷变形加工以前的状态。经过再结晶退火热处理的金属材料能够恢复冷变形加工造成的晶格变化，达到细化晶粒，充分消除内应力，使金属的硬度降低，塑形变形能力提高的效果。经过这个过程处理的贵金属的强度和硬度都降低，塑形变形的能力亦提高。一般再结晶退火适合于需要对贵金属继续进行加工的时候，这样处理过的金属便于金属工件的继续加工。

均匀化退火热处理，指将贵金属材料加热到接近熔点的温度，保持一段时间后，以缓慢的速度冷却。这种热处理主要用于一些通过浇铸成型的饰品。因为这类首饰铸件往往在浇铸过程中形成一些缺陷，如存在未熔物等，为了消除此类缺陷，需要进行均匀化退火。这种热处理方法要注意控制加热温度，以防加热温度超过熔点时引起过烧，严重的可使首饰件成为废品。

（2）贵金属的焊接性能

所谓贵金属的焊接，指的是利用加热等手段借助贵金属原子的结合与扩散作用，使分离的贵金属首饰零部件牢固地连接在一起的方法。在精品首饰的制作过程中，单纯的敲制有时不能快速地完成一个造型复杂的立体三维首饰，而需要借助焊接工艺将首饰的各个不同的形体部分永久性地连接在一起。焊接还可以帮助制作一些由多种金属组合在一起的有特殊外观色彩效果的多色首饰，如铂金和黄金相间的双色首饰。对于精品首饰的制作来说，焊接工艺是最为广泛而常用的技术之一。

贵金属的焊接性能取决于材料本身的化学成分、组织和力学性能。焊接过程中常常遇到一些问题，如焊缝位置有裂纹、气孔、缩松及夹杂物等缺陷，热影响区晶粒长大、力学性能下降等缺陷，这些缺陷都会使得焊接强度显著低于基体合金的强度。金属材料经过焊接后，焊缝区成为铸造组织，因此影响金属铸造性能的因素同时影响着金属的焊接性能，如结晶热裂纹就与铸造金属的有效间隔有关，为减少金属热裂倾向，往往在焊料中加入适当微量元素以细化焊缝晶粒。

此外，焊接技术也影响着焊接点的牢固度。如焊接前必须将两块金属的对接处打磨至完全结合紧密、中间没有空隙的程度。焊接过程中，首先，将待焊接的两块金属加热至烧红状态，放入硫酸中浸泡，之后放入清水中清

洗干净，这个过程主要保证接口处干净没有油污。其次，将对接处打磨平整，用葫芦夹或反向钳等工具夹住待焊接的两部分工件，但不要距焊接处太近，以防被焊接部分温度不均一。第三，用一根细铜丝蘸硼砂水涂于焊接口，注意不要涂得太开，以防焊药四处流动。第四，用镊子夹适量的小块焊药放在焊接口处，用焊枪对着焊接口稍微加热一下，此时涂于焊接口的硼砂收缩变干发白，焊药被黏附在硼砂上。第五，焊枪调至中火，对准焊接处 1.5 ~ 2cm 范围全部均匀加热，不可烧至发红，渐渐收小火头，对准焊接口急吹，焊药会即刻熔解并顺着涂硼砂的焊缝化开，焊药一化立刻将火头移开，以免焊药被烧枯，焊接口脱开。注意要熟练控制火的大小，动作要稳、火力要准。最后，将焊好的工件快速放入硫酸水中浸泡后取出，检查焊缝是否牢固。

二、其他金属材料

1. 其他金属材料的物理化学性质

（1）钛

很久很久以前，人们就把"钛"金属的名称与希腊神话中的大地之子泰坦（Titan）联系在一起。"钛"由此而得名。同时，泰坦所代表的勇往直前的精神也赋予了钛金属天然的强度。就连能够吞噬黄金、白银，并能够让不锈钢变得面目全非的"王水"也不能对"钛"造成一丝伤害。即使在王水中浸泡多年，钛风采依旧，光亮照人。就是这样一个充满神话色彩的金属，目前在国内首饰业中开始运用并得到人们的青睐。

从钛金属的性质看，它是一种非常有特色的金属。它密度小，所以质地轻盈；它强度大，所以非常牢固。它色彩银亮，具有未来性的特质，所以用它设计制作的首饰相当前卫。此外，钛具有良好的耐腐蚀性，并且不怕水，这种特性使得它在常温下可以永保银亮的色彩，不会像白银一样变黑。钛被称为"一种纯性金属"，具有良好的生物相容性。这种性质使得它和人体长期接触后不影响其本质，不会造成皮肤过敏，所以对金属有过敏反应的人可以放心大胆地佩戴钛首饰。钛首饰备受喜爱的原因除了它的前卫质朴的风格外，还因为钛表面可以形成多种色彩，将钛金属放置在电解液中通上一定的电流，表面会形成氧化膜，氧化膜的厚薄可以决定色彩的变化。钛金属的表面变色效果丰富了精品首饰设计中金属的色彩，给了首饰设计师很大的创意空间，让金属也可以像宝石一样色彩斑斓。

然而，钛金属的一些特性也增加了钛首饰工艺制作的难度。钛具有 1668℃的非常高的熔点，普通设备非常难将它焊接起来，所以尽管钛金属在国际上已经是非常流行的首饰用材，尽管国内对钛首饰的需求与日俱增，但目前钛首饰的加工生产很难形成规模。国内有许多称为"钛钢"首饰的实际上不是钛，而是加入了钛金属的不锈钢，因为钛金属的加入可以让不锈钢保持表面光洁的状态，这种钛钢是钛合金的一种。

在欧洲，首饰设计大师们经常采用铆接工艺制作钛首饰，这种工艺避免了钛金属的焊接，还可以将表面化学变色后的钛金属与黄金、铂金、白银混合使用，产生极其前卫的高科技的设计感。

据说，钛金属的含量占地壳重量的 6‰，比铜、锰、锌、锡的总和多 10 倍左右。而且，我国是世界上钛储量最多的国家，所以开发钛在首饰或其他行业的应用，可以帮助我国合理利用贵金属资源，并达到资源的平衡使用。

（2）不锈钢

具有和铂金、白银同样颜色的不锈钢，经过首饰设计师的精心打磨，外观状态几乎可以乱真。它不像银首饰，戴得久了会变黑，也不像铂金首饰，贵得让人望而却步。正因为此，不锈钢首饰在前几年开始盛行，尤其在男用首饰中，豪气十足的不锈钢与粗野的真皮并用，别有一番韵味。在夏天，不锈钢冰凉冷硬的触感给人特殊的关怀。这样一种不同于普通钢铁的新材料具有以下几种特性：①表面美观简洁，光洁度高。②耐腐蚀性能好。③强度高。④常温加工，可塑性强。⑤焊接性能好。

钢是铁和碳的合金，含碳量低于 1.7%，并含有少量的锰、硅、硫、磷等元素。纯铁材料质软，价格昂贵。而铸铁材料价格便宜，性脆而不能拉伸，多用于铸造物。钢比铁具有较高的力学性能，可淬火、锻造、轧制等。所以，用不锈钢和贵金属一起来设计制作首饰在国外已经具有很多年的历史，不锈钢也一直是深受许多国际著名首饰设计师喜爱的首饰用材。

（3）铜、铝、镁、锌、锡

金属紫铜比金银质感硬许多，是一种淡紫红色金属，其延展性、导电性、导热性都很强。而黄铜是铜与铝的合金，便于铸造加工，耐腐蚀性强；青铜是铜与锡的合金；白铜是铜与镍的合金；洋白银是铜与镍、锌的合金，常用来制作西餐具；红铜是铜与金的合金；铜与银的合金则称为陇银。

铝，呈银白色，质轻，熔点低，易导电、导热，耐氧化，富有延展性，便于铸造加工焊接。铝还可以染色，在国外许多首饰大师的作品中常常可以看到染色后的铝和其他首饰材料用到一起，设计时尚而前卫。另外，铝的切削加工性能差。有一种被称为防锈铝的铝锰或铝镁合金，耐腐蚀性强，不怕潮，抛光性能好，强度高，塑性和焊接性能良好，并可长期保持光亮的表面，受到许多设计师的喜爱。

镁是一种银白色材料，质轻，镁铝合金是制造飞机的重要材料。锌大多用作压铸合金或钢板的防腐镀料。而富有延展性的纯白色的锡，在空气中不易变化，多用于镀铁、焊接金属或制造合金。这三种金属在首饰加工中不常用，但为表现特殊工艺、特殊手法时会起到意想不到的作用。

2. K 金材料及配制

所谓 K 金，指黄金和其他金属熔炼在一起后的合金，也称金合金。K 金按照颜色划分，可以分为黄色和白色金合金。黄色的简称 K 黄金和 K 红金，白色的则简称 K 白金。

将 24K 纯黄金冶炼成合金，一方面节约了有限的黄金资源，丰富了金原料的色彩；另一方面，更为重要的是，24K 纯黄金质地太软，制造合金可以增加首饰的硬度，尤其是有些首饰的镶口，纯黄金镶嵌不够牢固，耐磨性稍差。所以，合金则成为镶嵌珠宝的主要材料。

22K 金，含金量为 91.7%，含少量的银和紫铜，色彩略逊于黄金，被称为标准金，常常用来制作金币。一般市场上的结婚戒指多采用 22K 金。由于 22K 金容易变形，所以款式不宜复杂，一般都是用于镶嵌单粒大颗宝石。由于其颜色和纯金相仿，所以应用不是很广泛。

18K 金，是目前世界上销量最大的 K 金，含金量 75%，含银量 14% 左右，含紫铜量 11% 左右。其色泽偏青黄色，带有少量微绿色调，制成首饰后表面需要电镀一层 24K 金，电镀后的整体色彩偏淡黄色。其硬度适中，延展性也很好，成品不易变形，是一种深受消费者喜爱的材料。

14K 金，俗称六成金。色彩以暗黄色为主，泛红光。含金量 58.5%，含银量 10% ~ 20%，含紫铜量 21.47% ~ 31.47%，质地坚硬，价格适中，很受欢迎。金含量低于 14K 金的，一般不被承认是金首饰。

9K 金，含金量 37.5%，含银量 12% ~ 20%，含紫铜量 40.5% ~ 50.5%，通常不用来制作首饰，往往用来制作金笔、打火机等。

以上介绍的是各种传统 K 金的配制。随着科技的发展，除以上常用合金外，专家们还研究出配制各种彩色金的方法，根据各种金属含量的不同，可以配制出各种各样的色彩。

第三节　宝玉石材料

一、宝玉石材料的基本概念及分类

宝玉石材料在精品首饰业中一直是主要的常用首饰材料。尤其在传统的首饰设计中，贵金属以各种各样的镶嵌手法镶嵌着美丽绝伦的宝石，凸显着宝石独有的特色和身价。

广义上，宝玉石包括狭义的宝石和玉石。国际上把翡翠（硬玉）和软玉统称为玉石，而把其他达到玉石要求的岩石统称为"珍贵的石头"。在日本，人们将高档宝石——钻石、红宝石、蓝宝石、祖母绿、金绿宝石猫眼和变石统称为宝石，而将石榴石、锆石、碧玺等称为半宝石。而在我国，高档宝玉石包括高档宝石——钻石、红宝石、蓝宝石、祖母绿、金绿宝石猫眼、变石，以及高档玉石——翡翠和软玉等。而中低档宝玉石则包括水晶、碧玺、橄榄石、石榴石、玛瑙、青金石等。

1. 宝玉石材料概述

广义的宝石泛指所有经过琢磨、雕刻后可以成为首饰或工艺品的材料，包括天然宝石和人工宝石等。

狭义上，宝石则是指那些自然界产出的美观、耐久、稀少且可琢磨、雕刻成首饰或工艺品的矿物单晶体。

而玉石则主要指那些自然界产出的美观、耐久、稀少和具有工艺价值的单矿物或多矿物集合体。

2. 宝玉石材料的分类

关于宝玉石的分类，世界各地均有不同的规定和标准，目前全球还没有形成一套统一的分类体系。我国最早于 1996 年颁布并于 1997 年实施国家标准《珠宝玉石　名称》，现在使用的分类标准是于 2010 年 9 月颁布、2011 年 2 月实施的《珠宝玉石　名称》（GB/T 16552—2010）国标。根据国标，我国将珠宝玉石分为天然珠宝玉石和人工宝石，其中，天然珠宝玉石又分为天然宝石、天然玉石和天然有机宝石；而人工宝石又分为合成宝石、人造宝石、拼合宝石和再造宝石。

3. 天然宝石的基本条件

据记载，自然界中发现的矿物已经超过 4000 多种，而可以用来作为宝石材料的只有 230 多种，在全球珠宝市场中，高中档宝石加起来也不过二十几种，可见，宝石作为岩石矿物中的精华是需要具备一定条件的。宝石学家将能够成为宝石的矿物必须具备的条件总结为：美丽、耐久、稀少。

就宝石本身而言，美丽是宝石必须具备的首要条件。这里的美丽是由颜色、透明度、纯净度、光泽等诸多因素构成的，这些因素结合得好时，宝石才能光彩夺目、美丽非凡。

首先，颜色分为无色和彩色两大系列。其中对于有色宝石而言，颜色艳丽、纯正、均匀是检验有色宝石的重要色彩指标，也就是"浓、正、阳、和"。例如，祖母绿的菠菜绿色、红宝石的鸽血红色、翡翠青翠欲滴的翠绿色等都是优质的象征。而对于无色宝石中的无色钻石而言，透明度、纯净度越高，档次则越高。

其次，透明度和纯净度也是检验宝石美丽与否的重要指标。尤其对于无色宝石而言，拥有较高透明度和纯净度可以使光线很好地透过宝石，使其晶莹剔透。而有色宝石拥有较高的透明度也会使得色彩看上去更加纯正清透。

再次，光泽是检验宝石颜色的又一指标。有了它的存在，宝石又增加了一分灵气。如被称为宝石之王的无色钻石就是因为极强的金刚光泽才使得它有着迷人的火彩和绚烂的光芒。

此外，特殊光学效应同样可以为宝石增添几分姿色。特殊光学效应包括星光效应、猫眼效应、变彩效应、变色效应、砂金效应等，其中欧泊的变彩，红、蓝宝石的四射、六射星光，金绿宝石的猫眼，月光石的变色，日光石的砂金等都为这些宝石增添了几分神秘，有时候这些特殊光学效应还会使得宝石的身价大增。

如果宝石仅有美丽的外表，花开花谢、年华易逝就不能被称为宝石。作为宝石还必须经过岁月的冲刷，永葆年轻，那就是宝石必须耐久。

所谓耐久是指质地坚硬，经久耐用。大多数宝石能够抵抗摩擦和化学侵蚀，永远保持艳丽姿色。而宝石的耐久性很大程度上取决于宝石的硬度。宝石的硬度一般都大于摩氏硬度7。这样的硬度使得宝石历经岁月的流逝而依旧风采绝伦。而宝石的仿制品玻璃，则因为硬度太低而很快就失去了它的光彩。那是因为空气中灰尘沙砾的主要成分是石英，摩氏硬度也为7，所以硬度小于7的宝石，在空气中停留时间久了，经常受到空气中灰尘的撞击磨损，表面就会变得不光洁，出现一些刮痧纹等痕迹。另外，在打磨宝石的过程中，使用磨料的硬度也要明显高于矿物的硬度，否则宝石表面将会出现凹凸不平。

一般来说，要求宝石摩氏硬度要大于5.5。如果其他条件特别好，该条件可以降低，如珍珠，它的硬度只有3，所有的稀酸都能腐蚀它，但是它迷人的珍珠晕彩使其成为宝石皇后。

宝石除了耐久，还必须稀少。俗语说："物以稀为贵"，宝石因产出稀少而变得名贵。例如，紫晶，19世纪以前，由于它产出稀少，紫色又高雅迷人，刚刚出现在欧洲大陆时被许多名媛贵妇视为珍宝，19世纪以后由于在巴西、乌拉圭等地发现了大量的矿床，使其价格大跌，现在已降为中低档宝石；曾经在历史上被称为佛教七宝的玛瑙，质地细腻，花纹独特，古时候也深受人们的喜爱，现在由于产地增加，已经成为低档宝石。此外，人工合成的宝石，在折射率、密度等许多性质上与天然宝石相同，但由于可以任意生产，大部分在价格上与天然宝石相差较远。

另外，宝石的价值有时还受到迷信色彩的影响。在古代，欧泊曾经是人们心目中美丽非凡、举世无双的宝石。它有着红宝石般的火焰，祖母绿般的绿海。然而，1825年，美国诗人斯考特的小说《湖上美人》问世后，价格暴跌，这是因为书中记载了欧泊的闪光将一美人烧死，从此欧泊被人们认为是不祥之物。后来欧泊的价格有所回升，但也只是介于中档宝石的上部和高档宝石的底部，近几年，欧泊尤其是色彩对比绚丽强烈的天然欧泊价格大增。

对于一颗宝石而言，美丽、耐久、稀少是人们经过长期总结出来的一个综合指标，只有自然界产出的能够达到如此标准的矿物、矿物集合体、岩石，才能称之为宝石。

二、高档宝玉石

晶莹剔透、光芒四射的钻石，高贵华丽的有色宝石红、蓝宝，绿色宝石之王祖母绿，变幻多端的玉石之冠翡翠等，都是精品首饰中人们惯用的高档宝石，这些宝石往往用铂金等贵金属镶嵌，以显示其尊贵的地位、迷人的色彩。

1. 高档宝玉石材料——钻石

（1）钻石的基本特征

位居高档宝石之首，被称为"宝石之王"的钻石，矿物名称为金刚石，希腊语意为"坚固无敌"。它是世界上最硬的物质。自古以来，围绕着钻石的战争、阴谋、冒险小说及传说等层出不穷，这些充满神话色彩的史传无不围绕着钻石所代表的品质——无坚可摧、绚丽夺目、真挚永恒、纯洁无瑕等。然而，要想真正地走近钻石，学会识别评估、欣赏品味它，还需要了解它独有的特性。

①力学性质：钻石是世界上唯一一个只有一个元素组成的矿物，它含有99.95%左右的C和0.05%～0.2%的杂质，其中所含的杂质主要有N和B，由此形成了不同的钻石类型。同样由C原子组成的石墨和用来制作钻石的金刚石分子结构则完全不同，

从而形成了质软的铅笔芯和世界上最硬的物质——钻石。图2-1为钻石的晶体结构，图2-2则是石墨的晶体结构。

钻石的硬度高达摩氏硬度10级。据说，钻石的绝缘硬度是石英的1000倍，是刚玉的150倍，是硬质合金的6倍。人们可以很浪漫地用钻石在玻璃上写下三个字"我爱你"。钻石本身在不同的方向硬度略微不同，人们还利用这种性质用金刚石切割钻石。

钻石在硬度很高的同时脆性也很大。在平行于钻石八面体的方向上钻石分子和分子之间结合的力度比较弱，如果沿着这样一个方向去撞击钻石，钻石也很容易碎掉。

钻石具八面体完全解理，有8个解理方向。所谓解理方向是指有些晶体矿物受外来力量撞击时会沿一定方向裂开，裂开的方向就是解理方向。通常解理方向是矿物内部原子结构最弱的方向，所以容易裂开。解理方向越多，解理越容易发生。钻石具（111）中等解理，（110）不完全解理，如图2-3所示。

此外，钻石的相对密度为3.521±0.01，如此稳定的密度值可以帮助我们进行鉴定。

②光学性质：钻石属于等轴晶系。晶体多为八面体、立方体和菱形十二面体单晶或聚形存在（图2-4）。其中八面体每个三角形的晶面上都有三角形生长纹，立方体则是四边形凹坑，菱形十二面体为纤维圆盘状花纹。这些都可以成为钻石的鉴定特征之一。

等轴晶系的钻石属于光性均质体，无多色性。在偏光镜下可见四明四暗的特征，偶尔可见异常消光现象发生。在双色镜下看不到多色性。此外，钻石的折射率为2.417，是天然无色宝石中最高的，由于已经超出了折射仪的可测范围，钻石的折射率在折射仪上无法测定。

图2-3　劈钻的方向

［劈钻的方向一定要沿解理面方向，由于钻石的解理面具平行（111），故劈钻的方向平行八面体晶面方向］

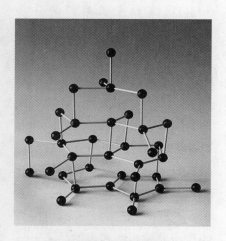

图2-1　钻石的晶体结构

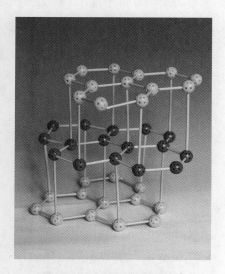

图2-2　石墨的晶体结构

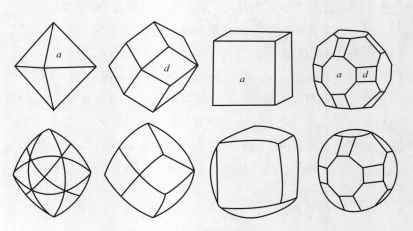

图2-4　钻石的晶体形态

钻石的色散值为 0.044（高），也在天然无色宝石中位居最高值。所以我们可以看到钻石表面惹人喜爱的光彩。

另外，钻石具透明金刚光泽，色彩分为无色至浅黄色系列和彩色系列。其中无色至浅黄色系列的钻石类型因为含有氮元素杂质的多少而产生深浅不同的淡黄色，含氮元素越多无色钻石越黄，色彩档次越低，价格越便宜。当然色彩达到金黄色时就属于彩色钻石的范畴了，钻石的 4C 分级中的色彩分级就是根据钻石黄的程度对无色到浅黄色系列钻石进行颜色分级的。目前世界上不对彩色钻石进行分级。

钻石的彩色系列一般包括黄、褐、红、粉红、蓝、绿、紫罗兰等色，大多数彩钻颜色发暗，颜色艳丽的彩钻极为罕见。和多数宝石一样，钻石也是因为所含有的杂质元素而致色的。彩色钻石的彩色也有其形成的两大原因：第一，由于少量杂质 N、P 和 H 原子进入钻石的晶体结构中，形成各种色心而产生的颜色。第二，因为晶体塑性变形而产生的位错、缺陷及对某些光能的吸收而使钻石呈现颜色。在彩色钻石中，蓝色钻石是由少量的 B 和 H 致色，而粉红色、褐色钻石是因为晶体变形缺陷致色，绿色、蓝绿色钻石则是由于长期天然辐射作用致色，辐射长久可能变成深绿色或黑色。绝大多数的彩色钻石都价格不菲，据记载，1987 年 4 月，Christie 拍卖了一颗 0.95ct 的紫红色钻石，价值高达每克拉 92.6 万美元。

钻石在吸收光谱仪下的特征是：无色至黄褐色系列的钻石在紫区 415.5nm 处有吸收。褐色到绿色钻石在绿区 504nm 有一吸收带。如图 2-5、图 2-6 所示。

③热电性能：钻石还有一个独特的性质，即具有良好的导热性能。钻石的导热性位居天然宝石中之最，人们利用钻石的这种特性设计制作出了钻石热导仪，又称钻石笔，用来快速测定钻石。

④内外部显微特征：金刚石晶体常含有其他矿物小晶体，如浑圆状的橄榄石、褐红色的镁铝榴石、黑色的石墨、无色金刚石及铬透辉石、铬尖晶石等。在显微镜下面也可以看到钻石的生长纹以及解理特征。

（2）钻石的鉴定

相对于钻石的 4C 分级来说，鉴定钻石的真假是一件较为容易的事情。这里我们重点介绍一些没有鉴定仪器的情况下肉眼鉴定钻石的方法。

第一，观察钻石表面的火彩。首先，钻石的火彩和一般仿制品合成立方氧化锆（俗称苏联石）的火彩不同。钻石的火彩有跳动感，而仿制品的火彩呆板而单调。其次，观察钻石瓣面与瓣面间的线条是否尖锐，真正的钻石因为高硬度瓣面间的线条十分尖锐。再次，看一下镶嵌钻石的材料是不是用的真金或铂金，价格是否太便宜，光泽是否是金刚光泽，等等。另外，有没有打手的感觉，钻石的相对密度是 3.52g/cm³，而仿造品立方氧化锆则是 5.95g/cm³，区别比较大。所以同样大小，手掂的感觉完全不同。

第二，利用钻石的光学原理鉴定钻石，将钻石台面向下放在一张有线条或黑色字迹的纸上，一个切割好的钻石不会漏光，是看不到下面的线条或字迹的。另外，将石放在一个深底色的布面上，背面铺上海绵，让石的尖底陷入其中，轻轻将石向后倾斜，如果能看到一个灰黑色像扇子般

图 2-5　无色、浅黄色钻石的吸收光谱特征

图 2-6　褐色钻石的吸收光谱特征

的影子在石的中上部，大多不是钻石，因为切割较好的钻石一般不会漏光。这个方法适合镶嵌好的圆钻。真正切工好的钻石，一般不会出现扇子现象。

第三，脱水亲油性实验。据说钻石不喜欢水，水在上面会形成小水滴，然后溜掉。而油会在它的表面沾得很牢，钻石喜欢吸收人体的油脂，所以戴久的钻石要用肥皂和软牙刷清洗。当用油笔在表面划过时可以留下清晰而连续的线条。而相反，划在钻石表面的墨水常常会聚成一个小液滴，不能形成连续的线条。钻石鉴定师还可以通过钻石的脱水性来进行钻石鉴定，将一小水滴滴在样本上，如果水滴能在样本表面聚成一个小水滴，说明是钻石。如果聚不成水滴而散开，说明是仿制品。

诸如此类的方法还有许多，如呵气实验，利用钻石的相对密度与大小的比例对比，使用10倍放大镜观察等。这些都是建立在深入了解钻石的基本性质的基础上的。对于珠宝鉴定师来说，只有深入了解各类宝石的基本性质，配合多年的市场经验和镜下实践，才可以准确快速地鉴定评估宝玉石。

（3）钻石的4C分级评定

在为数不多的宝石矿物中，只有钻石是全世界统一定价的。据说，受英国控制的戴比尔斯公司控制了全球85%左右的钻石采矿权。公司的中央销售组织简称"CSO"，由"钻石公司、钻石销售公司、工业钻石销售公司"三个部分组成。CSO每天从产地送来的钻石原石平均2万克拉，其中24%用作宝石。

世界钻石交易的主要场所在比利时的古都安特卫普，这个号称钻石城的世界第一大钻石出口基地曾经拥有2000多家钻石加工企业、4家钻石交易所、5家为钻石提供服务的专门银行、5所培训加工人员的学校。而世界钻石的切磨中心则是印度孟买、以色列特拉维夫、比利时安特卫普和美国纽约。钻石作为宝石之王，它的营业额占世界宝石总营业额的80%，懂得评价钻石的等级尤为重要。

钻石的评定以4C为标准。即钻石的颜色（Colour），净度（Clarity），切工（Cut）和克拉重量（Carat）。目前，全世界许多国家和地区已经形成了不同的钻石评价体系。尤以美国珠宝学院（GIA）和欧洲的国际珠宝学会（CIBJO）最为权威。

①颜色：美国宝石学院的颜色分级体系将钻石分为23个级别，分别用英文字母D～Z来表示，其中D～N的11个级别是最常用的。

欧洲早期将钻石分为6个等级，以CIBJO为代表，后来发展到9个颜色等级，并将这9个色级与宝石学院的颜色等级对应起来。1991年之后与美国宝石学院GIA的颜色等级对应起来。

我国在借鉴GIA和CIBJO的基础上，1996年制订了我国第一个颜色等级，将颜色分为12个级别，并用D～N和＜N来表示，此外考虑到国内钻石交易的现状，仍将百分数法和文字描述并用。表2-1为钻石颜色的12个级别。

表2-1　钻石颜色的12个级别

等级	百分比（%）	颜色
D	100	极白
E	99	
F	98	优白
G	97	
H	96	白
I	95	微黄白（褐，灰）
J	94	
K	93	浅黄白（褐，灰）
L	92	
M	91	浅黄（褐，灰）
N	90	
＜N	＜90	黄（褐，灰）

②净度：指钻石的纯净程度。对于钻石而言，内含物和表面瑕疵越多，越便宜。一颗完美无缺的钻石比有内含物的罕有多倍。但是从另一方面讲，有内含物的钻石是证明它是真钻石的身份象征。因为假冒或模仿品都不会有类似钻石的内含物。

要想对钻石的净度进行分级，首先要了解钻石的常见内外部瑕疵。钻石的常见内部瑕疵有：结晶包裹体（内含晶体和晶结）、云状物、点状包裹体、点群状包裹体、羽状纹、内部生长纹、裂理、内凹原始晶面、淤痕（击痕）、洞痕（空洞）、内部孪晶纹、缺口、激光洞、针状物等。外部瑕疵则包括：原始晶面、外部生长纹、额外瓣面、磨损痕、表面孪晶纹、粗糙腰棱、磨损、抛光线、天然面、刮痕、白点、小缺口等。

根据钻石的内外部瑕疵状况，美国 GIA 的钻石净度分级体系形成了以下几个级别：FL，IF，VVS（VVS1 和 VVS2），VS（VS1 和 VS2），SI，I（I1，I2，I3）。

无瑕疵（FL）——净度分级中最高等级：在 10 倍放大镜下，检测不到钻石外部和内部的瑕疵者称为无暇级。内部、外部均无瑕，在腰部有微小的天然面或额外刻面或内部孪晶纹，如果不影响其透明度，从冠部观察不到，都不影响无暇级的分级。

内部无暇（IF）：在 10 倍放大镜下，检测不到钻石内部的杂质，但外部可能有微小瑕疵，如有较大的天然面在腰围上，超出腰部范围，有表面孪晶纹，这些表面的瑕疵通常可以通过磨光去掉。内部无暇，外部有极轻微的瑕疵，且可以打磨掉。

极轻微瑕疵（VVS1 和 VVS2）：在 10 倍放大镜下，非常困难才能发现微细内含物。通常是一些点状包裹体、或颜色很淡的云状包裹体、或生长纹等。VVS1 级的内含物极不易检查到，必须由底部才能看到。如果表面有，可以打磨掉。

轻微瑕级（VS1 和 VS2）：多含有用 10 倍放大镜也很难或稍微容易发现的细小内含物。常见的有微小内涵晶体、微小白色羽裂纹和云状物。

瑕疵级（SI）：具有小瑕疵，用 10 倍放大镜可以很容易发现瑕疵，去掉放大镜无法看到瑕疵。

重瑕疵级（I）：在 10 倍放大镜下瑕疵一目了然，垂直台面观察瑕疵时肉眼就可以看到。该级别又分为三个级别：I1、I2 和 I3。

I1：在 10 倍放大镜下，瑕疵用肉眼从冠部观察比较困难，瑕疵不影响钻石的亮度。

I2：用肉眼可见瑕疵，瑕疵已经影响钻石亮度。

I3：肉眼很容易看到瑕疵，并影响钻石的亮度、透明度，部分裂缝还影响钻石的耐用性。

而欧洲的钻石净度评定体系（CIBJO，IDC，HRD 等）有一些区别，分为：镜下无瑕级、极微瑕极、微瑕极、瑕疵级和重瑕级五个等级。它将 GIA 的 FL、IF 统一为镜下无瑕级，将 GIA 的 I（I1，I2，I3）级的符号改为 P（P1，P2，P3）。

我国则参考欧洲和美国的评价体系，两者均有运用，国家质量监督检验检疫总局起草的评定体系中采用的是欧洲的净度等级。

③切工：当光线照射钻石的冠部时，所有的光线都能反射回人的眼中，这个时候看到的钻石很炫，钻石的切割比例则好。相反，当光线照射钻石的时候，光线没有全部反射回人眼，有些光线从底部漏掉了，还有的光线从亭部逸出，这个时候看到的钻石没有那么炫，钻石的切割比例则不那么好。

那么，钻石的切割比例究竟如何评价？在了解具体的切工分级之前，首先要了解一下标准圆钻的各部位名称及切工分级的相关术语（图 2-7）。

钻石切工分级的相关术语解释如下。

台宽比：钻石冠部台面宽度相对腰平均直径的百分比。

冠高比：冠部高度相对腰平均直径的百分比。

43

腰厚比：腰部厚度相对腰平均直径的百分比。

亭深比：亭部深度相对腰平均直径的百分比。

底尖：底尖最大直径与腰平均直径的百分比。

全深比：底尖到台面的垂直距离与腰平均直径的百分比。

冠部角：冠部主刻面与腰围所在的水平面之间的夹角。

亭部角：亭部主刻面与腰围所在的水平面之间的夹角。

最理想的钻石切割比例标准：

桌面——53%（占腰部直径的53%）。

冠高比——16.2%。

亭深比——43.3%。

冠部角度——34.5°。

亭部角度——40.75°。

尖底角度——98.5°。

④腰围的厚度等级：按照CIBJO的标准，钻石的腰围从很薄到中等厚度为最好。

极薄：肉眼看上去好像没有厚度。

很薄：放大镜下呈极细线条状，肉眼几乎无法看到厚度。

薄：放大镜看到极窄的宽度，肉眼很难分辨。

中等厚度：放大镜下呈清晰宽度，肉眼看上去像一条直线。

稍厚：放大镜下呈明显厚度，肉眼可见。

厚：比中等要厚一倍。

很厚：放大镜下厚度厚而不悦目，肉眼可见。

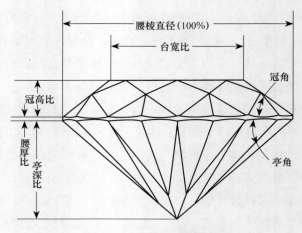

图2-7　切工分级相关术语

极厚：肉眼明显看到腰部极厚而不悦目。

⑤尖底大小：按照CIBJO的标准，钻石尖底从无到中等最好。

无：10倍放大镜下看不到尖底。

小：10倍放大镜下恰好分辨。

中等：10倍放大镜下可见八面形轮廓，肉眼看不见。

稍大：10倍放大镜下尖底轮廓清晰，肉眼稍可看见。

大：肉眼可见到尖底。

很大：肉眼可见到桌面下呈现黑色尖底形状。

极大：八面形轮廓肉眼清晰可见。

⑥克拉重量：钻石的重量是钻石四大因素中最重要的因素。重量越大的钻石越罕见，价值也会越高。钻石以克拉或卡（carat）为单位，1卡=200毫克（mg）=100分，1克（g）=5克拉（ct）=500分（point）；如果以安士计算，1安士=142克拉（ct）=142×200毫克（mg）。

2. 高档宝玉石材料——红、蓝宝石

红、蓝宝石作为世界四大珍贵宝石，充满着神秘光环。关于它们，历史上有许许多多的神奇传说。《圣经》中记载，红宝石象征着犹太部落；而曾经在"二战"期间携带珠宝出逃的犹太人则相信红宝石可以保佑人不受伤害；昔日缅甸武士常常在身上割一个小口，将一颗红宝石嵌入，认为这样可以刀枪不入。古代波斯人则相信大地是由一个巨大的蓝宝石支撑的，正是蓝宝石的闪光将天空映成蓝色；传说中的蓝宝石还具有神奇的力量，可以保护国王和皇后免受伤害和嫉妒，同时，蓝宝石还被当作指路石，可以保护佩戴者不迷失方向。

（1）红、蓝宝石的名称与分类

无论是红宝石（ruby），还是蓝宝石（sappire），它们都属于同一族矿物，红、蓝宝石的矿物名称叫"刚玉"，指那些宝石级的刚玉。其中红色者称红宝石，其他颜色者称蓝宝石，其他颜色的蓝宝石可用前置形容词修饰命名，如黄色蓝宝石、橙色蓝宝石等。

（2）红、蓝宝石的基本特征

刚玉是自然界产出的矿物，主要成分为 Al_2O_3，是具有三方对称的矿物。其中含有微量的杂质元素 Fe、Ti、Cr、Mn、V 等，杂质可以等价离子或异价离子形式代替晶格中的 Al^{3+}，有时以机械混入物存在晶格中。刚玉纯净时无色，含杂质而致色，含 Cr 呈红色，含 Fe 和 Ti 呈蓝色，含 V 呈黄色等。属于三方晶系，完善的晶体常为六方桶状、六方柱状或板状等，如图 2-8 所示。

刚玉的颜色比较丰富，不透明或半透明者多呈蓝灰、黄灰或不同色调的黄色；透明者主要有无色、白色及红、蓝、黄、绿、紫等色。有的刚玉还变色，晶体颜色不均匀，多边形色带较发育。

红、蓝宝石的摩氏硬度为 9，仅次于钻石，也是自然界中相当硬的物质，因此刚玉也是工业上常用的磨料。和钻石一样，它的硬度同样有异向性。此外，刚玉密度较大：$3.99 \sim 4.02g/cm^3$，平均 $4.00g/cm^3$，所以刚玉也常形成砂矿。

不同于钻石的是：红、蓝宝石常见 4 个不同方向的裂理，而没有解理。裂理与解理表现相似，也是在外力打击下，沿一定结晶方向裂开成光滑平面的性质。但是裂理与解理的形成原因不同，解理是矿物本身结构的异向性造成的固有的性质；而裂理则是由于外来因素，如杂质进入晶体沿着某些结晶方向排列，或者双晶结合面，造成结晶方向结合力减弱，从而在外力作用下裂开，它不是该晶体固有的性质，因而导致同样是刚玉晶体，有的有裂理，有的则没有。由于常有裂理，所以红、蓝宝石也是怕撞击的。表 2-2 描述了刚玉的主要特性。

（3）红、蓝宝石的评价与欣赏

与其他彩色宝石一样，红、蓝宝石常常用产地表示商业品级。

①红宝石：第一，缅甸红宝石。代表最优质的红宝石，即属"鸽血红"级、透明、颜色均匀、无或极少裂纹和瑕疵的红宝石。西方（欧、美）还惯用"东方红宝石"称之。该品种主要产于东南亚，如缅甸、泰国、斯里兰卡、越南、柬埔寨等。珠宝界常用"鸽血红"形容最优质缅甸红宝石的颜色（图 2-9）。两个品级较次的颜色是"半血色"（微暗红色）和"法国色"或樱桃红色（比鸽血红略浅）。最优质的红宝石几乎均出自缅甸，但"缅甸红宝石"一词仅作为一个商业品种，而不代表其产地。如果缅甸产的红宝石颜色浅，也不能叫"缅甸红宝石"；而其他如斯里兰卡、泰国等产出的优质红宝石，

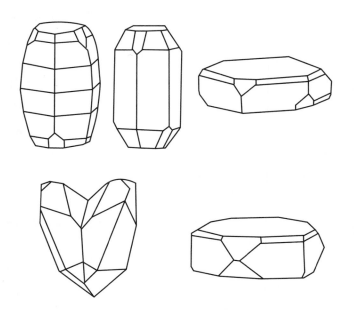

图 2-8　天然刚玉的基本形状

表2-2　刚玉的主要特性

化学成分	Al_2O_3，含微量 Cr、Fe、Ti、V、Mn 等
结晶晶系	三方晶系
结晶习性	六方柱、六方双锥、桶状、板状
解理与裂理	无解理，有四组裂理
颜色	红、粉红、橙、黄、绿、蓝、紫、灰、棕色
硬度	9（摩氏硬度计）
相对密度	3.989 ～ 4.02，平均：4.00
光泽	玻璃至准金刚光泽
折射率	1.762 ～ 1.770
双折射	0.008 ～ 0.009
多色性	中等；红宝石：紫红 / 橙红；蓝宝石：紫蓝 / 绿蓝
荧光性	无至强（紫外灯下）；红宝石红色荧光较强，蓝宝石弱至无
熔点、沸点（℃）	2050、3500
溶解度	在 800 ～ 1000℃的硼酸液中可溶，溶于沸的 300℃的硝酸液

图2-9　红宝石的鸽血红色

达到"鸽血红"级，也可叫"缅甸红宝石"。第二，锡兰或斯里兰卡红宝石。斯里兰卡旧称锡兰。其红宝石为浅红色、极浅红色或淡紫红色，色调虽浅，但比缅甸、泰国红宝石光亮耀眼，故仍被视为红宝石（按其颜色理应称为粉红色蓝宝石）。其优质品通常比泰国产的优质红宝石价格更高。第三，暹罗或泰国红宝石。暹罗是泰国的旧称。其红宝石通常是暗红色至浅棕红色，很少能达到优质"缅甸红宝石"的质量。但

并非所有的泰国红宝石都是颜色比较暗的，其中也不乏颜色鲜亮而质量上乘者。第四，非洲红宝石。非洲坦桑尼亚的 Longido 和 Lossogonoi 出产优质淡紫红色翻面等级的红宝石，但颗粒较小；肯尼亚 Tsavo 国家公园的 Saul 矿，出产重达 7ct 的优质大粒红宝石。

②星光红宝石：凡经过切割和琢磨的弧面型，具有星光效应的红宝石均为星光红宝石。对星光红宝石的颜色要求可以放宽，因为这种宝石中的针状、丝绢状包裹体使宝石透明度降低，多数为不透明至半透明，并趋向变灰，使原来的颜色变浅或变深。许多达不到真正红宝石颜色者，只要具有清晰、明亮而集中的星光，均可视为"星光红宝石"。具有猫眼效应的红宝石偶尔也能见到。

③蓝宝石：第一，克什米尔蓝宝石。这是一种不太透明的天鹅绒状、紫蓝色（"矢车菊"蓝）的蓝宝石。由于不太透明，故给人一种"睡眼惺忪"的外观感觉，与其他蓝色蓝宝石不同。第二，缅甸或东方蓝宝石。指极优质的"浓蓝"或"品蓝"的微紫蓝色蓝宝石。在人工光源照射下，它会失去一些颜色，并呈现出一些墨黑色。克什米尔蓝宝石无此变黑特点。第三，锡兰或斯里兰卡蓝宝石。通常指暗淡的灰蓝色至浅蓝紫色、具有明显光彩的蓝宝石。当含大量针状、絮状包裹体时，光彩降低，略呈灰色。色泽往往不均匀（有色带、条纹等）。不过斯里兰卡历史上曾出产过优质蓝宝石，品质属最佳之列。目前国内市场上还可见到称"卡蓝"的优质蓝宝石。第四，泰国或暹罗蓝宝石。在美国的商

业品级中，"泰国蓝宝石"是指极深蓝色蓝宝石，甚至在日光下，它们的颜色也很深，几乎是蓝黑色的，代表较差的品级。而在英国，"暹罗蓝宝石"表示品级仅次于克什米尔级的蓝宝石，即指一种蓝色极深而略具天鹅绒状的蓝宝石。第五，蒙大拿蓝宝石。浅蓝色蓝宝石，透明度好，光泽强。有人描述它具有金属光泽（显然不够确切），呈现钢青色或铁蓝色，超过克什米尔蓝宝石的天鹅绒光彩，产于冲积砂矿中。第六，非洲蓝宝石。具有各种浅淡颜色，如浅蓝色、蓝紫色、浅紫红色、浅黄色、浅橙色、钢灰色和深棕橙色等。有些非洲蓝宝石呈现出金绿宝石的变色现象。第七，澳大利亚蓝宝石。颜色很深，甚至呈墨黑色，一般具有浓绿色到极深紫蓝色的二色性。透明度差，半透明至不透明，往往带有不受欢迎的绿色调。常有色带和羽状包裹体。泰国和我国山东昌乐以及其他地方也产类似的蓝宝石，属于较差的品级。

④艳（他、杂）色蓝宝石：蓝色以外的蓝宝石，可称为艳色蓝宝石。几乎所有其他颜色的蓝宝石都可见到。第一，黄色蓝宝石也称金色蓝宝石。这是一种很珍贵的宝石，一般呈浅至中等色调的微棕黄色，价格非常昂贵的金黄宝石，曾被称为"东方黄宝石""黄宝石王"或"黄宝石帝"。第二，深橙色至橙红色蓝宝石。这种蓝宝石很少见，价格昂贵。许多鉴赏家认为它是所有宝石中最漂亮的。由明显浅色到中等色调的微粉红色至橙色到粉红色至橙红色的蓝宝石，颜色颇似红莲，常被称为帕德马蓝宝石。斯里兰卡人很喜欢这两种颜色的宝石，故极少出口其他国家，进入国际市场。第三，绿色蓝宝石。澳大利亚或泰国产的黑蓝色蓝宝石经切割后呈现绿色，作为绿色蓝宝石出售。一种罕见的被误称为"东方祖母绿"的浅绿色蓝宝石很受一些人喜爱，但其色泽很难与祖母绿媲美。第四，紫色蓝宝石。通常称为紫晶蓝宝石，或被误称为"东方紫晶"。微红至紫色者常被称为梅红蓝宝石，又被误称为"红宝石"。第五，粉红色或玫瑰色蓝宝石。凡粉红色色调太浅而不能称为红宝石者，通常称为粉红色蓝宝石。其中有些很美丽，且价格适中，颇受消费者欢迎。第六，微绿浅蓝色蓝宝石。常被称为"东方海蓝宝石"或"海蓝宝石"，二者皆为不正确命名。第七，褐色蓝宝石。一般不透明。若含细针状金红石包体，可切磨成星光蓝宝石。透明的褐色蓝宝石极少见。柬埔寨出产中等色调、美丽透明的褐色蓝宝石。第八，无色蓝宝石，或称白色蓝宝石。多年来被用作钻石的赝品，特别是制作尺寸比戒指大的珠宝饰物时。斯里兰卡产一种称为"久达"（Geuda）的蓝宝石，白色居多，加热处理后往往可变成蓝色。"久达"是一种半透明乳白色刚玉，常附有奶状、烟雾状色带以及紫色色块或丝光。起初，斯里兰卡人只将其作为花园铺路石等用。20世纪70年代末，泰国大量购进"久达"，将其加热改色，制成蓝色或艳色蓝宝石，获利颇丰。1980年斯里兰卡获悉此事，国家宝石公司便严格限制外商入境做"久达"生意，并开始在本国加工改色。根据原石质地不同，"久达"可加工成不同品级的宝石。第九，变色蓝宝石。通常又称为似金绿玉蓝宝石。在日光下呈蓝色，夜间在灯光下呈微红色或紫红色。当变色不明显时，会有损于该宝石的色彩，使其变得不够鲜艳。有些罕见的蓝宝石，能在日光下显现美丽的蓝色，灯光下变为令人赏心悦目的红紫色，非常珍贵。

⑤星光蓝宝石：星光蓝宝石也称为星彩蓝宝石（图2-10）。多呈不透明至半透明状。产生星

图2-10　亚洲之星
（具有星光效应的蓝宝石）

光的原因是宝石中含丝绢状包裹体（定向排列的针状金红石）。将其切割成弧面型宝石时，弧面应垂直蓝宝石晶体的特定方向，才会出现交点居中的六射星光；否则，会因切割偏斜而使星光不能集中于中央，而成"歪晶"。

出现星光的蓝宝石以蓝色（深蓝、蓝黑、浅蓝、蓝灰色等）、绿色者较常见，而橙色、黄色者极罕见。黑色星光蓝宝石（"黑星石"）为极深的褐色、紫色或绿色，带状构造（色带、生长纹、包裹体等构成的六边形带状）发育。

若沿平行星光蓝宝石晶体的 c 轴切割，便会出现一条较宽的光束而呈现猫眼效应。红宝石也是如此。但是红、蓝宝石具猫眼效应的比较少见。

若蓝宝石原石色彩不佳，色调不适中，透明度又差，价值则比较低；但若具星光效应，其价值则会提高。

3. 高档宝玉石材料——祖母绿

有一种绿色，肉眼看上去非常舒服。当我们目不转睛地注视嫩绿的草坪和树叶的时候，那种赏心悦目的感觉可以想象，但与这种绿色的色泽相比就显得逊色多了，有人用菠菜绿、葱心绿、嫩树芽绿来形容它，但都无法准确表达它的颜色。它绿中带点黄，又似乎带点蓝，就连光谱都好像缺失了波长。这就是绿色宝石之冠——祖母绿的绿色（图2-11）。

祖母绿自古就是珍贵宝石之一。相传距今6000年前，古巴比伦就有人将之献于女神像前。在波斯湾的古迦勒底国，女人们特别喜爱祖母绿饰品。几千年前的古埃及和古希腊人也喜欢用祖母绿做首饰。中国人对祖母绿也十分喜爱，明、清两代帝王尤喜祖母绿。

祖母绿一词源自波斯语，古希腊人曾经称它为"发光的宝石"。和红、蓝宝石属于矿物刚玉一样，祖母绿则是矿物绿柱石的家族成员之一。而绿柱石是自然界产出的，主要成分为 $Be_3Al_2Si_6O_{18}$，具有六方对称的铍铝硅酸盐矿物（图2-12），它因含适量的 Cr_2O_3（0.15% ~ 0.6%）而形成祖母绿。

在绿柱石的家族成员中，除祖母绿外，还有著名的海蓝宝石、铯绿柱石、金黄绿柱石等其他宝石品种。它们虽然属于中档宝石，但也有个别成为历史上的无价之宝。

可以说祖母绿是绿柱石家族中最出色的成员。它是宝石级的绿色绿柱石。其绿色要达到中等、浓艳的绿色调，就是色的浓度要饱和。浅淡绿色的通常称之为绿色绿柱石。表2-3描述了绿柱石的基本特性。

图2-11 胡克祖母绿
（土耳其皇帝带扣上的胡克祖母绿，重75ct）

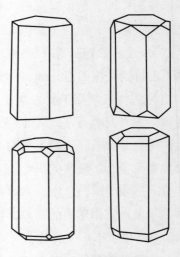

图2-12 绿柱石晶体结构

表2-3　绿柱石的基本特性

化学成分	$Be_3Al_2Si_6O_{18}$，含微量 Cr、Cs、V、Fe、Ni 等色素离子
结晶晶系	六方晶系
结晶习性	柱状、六方双锥、平行双面、柱面可见垂直条纹
解理与裂理	不完全底面解理
颜色	绿色、蓝色、粉红色、红色、黄色、金黄色、紫色
硬度	7.25 ~ 7.75（摩氏硬度计）、性脆
相对密度	2.7 ~ 2.9
光泽	玻璃光泽
折射率	1.56 ~ 1.59
双折射	0.004 ~ 0.009
多色性	祖母绿为：蓝绿色 / 黄绿色
光性	祖母绿为：一轴晶负光性
特殊光性	猫眼、星光效应
琢形	八面阶梯琢形（祖母绿形），因祖母绿裂隙多、易碎
滤色镜下	祖母绿：红色（印度和 Transvaal 为绿色）；其他：无红色

（1）祖母绿的包裹体特征

哥伦比亚　三相包裹体：黄铁矿、方解石、云母、氟碳钙铈矿；

巴　　西　尖晶石、铬铁矿、白云母、金云母、黄铁矿、磷灰石；

乌拉尔　竹节状阳起石及电气石、萤石、黑云母；

赞比亚　赤铁矿、磁铁矿、透闪石、电气石、阳起石；

南　　非　黑云母，白云母、金云母、辉钼矿；

巴基斯坦　方解石、云母、透闪石、铬铁矿、磁铁矿、硅铍石；

印　　度　逗点状气液二相包体、云母；

罗得西亚　弯曲的纤维状、薄片状角闪石。

（2）祖母绿的商业品种

①哥伦比亚祖母绿：世界上最优质的祖母绿被称为哥伦比亚祖母绿，清澈透明，纯绿色，稍稍带黄或蓝色调。典型的产自 Muzo、Chivor、Cosguez 和 Gachala 诸矿。不同矿山的祖母绿也各有特色，如 Muzo 的颜色最美丽，Chivor 的瑕疵较少。但这些矿都产一定量的优质祖母绿。图 2-13 为哥伦比亚祖母绿晶体。

②巴西祖母绿：指巴西产的足够深绿色调者，几乎没有瑕疵，质量也属上乘，如产自 Itabira 的伟晶岩型。巴西的一些淡绿色者更常被归之绿色绿柱石，而巴西 Bahia 云母片岩中发现的有严重瑕疵的晶体，贸易中也不能称为祖母绿。

③俄罗斯或西伯利亚祖母绿：典型的是产于乌拉尔山区的矿中。特征是黄色调更多，有较多瑕疵，且颜色也比哥伦比亚的

图 2-13　哥伦比亚的祖母绿晶体标本

（重 1759ct 的祖母绿晶体）

稍淡。

④津巴布韦祖母绿：来自津巴布韦 Belingwe Native Reserve 区域邻近伟晶岩的片岩中。质量好者为优美的深色祖母绿，但晶体中常有瑕疵，因而一般较小，超过 1/3ct 的琢磨好的成品已很罕见。3ct 或更大的只是偶尔见到。

⑤坦桑尼亚祖母绿：产自坦桑尼亚 Manyara 湖南岸矿区。产于云母片岩与伟晶岩接触带，质量可与哥伦比亚的媲美。

⑥赞比亚祖母绿：色调变化范围广，从亮绿到带蓝的绿色再到暗而柔和的绿色。特征是都稍带灰色调，其中可见云母、角闪石或透闪石的包裹体。

4. 高档宝玉石材料——金绿宝石

金绿宝石作为自然界的五大珍贵宝石之一，它的产出非常稀少，所以有些金绿宝石的价值甚至高于红、蓝宝石。金绿宝石的主要品种有三种：金绿宝石、猫眼和变石。据说，全世界有 20 多种矿物具有猫眼效应，但只有金绿宝石的猫眼最为珍贵。在命名方面，也只有金绿宝石的猫眼无需注明矿物种而直接称其为猫眼，其他都要在猫眼前面加上前缀，如石英猫眼、电气石猫眼等。

在金绿宝石的命名方面，我们习惯把没有任何特殊光学效应的金绿宝石矿物，加工后称为金绿宝石；把具有猫眼现象的金绿宝石矿物称为猫眼；具有变色效应的金绿宝石矿物称为变石。

（1）猫眼

当金绿宝石中含有大量平行排列的管状、丝状金红石包裹体且表面被打磨成凸面型宝石时，则会出现一条亮带，这条亮带随着光线的移动而移动，故称为"猫眼活光"。

①猫眼形成的原因：在猫眼宝石的内部，存在大量细小密集且平行排列的丝状金红石矿物包裹体，丝状物的排列方向平行于金绿宝石矿物晶体 c 轴方向。由于金绿宝石本身与金红石包裹体在折射率上有较大差别，使得入射到宝石内的光线经过金红石包裹体反射出来，再经过特别磨制后，反射光集中成一条光带而形成猫眼现象。且金绿宝石内部的丝状包裹体越多，宝石就越不透明，猫眼效应也越明显。

②评价猫眼石的标准：首先，猫眼的光带要居中，闪光强，最好有三条线。其次，底色以深色特别是蜂蜜一样的颜色为佳。猫眼的颜色有许多种，按照质地好坏可以依次分为蜜黄、黄绿、褐绿、黄褐、褐色，一般猫眼宝石的本色为蜂蜜色。

（2）变石

变石常常被加工成刻面宝石，它是一种含微量氧化铬的金绿宝石矿物变种，多呈透明至半透明。最为宝贵之处在于它可以变色，当日光照射变石时，呈现绿色、蓝绿色或翠绿色；当钨丝灯或白炽灯照射时，呈现红色。此外，变石的变色效应随着产地的不同，变色效果也有所不同。如在日光下，俄罗斯变石为蓝绿色，斯里兰卡变石为深橄榄绿色，津巴布韦变石为艳绿色或翠绿色。

目前，全世界最主要的金绿宝石产地在巴西，在巴西发现的金绿宝石品种很多，包括黄色褐色金绿宝石、高质量的猫眼和变石等。

5. 高档宝玉石材料——翡翠

在所有的宝石名称中，"翡翠"恐怕是最为美丽的称呼了。"翡翠"本是一种有着美丽羽毛的鸟，在古老的文明进程中，人们习惯于将雄鸟红色称之为"翡鸟"，雌鸟绿色称之为"翠鸟"，并将翡翠二字用来代表美丽的硬玉，翡翠之名由此而来。

黄金有价玉无价，优质的翡翠更是价值不菲。据记载，一条平均直径为 15.6mm 的 27 颗翡翠玉珠链，于 1997 年 11 月 6 日举行的香港佳士得公司秋季拍卖会上，曾经以 7262 万港元成交，创下翡翠首饰及翡翠珠链拍卖的世界纪录（图 2-14）。再加上近年来翡翠产量的不断减少（全世界的优质翡翠大都出自缅甸），翡翠更加成为许多富贾名豪争相收藏的玉中之王。什么样的矿物被称之为翡翠呢？人们又是如何分辨翡翠的各类品种呢？翡翠和相关玉石之间又是如何进行鉴别评估的呢？让我们带着诸如此类的问题走进翡翠的世界，学会了解、鉴赏它。

（1）翡翠的基本特性

翡翠是以硬玉为主的由多种细小矿物组成的矿物集合体。翡翠的主要组成矿物是钠铝硅酸盐，除此之外，常含有其他辉石的类质同相混入物，如透辉石、钙铁辉石、透闪石等，且含有微量的 Cr、Ni、Mn、Mg、Fe 等元素。

翡翠属单斜晶系，常呈粒状、纤维状、毡状致密集合体，晶形为柱状。硬度位居玉石之首，为 6.5 ～ 7，与石英相似。它的断口呈参差状，韧性强、耐热性大。外表状态表现为半透明至不透明的油脂光泽至玻璃光泽。相对密度为 3.30 ～ 3.36，折射率为 1.65 ～ 1.67。在吸收光谱仪下，翡翠在紫区 437nm 处有一条铁致色的特征吸收谱线，在 630 ～ 690nm 处有三条阶梯状铬致色的吸收谱线。

翡翠的色彩多姿多彩，它是人们认识翡翠的一种标志，也是价值所在。翡翠的一些主要品种是根据颜色、透明度来进行划分区别的。

（2）翡翠的主要品种

①半透明品种：又称老坑种或老坑玻璃种。该品种质地细腻，绿色均匀，透明度好。一般产于河床水系中的次生矿，呈砾石状产出，外面有风化外壳，里面则是高档翡翠。该品种包括宝绿色、艳绿色、黄阳绿、葱心绿、金丝绿、阳俏绿等，其中宝石绿种是翡翠中的最佳品，绿色纯正，色泽鲜艳，质地细腻，价格较为昂贵。图 2-15 就是老坑玻璃种翡翠。

②半透明至微透明的品种：这类翡翠一般透明度较好，但是底色绿色中常常出现菜绿、白花等深浅不同的绿点和绿线，包括疙瘩绿、鹦哥毛绿、菠菜绿、油青绿、豆青绿等品种。其中，油青种指那些色不鲜艳、发暗的品种，一般颜色太黑、太灰、太浅或颜色不正的油青种价值都不高，油青很浓艳时为优秀品种。而豆青种翡翠颜色豆青色，是绿色品种中较常见的，俗语"十绿九豆"就是指的"豆青种"。豆青种的翡翠质地较粗，透明度差的为中低档翡翠。

③微透明至不透明绿色品种：该品种的主要特点是不透明，绿色的变化也较大。主要包括干疤绿、花绿、白底青、瓜皮绿四种类型，其中白底青指那些玉质细腻、透明度差的品种，在白色底子上分布有绿色色斑。瓜皮绿则是指颜色像瓜皮一样的青绿、

图 2-14　翡翠玉珠链
（曾经创下翡翠首饰拍卖的世界纪录）

图 2-15　老坑玻璃种翡翠手镯
（1996 年佳士得拍卖会上以 959 万港元的高价成交）

绿和墨绿色。

④其他品种：包括紫罗兰、红玉（翡）、黄色翡翠、福禄寿翡翠等。紫罗兰指那些紫色的翡翠，色淡的时候常被称为"藕粉地"，色彩浓艳，玉质细腻，透明度高者少见，该种的价格一般很贵。红玉也称"翡"，呈棕红色，鲜红色很少见，主要分布于风化壳的表层之下，被铁染色所致。而福禄寿则是指红色、绿色、紫色三种颜色同时出现在一块翡

翠上，极其少见，价格也更贵。

（3）翡翠的评价标准

翡翠的评价既简单又复杂。因为翡翠的价值既决定于本身的价值又受到市场的制约，对翡翠原料的评价尤其困难，不同质量的翡翠价格相差往往很大，享有"翡翠皇后"之美誉的欧阳秋眉曾经提出4C+2T的评价标准，包括颜色、净度、裂隙、切工、杂质、外皮结构及透明度，这些指标综合反映着翡翠的质量。

翡翠的颜色以"浓、正、阳、和"为评价标准。"浓"指色彩饱满浑厚；"正"指颜色纯正，以主色和次色的比例来看，纯正绿色最佳，微黄绿色次佳，带蓝绿色的尚佳，带黄绿色的较差，带灰绿色的最差；"阳"指绿色要鲜艳、明亮、大方；"和"则指绿色要均匀柔和，"和"又被称为"均"及色彩的均匀程度。

对于翡翠的透明度而言，如果一块翡翠的透明度和颜色都很好，就可以提高其档次，一般仔玉透明度好，而山玉透明度差，因为仔玉大多经过风的搬运及河水的冲刷滋润。

除透明度外，翡翠的颜色还受地子色的影响，地子色和透明度可以衬托翡翠绿色的美感。地子色好的翡翠质地细腻干净，地子色和绿色协调自然。

此外，裂隙和杂质的存在，可以降低翡翠的质量。裂隙越多，成品不能保证太大的块度，就会影响翡翠的价值。

对于翡翠原石而言，外皮形态也很重要。根据结晶颗粒的粗细，它可以分为"粗皮、沙皮和细皮"，高质量的翡翠多出自细皮中。此外，俗语有"宁买一线，不买一片"的说法，意指外皮上如果呈现"一线"则翡翠绿色有可能延伸到内部，而外皮呈现"一片"的，也许只是外表的一层。

翡翠的结构，指组成翡翠的结晶粒度的粗细、颗粒本身和集合体的形状。翡翠颗粒自然是越细越好，颗粒形状呈纤维状的比颗粒状的好，集合体的形状则以毡状为佳。翡翠的结构达到好的标准时，它才会细腻润滑，从某种角度说，这种结构对翡翠的影响在颜色之前，正所谓"首德次符"，而翡翠的结构就是指的"德"，颜色在其次。

翡翠的瑕疵主要有黑色和白色两种，不受欢迎的黑色瑕疵多出现在较深色的翡翠中，呈点、丝、带、团状的都有。白色瑕疵一般称"石花"，常常在粗粒翡翠中见到，但白石花比起黑石花来说对翡翠质量的影响小很多。

翡翠的评价就是由以上这些综合指标所决定的。而由于翡翠作为玉石之王，小小的一点质量之别，价格就会相差很大，所以翡翠造假在宝石界极其普遍。人们一方面在研究如何造假，另一方面又在研究如何鉴别，据说，在翡翠的主要产地缅甸都有专门的翡翠造假机构。那么，如何鉴别翡翠呢？

（4）翡翠的鉴别

市场上出现的常常用来仿造翡翠的绿色材料有软玉类玉石、蛇纹石玉石类、石英类玉石、石榴籽石及长石类玉石等。其中软玉类玉石质地细腻，多为暗绿色，没有点状、线状、片状闪光，密度、折射率、吸收光谱等都与翡翠完全不同。蛇纹石质类玉石则多为黄绿色，色彩较浅，颜色均匀，油脂光泽，无星点状闪光，硬度、密度、折射率均低于翡翠。常用来冒充翡翠的还有染色石英岩，俗称马来西亚玉，粒状结构，没有翠性闪光，绿色往往沿石英岩的颗粒进入，呈网状分布。另外，用来冒充翡翠的还有许多玉石，我们鉴别时最为快速简单的方法就是测密度、折射率等数值，翡翠作为硬玉，在密度、折射率等很多指标上均不同于它的仿制品。此外，长期积累起来的玉石鉴别经验可以让很多玉石专家不通过仪器就可以轻松地鉴别翡翠。

（5）翡翠的人工处理

翡翠的处理有多种不同的方式：染色处理、加热处理、浸油浸蜡处理、漂白处理以及漂白加充填处理等。加热处理常常是为了使棕色、黄色、褐色的翡翠变成鲜艳的红色，加热可使翡翠表层由风化等作用产生的铁的氧化物发生氧化作用。染色又称炝色，目的是使颜色浅甚至无色的翡翠变成绿色、红色或紫色，这便是一种用劣质翡翠来充当优质翡翠的最原始的处理方法。有时，染色常常和加热处理方式同时存在。市场上俗称"B货"的翡翠是经过漂白充填处理的，这种优化技术的早期与近期有很大区别，早期的B货翡翠是经过酸泡后表层涂蜡的翡翠，现在的技术提高了很多，也更加耐久。但无论早期还是现在，处理过的B货翡翠都不能接触酸性介质。

6. 高档宝玉石材料——软玉

说起软玉，人们马上会想到它是我们中国的东西。尽管软玉在地球上分布多而广，但中国是世界上最早开采软玉的国家，而中国新疆还素有"软玉之乡"的雅称。从新石器时代晚期，到春秋战国、明清等不同时期和朝代所留下的收藏珍品中，有不少都是软玉雕成，软玉凝结着我们这个泱泱大国的文化血脉，凝结着中国人特殊的情怀。古语有"仁、义、智、勇、洁"代表君子之五德，其中软玉的温润色泽代表仁慈，坚韧质地代表智慧，圆滑棱角代表正义，敲击时的清脆声音则代表廉洁。如此高雅温润朴实正是软玉之写照。

软玉的英文名Nephrite，有时也用Jade；中文名称软玉或和田玉。根据现代理解，软玉是在地质作用过程中形成的、达到玉级的透闪石和/或阳起石矿物集合体。这个定义中强调了软玉是在地质作用过程中形成的，也就是天然的；强调了是达到玉级的透闪石和阳起石矿物集合体，与一般透闪石片岩和阳起石片岩以及其他玉石相区别。世界上软玉产地较多，但以中国新疆和田县产的软玉历史最为悠久、质量最佳、名扬中外，俄罗斯地质学家费尔斯曼称软玉为中国玉。

（1）软玉的基本性质

软玉主要是由透闪石—阳起石系列矿物组成的集合体。另外，含有微量的透辉石、绿泥石、蛇纹石、方解石、石墨和磁铁矿等矿物。透闪石—阳起石属于闪石族矿物。

软玉的颜色取决于组成软玉的矿物颜色。不含铁的透闪石呈白色或浅灰色；含铁的透闪石呈淡绿色。而阳起石则为绿色、黄绿色和褐绿色。石墨呈灰黑色，磁铁矿是黑色。软玉的矿物组成不同，颜色也不同。新疆和田玉主要有白色、青白色、墨绿色、灰色。和田软玉颜色的最大特点是除绿色的碧玉外，颜色都很均一。具有油脂、蜡状光泽的软玉硬度为6～6.5，密度为2.9～3.1g/cm^3，在二碘甲烷中漂浮。折射率1.606～1.632，点测法一般为

1.62。组成软玉的透闪石属单斜晶系，无荧光和磷光。

此外，软玉的质地十分细腻，用手触摸有滑感。优质的软玉是由粒径小于0.01mm纤维状透闪石—阳起石晶体交织在一起的块体，一般呈毡状、簇状、捆状交织结构。

根据软玉的性质，我们识别软玉的主要特征为质地细腻，光泽滋润，柔软，颜色均一，光洁如脂，略具透明感，坚韧不易碎裂。在玉器的抛光面上可见明显的花斑样的结构，也就是纤维交织结构。

（2）软玉的品种

软玉历史悠久，品种也极为丰富。按照产地、颜色、时代、用途均可以进行划分归类。

按照产出状态，软玉可以分为：山料玉、山流水、仔玉。山料玉为原生矿石，通常呈不规则块状，表面质地较粗。山流水则是距原生矿不远经过短途搬运在山坡等地带产出的软玉，表面较光滑，质量稍好于山料玉，介于山料玉和仔玉之间。仔玉则是指原生矿经过剥蚀、风吹，搬运到水系中经过河水的冲刷从河床中产出的软玉。仔玉表面光滑，呈卵圆形，质量一般上乘。

按照颜色，软玉可以分为：白玉、青玉、黄玉、碧玉、墨玉和糖玉。白玉又有羊脂白、梨花白、雪花白、象牙白、鱼肚白和鱼骨白等之分，指那些含透闪石94%以上、阳起石2%左右、绿

帘石 2%，呈交织毡状结构的软玉。白玉质地细腻，其中光泽滋润如羊脂者称羊脂玉，是"白玉之冠"或"软玉之王"，现在已经很少见到。光泽稍差者称为白玉，是软玉中的上品。青玉色彩呈淡青到深青色，虽颜色不惹人爱但质量却和白玉相近，指那些含透闪石 90%、阳起石 6%、绿帘石 3% 左右，呈纤维毡状结构的软玉，偶尔可见斑状较粗的透闪石晶体。颜色均一，质地细腻，油脂、蜡状光泽。黄玉呈黄色、米黄色，有蜜蜡黄、栗色黄、秋葵黄、黄花黄、米色黄等之称，其中以栗色黄和蜜蜡黄者为上乘，它是地表水中的氧化铁渗透到白玉中造成的。碧玉多用来制作器皿，呈菠菜绿色，油脂、蜡状光泽，颜色和结构均不如其他软玉均一，常见变余角砾结构，呈杂乱的大环斑状，有较多绿帘石、黑色镁铁矿物色带或色团嵌入其上，碧玉是所有软玉中唯一颜色不均的品种。墨玉呈灰至灰黑色，颜色不均匀，常呈黑白相间的条带，主要是含分散的碳质或石墨而呈灰色，质地细腻，蜡状光泽，由于颜色不美，多用来制作器皿。糖玉因色似红糖而得名，因氧化铁所致。糖玉可在青玉中出现，多为紫红色或褐红色，真正红色者极为罕见。

除了以上品种外，软玉中还有花色似虎皮的"虎皮玉"、呈现其他花斑色的"花玉"和具有俏色的"俏色玉"等。此外，

我国台湾省产的一种透闪石猫眼实际上也是软玉中的平行纤维结构的变种。图 2-16 中的工艺品是典型的和田白玉。

（3）软玉的基础评价

优质的软玉是由颜色、质地、裂纹、光泽、透明度、硬度韧性、块度等综合指标来决定的，其中颜色要均匀明快无杂色，质地要细腻纯净无瑕疵，光泽为油脂光泽，

图 2-16　和田白玉《观音与散财童子》

滋润细腻，质细色美，半透明，硬度为 6 ~ 6.5，韧性大，有一定块度，一般特级白玉料在 8kg 以上。

（4）软玉的产出

世界上软玉的产出国主要有加拿大、中国、新西兰、澳大利亚、美国和朝鲜。新疆和田玉是世界上最早发现的软玉，特别是高档的羊脂白玉主要产在和田。此外，和田的青玉、黄玉和墨玉储量也十分丰富。鲜绿色软玉是优质玉（称为毛利玉），主要产在新西兰南岛奥塔戈、西部区和坎特伯里区。但大部分新西兰玉呈暗绿色，这种玉主要产在冲积矿床卵石中。俄罗斯贝加尔湖软玉呈菠菜绿色，并与含石墨的品种共生，优质者似翡翠。中国作为著名的软玉产出国，其主要产地有新疆昆仑山、天山、阿尔金山，辽宁省岫岩，江苏省溧阳小梅岭，四川省汶川县境内，以及我国台湾花莲地区。最为有名的当属新疆和田玉，而且由于和田玉近几年来产出逐渐减少，再加上中国人尤其喜爱白玉，价格上升也比较快。

三、中低档宝石

一般，中低档宝石包括水晶、玛瑙、石榴石、锆石、碧玺等半宝石。这些宝石之所以被划到中低档宝石中，主要是产量较大，硬度相对高档宝石偏低，又没有祖母绿惹人爱的翠绿色彩等原因。例如水晶的硬度只有 7，石榴石的硬度在 6.5 ~ 7.5 之间，锆石用来仿钻石，尽管有极强的光芒但无法与钻石的天然光彩相比。单纯拿紫水晶来说，19 世纪以前它还在高档宝石行列中，因为当时产量稀少，19 世纪后在巴西等地发现了大量紫晶便使它降

为中低档宝石。就连现在的低档宝石玛瑙在古代也曾经是佛教七宝之一，因为它花纹独特，质地细腻，如今因为产出太多身价大跌。然而，对于一名优秀的首饰设计师来说，抛开宝石本身的身份地位，在设计中灵活运用手中的宝石材料，根据它们不同的色泽、特点与其他材料相结合，通过设计提升宝石本身的价值，即使是中低档宝石，也可以焕发出与众不同的光彩。

1. 中低档宝石——水晶

（1）水晶的基本性质

水晶的矿物名称是石英，而在自然界中，石英是最主要的造岩矿物之一。石英有显晶质和隐晶质等多种结晶形态，我们习惯把单晶、透明、结晶较好的石英称为水晶。

水晶的化学成分是二氧化硅，纯净时形成无色水晶。当含有Ti、Fe、Al等微量元素时，这些微量元素可以形成色心，使得石英呈现不同的色彩。

作为单晶的水晶属于三方晶系，常以六方柱、菱面体、不规则状、扁平状、晶簇等形式存在，由于水晶在结晶过程中受温度影响较大，随着温度的升高，晶形从长柱形趋向于短柱形，最后形成六方双锥状。此外，水晶柱面常有明显的横纹和多边形蚀象。

水晶的颜色分为无色、紫色、黄色、粉红色、不同程度的褐色直到黑色等。光泽属于透明至半透明玻璃光泽，断口则是油脂光泽，硬度7，密度$2.65g/cm^3$，折射率$1.544 \sim 1.553$，双折射为0.009。水晶的光性为一轴晶正光性，它的一轴晶干涉图形成一种中空图案，俗称牛眼干涉图。一般无色水晶没有多色性，有色水晶多色性弱，多色性的颜色及强弱受有色水晶体色深浅的影响，体色越深，多色性越明显。另外，水晶还具有压电性，即高温下水晶单晶两端可以产生电荷，所以无色纯净的水晶常常用来做压电石英片。

（2）水晶的品种

水晶品种丰富，是自然界中应用数量和范围颇大的一类珠宝。根据颜色的不同，水晶可以分为无色水晶、紫晶、黄晶、烟晶、芙蓉石等，根据特殊光学效应，水晶还有星光水晶和石英猫眼两个品种。

无色水晶为无色透明纯净的二氧化硅晶体，多呈单个晶体或晶簇产出，常用来做水晶球等其他工艺品及戒面。紫晶是因为含微量的氧化铁形成色心而致色，三价铁离子使水晶产生紫色，多色性明显，并呈浅紫和深紫色两色，经加热紫晶中色心遭到破坏可以变成黄色、棕色、无色和绿色等，内含物为柱状晶体、空洞、指纹状包裹体，主要用于制作玉雕工艺品及戒面。黄晶则因为成分中含二价铁离子所致色，颜色有浅黄、黄褐、橙黄至深橙色，多为透明柱状，常与紫晶及水晶晶簇伴生，主要用于制作宝石戒面，由于黄晶产出较少，市场上的黄晶多由紫晶加热处理而来。烟晶是一种烟色至棕褐色以至黑色的水晶，因成分中含有微量铝离子经过辐照后产生空穴色心而致色，烟晶含有丰富的气液包裹体和金红石包裹体，加热可变成无色水晶。芙蓉石则是一种淡红色至蔷薇红色的石英，因含有微量锰和钛而致色，通常为致密块状。

除以上品种外，水晶还包括：双色水晶（由于水晶内部的双晶导致黄色紫色共存于一块水晶上）、绿水晶（没有天然的绿水晶，属于紫晶在加热成黄晶的过程中形成的中间产物）、石英猫眼、星光水晶等。

（3）水晶与相似宝石的区别

与无色水晶相似的宝石是无色长石，紫晶和黄晶又与方柱石相似，黄晶还与黄色托帕石相似，紫晶也与堇青石相似。一般区别无色水晶和长石，习惯上采用放大检查，长石的解理十分发育，有两组近于垂直的解理，在显微镜下可见由两组解理相交造成的蜈蚣状包裹体；而水晶解理不发育，内部常常显示不规则的裂理。此外，无色水晶断口为贝壳状，长石断口为阶梯状。而使用折射仪来观察黄晶与黄色托帕石最为便捷，黄晶为一轴晶，折射仪上的两条阴影线中的其中一条是不动的；而黄色托帕石两条阴影线都上下移动。而区别堇青石和紫晶主要看多色性，堇青石有肉眼可见的三色性，色彩偏紫蓝色；而紫晶则呈体色深浅变化的二色性。

（4）水晶与合成水晶

据记载，1905年左右，世界上第一颗合成水晶诞生了。从此，合成水晶被广泛地研究并制造。如今，市场上已经遍布了色彩绚烂的合成水晶，合成水晶和水晶在密度、折射率等指标上几乎相同，但是合成水晶毕竟是人工生产的产品，所以往往具有高透明度、色彩均匀的特点，有时还会出现过深过浅的色彩现象，色彩呆板假气。此外，合成水晶的内部包裹体很少，内部很干净，有时会有"面包渣"包裹体的存在。天然水晶的面包渣多为细小的气液两相包裹体，合成水晶则为均一的细小锥晶。

（5）水晶的产出

几乎全世界都有水晶矿的产出。其中，尤以巴西最为著名。在我国海南、广东、四川、新疆、内蒙古、江苏等地都有水晶产出。

2. 中低档宝石——石榴石

在欧洲的波希米亚石榴石博物馆里，有一块沉睡了几百年的红色石榴石，这块石榴石记载

着歌德的爱人乌露丽叶对于歌德忠贞不渝的爱情，这是一块传递爱人之间信息的石头。当年乌露丽叶与歌德约会时常常佩戴这串宝石。据说，戴上这种宝石，让人心情平静宁适，能理解别人的好意、想法，并且还可以拥有看透人世一切的能力。就是这种神奇的宝石由于产量递增，到今天只能被划入中低档宝石的行列。在宝石学中，它又被称为"紫牙乌"，具有高折射率，强玻璃光泽，品种多样。

此外，石榴石还因其色泽形态类似石榴籽而得名，它是一组矿物的总称，属于岛状硅酸盐矿物。由于这一类矿物广泛存在着类质同相替代现象，所以在石榴石家族中，根据其化学成分的不同可以划分出许多个品种。

石榴石的化学成分通式为$A_3B_2(SiO_4)_3$，其中A为二价阳离子，以Mg^{2+}、Fe^{2+}、Mn^{2+}、Ca^{2+}为主，B为三价阳离子，以Al^{3+}、Cr^{3+}、Fe^{3+}、Ti^{3+}、V^{3+}及Zr^{3+}等为主。由于进入晶格的二价阳离子的半径相差较大，这种类质同相替代又可以分为两大系列。一类是铝榴石类，指以半径较小的Mg^{2+}、Fe^{2+}、Mn^{2+}等二价阳离子和以Al^{3+}为主要三价阳离子组成的类质同相系列，有镁铝榴石、铁铝榴石、锰铝榴石。另一类是钙榴石类，指以大半径的二价阳离子Ca^{2+}为主的类质同相系列，有钙铝榴石、钙铁榴石、钙铬榴石。此外，还有一些石榴籽石的晶格附加有OH^-离子，形成含水的亚种水钙铝榴石等。

石榴籽石族矿物为等轴晶系均质体，硅氧四面体在晶体内部空间呈岛状分布。通常具有完好的晶形，常见晶形有菱形十二面体、四角三八面体，以及二者的聚形。大自然中，石榴籽石的生长空间并不理想，所以石榴籽石还常常出现歪晶。通常石榴籽石色彩丰富，没有多色性，但是在偏光镜下偶尔会有异常消光。

石榴籽石的物理性质包括以下几方面：色彩五颜六色，光泽透明至半透明，玻璃光泽至亚金刚光泽，硬度6.5～7.5，无解理，断口为参差状，油脂光泽；两大类石榴石的折射率不同，铝系列石榴石的折射率为1.714～1.830，钙系列石榴石的折射率为1.734～1.940，密度在3.50～4.20g/cm³之间变化。

石榴石作为一群矿物的名称，总体上属于中低档宝石，在地壳中产出极为普遍。但是在这个家族成员中，翠榴石却因为产地稀少跻身于高档宝石的行列中，据说，优质翠榴石的价格甚至可以超过同种色彩祖母绿的价格。

3. 中低档宝石——橄榄石

曾经被誉为"黄昏的祖母绿"的橄榄石属于斜方晶系，化学

成分为 Fe_2SiO_4 或 Mg_2SiO_4，常呈柱状晶体，柱面见垂直条纹，不完全解理，硬度6.5，相对密度3.32 ~ 3.37，折射率1.65 ~ 1.69，双折射率0.036，中等色散，二轴晶正光性，玻璃光泽，颜色为橄榄石特有的浅黄绿色至深绿色，浅绿褐至褐色者比较少见。多色性弱，呈现绿到浅黄绿色。此外，橄榄石常见的包裹体为铬铁矿晶体。吸收光谱特征比较鲜明，在蓝区有三条主要吸收带，由于双折射率较大，刻面形宝石常见刻面棱双影线。

据说，橄榄石象征着"夫妻的和睦幸福"。在埃及，人们称橄榄石为"太阳的宝石"，相信它有太阳的力量，佩戴它的人可消除夜间的恐惧，埃及的塞布特红海岛就是著名的优质橄榄石产地，在那里曾经发现过世界上最大的一颗宝石级橄榄石，重310ct，现存于美国华盛顿史密斯学院。此外，缅甸曼谷也产优质的橄榄石。而在美国夏威夷，人们称橄榄石为"火神的眼泪"，也许是因为当地橄榄石大多产在火山口周围的火山岩中，斑斑点点，仿佛是火山喷出的泪滴，包裹在黑色的火山岩中。

4. 中低档宝石——碧玺

碧玺矿物名称电气石。它是极为复杂的铝、镁、铁的硼硅酸盐。三方单锥晶系，品种十分丰富。宝石学中按照颜色把碧玺分为五个品种：因含锰而致色的红碧玺——红到粉红色电气石，因含铁而致色的蓝碧玺——蓝色电气石，因含铬和钒而致色的绿碧玺——绿到祖母绿色电气石，褐碧玺——褐色电气石，双色碧玺——双色电气石。其中双色碧玺往往沿晶体的长轴方向分布双色、单色或多色色带，或者呈同心圆状分布的色带，人们常常把这种色带分布呈内红外绿时称为"西瓜碧玺"。

电气石呈不透明到透明的玻璃光泽，为一轴晶负光性，硬度7 ~ 7.5，折射率1.62 ~ 1.65，密度3.06g/cm³ 左右。此外，多色性强常常成为它显著的鉴定特征之一。

电气石也属于世界上产出较多的宝石，但产地虽多，优质者却很少。主要产地有：黄色、褐色电气石的主要产地斯里兰卡，蓝色、红色、紫红色电气石的主要产地俄罗斯，红色—粉红色电气石的主要产地缅甸，优质电气石原料的主要产地美国加利福尼亚。此外，我国新疆地区产出各种颜色及双色甚至三色的电气石。

5. 中低档宝石——锆石

锆石的化学成分为 $ZrSiO_4$。一般锆石含有微量的 Mn、Ca、Fe 及放射性元素铀、钍等。锆石为四方晶系，晶体常呈短柱状、锥状及柱状和锥状聚形。锆石性脆，仔细观察它的刻面边缘，常常会有划痕和损坏。此外，锆石的色散高达0.039，强玻璃光泽至亚金刚光泽。锆石的颜色非常丰富，常见的有无色、天蓝色、绿色、黄绿色、黄色、棕色、橙色、红色等，其中无色、天蓝色和金黄色是由热处理而产生的。

锆石的类型分为高、中、低三种。在漫长的历史中，锆石所含的放射性元素发生衰变，使得它的晶体结构遭到严重的破坏，在其内部分解为二氧化硅和氧化物的混合物，称为低型锆；没被分解的则称为高型锆；介于两者之间的称为中型锆。

锆石的主要产出国是泰国和斯里兰卡。

四、有机宝石材料

1. 有机宝石材料——珍珠

珍珠自古以来就被人们视作奇珍。两亿年前，地球上就已经有了珍珠。而我国则是世界上最早利用珍珠的国家之一。在摩氏硬度中，珍珠的硬度只有2.5 ~ 4.5。按照硬度标准，是不能被划入高档宝石的行列中的，但由于它独有的迷人的晕彩光泽，在西方，16世纪以来，珍珠在人们心目中一直都是一种高贵的有机宝石。在我国，珍珠与玛瑙、水晶、玉石一起并称为我国古代传统"四宝"。尽管现在我国出产的珍珠数量众多，约占全球珍珠总产量的90%，但出售的价格不足世界价格的10%，许多珍珠价格相当低廉，档次很低。

被称为"宝石皇后"的珍珠

色泽圆润，晶莹凝重，在古代波斯梵语的衍生语中，它被称为"Margarite"，即"大海之子"。早在远古时期，原始人类在海边觅食时，发现了具有彩色晕光的洁白珍珠，并被它的晶莹瑰丽所吸引，从那时起珍珠就成了人们喜爱的饰物，并流传至今。

珍珠的化学成分由无机成分、有机成分、水和其他成分组成。其中无机成分主要是碳酸钙，占91%以上；除此之外，还有 Na、K、Mg、Mn、Sr、Cu、Pb、Fe 等十多种微量元素，这些微量元素影响着珍珠的品质和色彩；有机成分主要是壳角蛋白，约占3.5%～7%，正是这少量的有机成分决定了珍珠成为有机宝石。据分析，这些有机物是由17种氨基酸组成的，可作为美容保健的佳品。

珍珠具有同心环状结构。由最内层的珠核、次内层的有机质层、次外层的方解石棱柱层和最外层的文石层组成。一般天然珍珠和淡水珍珠的珍珠层很厚，而有核的海水珍珠的珍珠层较薄。

珍珠的光学性质由颜色、光泽、折射率、发光性等来体现。颜色一般主要由本体颜色和伴色组成。其中本体颜色又称为背景色，由珍珠本身所含的各种色素和微量元素组成；伴色则是附着在本体之上的由珍珠表面透明层状结构对于光的反射、干涉的综合作用所形成的特有的晕色。按照本体色彩，珍珠可以分为浅色、

黑色和有色三类。浅色珍珠本体色以白色、奶油色、粉红色为主，多具玫瑰色、蓝色、绿色伴色色彩；黑色珍珠本体色以紫色、绿色、蓝绿色、黑蓝色、黑色及灰色为主，并具有金属青铜色伴色；有色珍珠则本体色常呈浅至中等的黄、绿、蓝、紫罗兰色调，有时还有由同一本体色珍珠表面颜色分布不均匀所形成的双色珍珠品种。珍珠的透明度为半透明至不透明，分强、中、弱三种。折射率为 1.530～1.686，点测法为 1.60 ± 0.02，黑珍珠在长波紫外光下发弱至中等红色、橙红色荧光，其他珍珠则呈现无至强的浅色、黄色、绿色、粉红色荧光。此外，天然珍珠呈现六次对称衍射图像，有核养殖珍珠则呈现四次对称衍射图像，仅在特殊方向上呈现六次对称衍射图像。

珍珠无解理，密度在 2.60～2.80g/cm³。按照形成原因，可以分为天然珍珠、养殖珍珠和人工仿制珍珠三大类。目前市场上充斥着各种各样的养殖珍珠，天然珍珠已经比较少见。一般用肉眼鉴别时，可以看到，天然珍珠表面质地细腻，珍珠层厚，形状多不规则，直径较小，表面呈凝重的半透明状，光泽强；而养殖珍珠则多呈圆形，个头较大，表面常有凹坑，质地也比较松散。

此外，人们还需对天然黑珍珠和染色黑珍珠进行鉴别，因为黑珍珠的价格比其他浅色珍珠来说相对较高（黑珍珠一般个头比较大），因此市场上出现了很多染色黑珍珠。用肉眼观察，天然黑珍珠的黑色是带有轻微彩虹样闪光的深蓝黑色和带有青铜色调的黑色，染色黑珍珠则是颜色均一的纯黑色；用蘸有5%硝酸的棉签擦拭珍珠，天然黑珍珠不掉色，而染色黑珍珠会留下黑色痕迹；用酸腐蚀珍珠表面，天然黑珍珠冒白泡，染色黑珍珠冒黑泡。当然，宝石学家还会采用放大观察、紫外荧光镜、X射线照相、红外线照相等方法鉴别天然和染色黑珍珠。

另外，市场上还有许多仿造珍珠，有的价格相当便宜，识货的人一眼就能辨别。这些仿造珍珠常常是一些玻璃仿珍珠、塑料仿珍珠、贝壳仿珍珠等，其中，贝壳仿珍珠最能以假乱真，它是用厚贝壳上的珍珠层磨成球形后在其外涂上一层珍珠液制成，这种仿真效果很好的仿制品放大观察时看不出珍珠表面特有的生长回旋纹，人们常常利用这一特点区别仿制珍珠与天然珍珠。

珍珠主要的产地有波斯湾、澳大利亚、美国加利福尼亚湾、塔希提、马纳尔湾和中国南海。其中，波斯珠和澳洲珠都极负盛名，其次是塔希提，而我国南海的合浦产珠已经有2000多年的历史了，被称为南珠的故乡。

2. 有机宝石材料——琥珀

琥珀是一种千百万年前针叶树木的树脂松香化石，这种历经千百万年的有机混合物化学成分变化不定，主要含有琥珀酸和琥珀树脂，一般琥珀的化学组成包括几部分：琥珀脂酸占 69.47% ~ 87.3%，琥珀松香酸占 10.4% ~ 14.93%，琥珀脂醇占 1.2% ~ 8.3%，琥珀酸盐占 4.0% ~ 4.6%，琥珀油占 1.6% ~ 5.76%。

由于琥珀属于非晶质，所以琥珀的造型多种多样，有瘤状、结核状、水滴状，有的如同树木的年轮，有的表面有一些纹理，还有许多琥珀内部含有动物遗体，如蚊子、蚂蚁等。

从光学性质方面看：琥珀的颜色分为黄色到蜜黄色、黄棕色到棕色、浅红棕色、淡红、淡绿、褐色几种；透明度介于透明到半透明之间；树脂光泽到近玻璃光泽；光性表现为在正交偏光镜下全消光，局部因为结晶而发亮；折射率最低 1.539，最高至 1.549；在紫外光谱仪长波 LW 下表现为浅白蓝色及浅黄、浅绿色荧光，短波 SW 下表现不明显。

从力学性质方面看：琥珀的硬度为 2 ~ 3，用小刀可以轻易刻划，断口为贝壳状，韧性差，受外力撞击很容易碎裂。密度为 $1.08^{-0.02}_{+0.08}$ g/cm³，是宝石中最轻的，在饱和浓盐水中悬浮。

此外，琥珀的内含物很常见，按种类可以划分为动植物包裹体、气液包裹体、漩涡纹、裂纹、杂质等。其中动物包裹体包括苍蝇、蚊子、蜻蜓、甲虫等遗留下来的残肢断腿的碎片等；植物包裹体包括种子、果实、树皮、树叶等植物碎片；气液包裹体常常以圆形或椭圆形气泡的形式存在；漩涡纹则多分布于外来动植物包裹体的周围；琥珀中也常常有裂纹发育，裂纹被黑色或褐色物质充填，黑色物质多为碳质，褐色物质则由铁染所致。另外，在琥珀的裂隙空洞中，常常被杂质充填，例如在树脂流动过程中包裹被铁锰物质浸染的泥土、砂砾、碎屑等褐色或黑褐色杂质等。

目前，琥珀有多个品种，常见的有血珀、金珀、花珀、蜜蜡、金绞蜜、香珀、虫珀、石珀等，与琥珀相似的宝石有硬树脂和松香。硬树脂在紫外光谱仪尤其是短波下会发出强烈的白光，而松香在短波下则呈绿黄色荧光，燃烧有香味。

人们常常利用琥珀的低密度、低硬度来识别琥珀，此外琥珀表面常被氧化变暗，但是在缺口处却可以看出琥珀内部明亮的光彩。

这种 13 世纪以来广泛用于装饰品的有机宝石琥珀，主要产自波罗的海南岸一带，在我国则主要产于东北抚顺煤矿中，那里有大量优质的虫珀产出。

3. 有机宝石材料——珊瑚

人们可以人工养殖珍珠，但目前为止，尚无法人工养殖珊瑚。用作珠宝的珊瑚不同于珍珠，与海滩上随处可见的珊瑚礁也不同。它必须产于温暖的深海海域，产量极其稀少，并有几近绝种的可能。所以，有些珊瑚也是相当名贵的。

作为曾经的佛教七宝之一，珊瑚象征爱情，自古被视为祥瑞幸福之物。它是由大批共同聚集在一起的珊瑚虫于死后遗留下来的钙质骨骼所形成的，并非所有的珊瑚都是枝状的，珊瑚群体中每一个珊瑚虫的外形、构造、功能虽然大同小异，但它们彼此的连接方式却不相同，这就形成了千姿百态的造型。

珊瑚作为有机宝石之一分为钙质型珊瑚和角质型珊瑚两种。钙质型珊瑚分红珊瑚、白珊瑚和蓝珊瑚三种，角质型珊瑚分黑珊瑚和金珊瑚两种。钙质型珊瑚主要由无机成分、有机成分和水分等组成，其中红珊瑚的主要成分为方解石，白珊瑚的主要成分为文石。此外，钙质型珊瑚还含有少量碳酸镁、硫酸钙和氧化铁。当含有少量有机质时，称为"贵珊瑚"。当珊瑚几乎全部由有机质组成，很少或不含碳酸钙时，称为"黑珊瑚"或"金珊瑚"。

珊瑚以其独有的珊瑚结构与其他仿制品相区别。钙质型珊瑚往往具树枝状结构，横切面呈放射状，表面有小孔，当打磨成小圆珠或半圆珠时可见树枝状结构。钙质型珊瑚与稀盐酸反应还能产生大量气泡。角质型珊瑚则横切面具同心圆状结构，表面不平，有许多小泡，遇酸则不起泡。珊瑚的仿制品玻璃、塑料则不具珊瑚结构，贝壳状断口也不像珊瑚的端口那么光滑，这种仿制珊瑚遇酸也不起泡。此外，还有一种吉尔森"合成珊瑚"，在10倍放大镜下看不到珊瑚的树枝状结构。

珊瑚的硬度在3左右，呈亚半透明到不透明的蜡状光泽。多产于赤道和近赤道区的海水中，太平洋海区、大西洋海区及夏威夷西北部中途岛附近的海区都产珊瑚。

此外，有机宝石材料还有象牙、煤精、龟甲等，其中，象牙多产于非洲，龟甲则主要产于热带和亚热带地区。在此不一一介绍。

五、玉石材料

1. 玉石材料——石英质类玉石

石英质类玉石包括：隐晶质石英质玉石——玉髓、玛瑙、碧玉，多晶石英质玉石——东陵石、密玉、马来西亚玉，二氧化硅交代的石英质玉石——木变石、硅化木三大类等。

在古老的文明中用得最多的当属隐晶质类玉石玉髓和玛瑙，它们质地比较细腻，玛瑙还以其独特的玛瑙纹、同心环状、纹带状结构成为古代佛教七宝之一；相比较玉髓则无纹带构造，但在考古学家发现的古墓陪葬品中常常可以看到玉髓；而碧玉则是指那些半透明到不透明的玉髓。

多晶石英质玉石中的东陵石往往内含大量的小片状铬云母，成为其鉴定特征之一，此外东陵石在查尔斯滤色镜下呈红色。密玉则以内含铁锂云母为特征。而马来西亚玉则是冒充翡翠的品种，又称染色石英岩，与翡翠最大的区别就是粒状结构，无翡翠特有的翠性闪光，染色石英岩的绿色沿颗粒缝隙进入，呈网状分布。

木变石和硅化木都属于二氧化硅交代的石英质玉石。其中丝绢光泽的木变石由平行纤维状构造的纤维状青石棉组成，分为虎睛石和鹰眼石两种。而硅化木则是二氧化硅置换了数百万年前埋入地下的树干，保留了树干或树木个体细胞结构而形成，鉴定硅化木就是根据这种木质细胞的结构来鉴定。

2. 玉石材料——蛇纹石类玉石

蛇纹石质玉与某些软玉外表比较相似，但用仪器鉴定时软玉的折射率和密度均高于蛇纹石质玉。另外，蛇纹石质玉的颜色多为黄绿色调，用10倍放大镜放大观察，有的可以看到白色石花。

蛇纹石质玉的产地很多，产量也比较大。在我国按照产地有许多种不同的叫法和分类，例如：酒泉玉、信宜玉、陆川玉、台湾玉，在我国的珠宝玉石国家标准中，将以上叫法中达到宝石级标准的统一归纳为蛇纹石玉。只有岫岩玉因其特殊性作为蛇纹石质类玉石中的一个品种单独命名。

此外，蛇纹石玉的折射率、密度、硬度均低于软玉和翡翠；而折射率高于玉髓，硬度低于玉髓；与玻璃区分，则可以选用偏光镜鉴定，非晶质玻璃在正交偏光下全暗，蛇纹石玉则全亮。

3. 玉石材料——绿松石

绿松石是一种含水的铜铝磷酸盐。由于它在结构构造上具有典型的特征，人们一眼便可以辨识。如在蓝色、绿色基底上可见细小的不规则白色纹理和斑块、内部还常有褐黑色铁线，有的还有微小的蓝色圆形斑点。绿松石按照颜色可以分为蓝色、绿色、杂色三大类，其中蔚蓝色、蓝色、深蓝绿色为上品，浅绿色常常大块使用，较纯净的绿色才用来制作首饰，而杂色绿松石只有经过优化才能使用。

呈不透明的土状到蜡状光泽的绿松石，折射率在1.61～1.65之间，长波紫外光下有时呈黄绿色弱荧光，高质量的绿松石硬度为5～6，密度为2.8～2.9g/cm³，稍差的最低硬度只有2.9。另外，绿松石不耐热、不耐酸。按照构造质地可分为透明的晶体绿松石、致密块状绿松石、块状绿松石、浸染状绿松石，与其相似的玉石有三水铝石、硅孔雀石和菱镁矿。此外，市场上还有吉尔森合成绿松石和再造绿松石，其中再造绿松石外观像瓷器，典型的粒状结构，且红外吸收光谱仪中具典型的 $1725cm^{-1}$ 吸收峰。

4. 玉石材料——青金石

青金石和绿松石一样，在古老的文明中颇受人们喜爱，其使用至今已有五六千年的历史了。它美丽的湛蓝色和金光闪闪的"金星"交相辉映，备受人们青睐。在古巴比伦和古埃及青金石非常贵重，频繁出现在诗歌中。如《月神之魔》就以这样一首神歌来描述："公牛般的强壮，大大的头角，完美的形状，舒长的额毛，像青金石一样显赫。"此外，青金石常常作为贡品、礼品和陪葬品，在古墓中发现并保存在博物馆中的护身符、圆柱形玺、刻有圣甲虫的宝石以及其他工艺品，常常是青金石制成的。据说埃及主教脖子上也挂了一颗青金石诚实女神的肖像。由于青金石如此贵重，那时人们不惜花数年时间，长途跋涉去那时的唯一产地阿富汗把它带回来。

在我国，古人把青金石称作"暗蓝星彩石"，把它研制成化妆品来描眉。青金石的蓝色，纯正而庄重，金灿灿的黄铁矿小晶体如群星散布其中，美丽异常。因其"色相如天"，备受古代帝王珍爱。此外，古人还相信青金石是治疗忧郁症和疟疾的良药。

青金石玉石是以青金石矿物为主，并含有蓝方石、方解石和黄铁矿的多矿物集合体，也称青金岩。其中蓝色矿物有青金石和蓝方石。方解石总以白色细脉状或斑状出现，粒度粗时较常见，而在细粒致密的青金岩中往往不明显。黄铁矿几乎总是出现，若呈浸染状星散分布，可成为高档玉料；若呈较粗粒状分布或脉状、斑状分布，则质量较差。

根据组成矿物和颜色的分布，通常分几个品种：青金石、青金、金克浪、催生石、智利玉。青金石指含青金99%以上，不含黄铁矿和方解石的青金，即无黄铁矿又无白云状方解石的青金石质地纯净细腻，色彩浓艳，为青金玉石中的上品。青金指含青金矿物90%以上，黄铁矿小晶体呈浸染状或细点状星散分布于玉石中，无白斑状方解石的矿物。金克浪指含黄铁矿超过青金的致密块体，黄铁矿集结成团，有时含方解石白斑或白花，抛光后如同金龟子外壳一样金光闪闪。催生石指青金石矿物和方解石混杂在一起，一般不含黄铁矿的一类青金。在上述品种中，青金石和青金质量好，一般艳蓝色且不含黄铁矿的青金石常被加工成首

饰，青金则用于高档雕刻工艺品。而金克浪和催生石通常只用来制作工艺品。

和绿松石一样，人们能够在众多宝石中一眼辨识出青金石，因为它独有的青金蓝色和特征包裹体黄色黄铁矿及白色方解石。此外，青金石在滤色镜下呈现暗红棕色，短波紫外荧光下通常为弱到中等的绿色或稍带黄的绿色。

5. 玉石材料——孔雀石

我们的祖先在几千年前，就已经认识和喜爱孔雀石了。作为一种古老的玉石，孔雀石以其鲜艳的绿色、美丽的条带及同心环状花纹、细腻的质地与众不同。由于其颜色及花纹很像孔雀尾羽，所以有了孔雀石这样一个美丽的名字。

据说，古埃及人在公元前4000年，就开采了苏伊世和西奈之间的孔雀石矿。孔雀石在古时候的西方还被赋予神奇的力量，作为护身符佩戴，并认为对儿童特别有用。直到今天，孔雀石美丽的绿色，仍然象征着青春和吉祥，给人带来永恒的春天的感受。

孔雀石英文 Malachite，源自希腊语 Mallache，是"绿色"的意思。孔雀石呈单斜晶系，单晶体极罕见，常呈钟乳状、葡萄状、肾状、皮壳状、同心环带状或层状集合体产出。纹带或同心环状构造，纹带或同心环由深浅不同的绿色构成。颜色分浅绿、

艳绿（孔雀绿）、暗绿等，具似透明至不透明的玻璃或蜡状或土状光泽，抛光面为丝绢光泽。

孔雀石的品种分为普通孔雀石、孔雀石宝石、孔雀石猫眼、青孔雀石、天然造型孔雀石几种。普通孔雀石是有一定块度的致密块体；孔雀石宝石是极其罕见的孔雀石单晶；孔雀石猫眼则是指具纤维状构造和丝绢光泽的孔雀石被加工成弧面形并呈猫眼效应；青孔雀石是孔雀石与蓝铜矿共生在一起的块体，常被加工成美丽的玉器。

6. 玉石材料——碳酸盐类玉石

碳酸盐质的玉石指主要由方解石（$CaCO_3$）或/和白云石[$CaMg$（CO_3）$_2$]矿物组成的玉石。地质上通常属于大理岩、灰岩或白云岩。其变种很多。除用于玉雕材料外，大量被用于建筑装饰材料。具体品种主要有汉白玉、云石、文石玉、蓝田玉、灵璧玉、百鹤玉、蜜蜡黄玉、木纹玉、阿富汗白玉等。

其中，汉白玉是我国一种著名的纯白色大理石（其矿物成分为方解石），色白质匀，透光性较好，是优良的玉雕材料和高级建筑装饰石。云石是我国云南大理产的一种大理石，云石的花纹呈灰、深灰、暗绿、褐、浅褐等色调，衬托在白、浅灰白色的底色上，形成很美的中国山水画的效果，它杂质颗粒斑点少，透光性较好，堪称最美丽优质的工艺大理石。文石玉产于我国澎湖群岛，又称澎湖文石，它是文石、方解石、菱铁矿的矿物集合体，一般可琢磨雕刻成圆璧、方圭、念珠、手串、戒指、袖扣、领带夹等饰物，亦可雕琢成花卉、人物、鸟兽、鱼虫等工艺品，精美雅观。颇有争议的蓝田玉是我国古代的名玉，名称因其产地西安北部的蓝田山而得名。许多地质宝石学家均认为现今发现的"蓝田玉"即是《汉书》等古籍中所记述的蓝田玉。认为其产于蓝田，其玉质为蛇纹石化大理岩，主要矿物成分为方解石，次为叶蛇纹石等，颜色以白色为主，也有黄色、米黄色、浅绿至绿色等，质地细腻洁净，加工性能良好，常被雕琢成各种工艺品。灵璧玉，因产于安徽省灵璧县而得名，是我国历史上的名玉之一，是元古代地层中的碳酸盐类岩石，最著名的品种有红皖螺、灰皖螺和磬云石。百鹤玉，是一种含海百合茎化石的石灰岩质玉石，产于湖北鹤峰距今4.3亿年前的古生代地层中，又称百合玉、百鹤石，用作高级装饰材料，据说曾经被装饰于伦敦皇家节日大厅的室内墙壁上，可见其独特珍贵。蜜蜡黄玉是一种黄色的白云石大理岩，因其色黄如蜜蜡，加工后表面具明显蜡状光泽，因而称之为蜜蜡黄玉，它主要以白云石为主，伴有少量方解石和石英，因而属于白云石玉。蜜蜡黄玉仅产在新疆哈密地区震旦纪的白云石大理岩带内。阿富汗白玉是由纯净的方解石组成的大理岩，它是近几年市场上出现的一种新的白色石料，因原料进口于阿富汗而得名。

7. 玉石材料——独山玉

作为我国独有的玉种，独山玉因产自我国河南独山而得名。它化学组成变化较大，指在地质作用过程形成的、达到玉级的斜长石和斜黝帘石等矿物的集合体。它集多种颜色于一体，色泽鲜艳，质地细腻，透明度及光泽好，硬度高，可与翡翠媲美。它的组成矿物较多，主要矿物是白色斜长石（20%～90%），白色斜黝帘石（5%～70%）；其次为翠绿色铬云母（5%～15%），浅绿色透辉石（1%～5%），黄绿色角闪石、黑云母、深褐色榍石、褐红色金红石、绿色绿帘石和阳起石等。它的密度为2.73～3.18g/cm^3，硬度为6～6.5，抗压强度为16.8kg/mm^2，抗拉强度1.58kg/mm^2，抗剪强度为5.2kg/cm^2，耐火度为1592℃，呈半透明—微透明，细粒致密结构。按照颜色独山玉可以分为白独玉、绿独玉、紫独玉、黄独玉、红独玉、青独玉、墨独玉、杂色独玉等，常用来制作工艺品。

除以上宝玉石材料外，还有许多品种在此不一一介绍，例如我国特有的玉石品种鸡血石、寿山石等，还有未介绍过的萤石、天然玻璃黑曜岩等。珠宝玉石的材料可谓品种繁多，对于首饰设计专业的学生而言，深入了解这些首饰及工艺品用的宝玉石材料，一方面可以为设计打开一扇宽广的窗，材料资源的无限扩展可以为首饰设计提供丰厚的设计取材；另一方面珠宝鉴定学科作为我国历史悠久的一门古老学科，是根植于地矿岩石学科发展而来的。我国市场上对于资产评估师（珠宝）的从业人员的需求较多。在对首饰设计这个艺术学科中的新兴方向的研究基础上，感兴趣的同学也可以将视角拓展至珠宝评估及收藏行业。从一定角度上看，对于珠宝评估师而言，必须同时具备经济学知识、地矿学知识、历史考古学知识及珠宝首饰学科的基础知识等。一名优秀的资产评估师（珠宝）在具备广而精的知识面的同时，还需要有多年积累的宝贵的珠宝市场经验。

第四节　其他常用材料

现代首饰设计从传统走向现代的过程中，也颠覆着早期人们对于首饰用材的理解。早期传统的首饰加工业中常用的贵金属、宝玉石随着行业的发展已经无限扩展至自然界中所有的可视材料。这是因为：一方面，地球资源的有限性使得贵金属、正宝石作为不可再生资源，在价格上从长远来看呈上升趋势；另一方面，现代设计在进行了数万年的造型色彩设计后已经将发展的中心放在了材料和技术的应用上。正如家具设计师开始用藤条、塑料等制造家具，服装设计师将金属丝嵌入软面料中，动画设计师利用手工制作场景后用摄像机录摄一样，首饰设计师也早已习惯选用许多生活中喜闻乐见的材料，如木材、动物毛皮、塑料、丝线、尼龙绳等。这一方面是设计发展过程中学科交叉的结果，另一方面也是纤维艺术从传统用材纤维发展至今天包括自然界中的所有可视材料的必然，更是这个时代的设计特征之一。这里选用几种首饰常用材料，对其性能或简单的制作工艺进行介绍。

一、木材

木头是最古老的材料之一，数千年来一直被家具设计制作人员和其他设计师所深深喜爱。木材之所以从古至今都能够得到人

们的青睐，主要是因为它的优秀的环保功能。作为一种可再生资源，木材被砍伐后，可以通过重新植树造林补充资源，不像金属，塑料等不可再生，只可以二次回收使用。所以充足的木材资源为设计师们提供了源源不断的材料支持。木材已经不再是家具设计师的独有。

木材通过材料特有的外表颜色、肌理效果（疏朗与密集，光滑与粗犷，柔软与坚硬，随意与工整）以及光泽等对人产生视觉上的感知刺激，使人们产生或温暖柔软或粗犷自然的亲近感。它给人们带来心理上的愉悦感的同时，人们更乐于接受它。正是这种天然的亲切感让首饰设计师倍加珍视。

从颜色上看，木材的颜色因树种不同而使人产生不同的印象和感觉。通常明度高的木材会形成轻快、整洁明亮的氛围，如云松、白蜡树、桦树等；明度低色相较重的木材，如紫檀、花梨木，往往给人高贵华丽的印象和深沉的感觉；而彩度高的色彩往往给人艳丽的印象，反之则素淡古朴。

从纹理上看，木材的纹理伴随着树木生长天然形成，这些富有自然亲切感的纹理会因为切削树木的方式以及树种生长环境的差异，而产生不同的图案。如纵切面和横切面会形成彼此互不相交，近似平行或者同心圆的图案，这种图案给人以轻松雅致的感觉；特殊切面可以形成多样的

波浪形和特殊花纹，使人产生变化起伏的感觉。此外，木材的生长轮间的分布呈现出一种波动，这种波动和人的心脏的跳动节奏相似，因此木材被称为有生命力的材料。人们看到木材就会产生亲切安静的舒适感。

从木材的光泽上看，木材表面具有雅致的光泽，这种光泽是因为木材具有漫反射的特点而形成的。木材本身可以减弱或吸收光线，使光线变得柔和，看上去自然素雅。光线照射木材表面时，由于木材内部构造等因素，在木材各个切面造成不同的反射，因而光泽不一。光泽较强的树种有：栎树、椴树、桦树、香椿等。光线照射的方向与木纤维的方向所成的角度不同时，相同木材的颜色也会呈现不同的光泽。此外，木材还可以吸收紫外线，减轻紫外线对人的伤害。

（1）木材的材料特性

从力学性质上看，木材具有较强的弹性、强度等，这种性质使得大部分木材具有一定的抗压能力。

从加工性能上看，木材的加工性能优良，可以锯、刨、切、铣、打孔、雕刻等。这些加工方法不仅适用于家具，同时也适用于首饰。

从各向异性的特性来看，木材的构造和性质在三个方向上明显不同。对于干缩湿胀所引起的变形，顺纹方向要远远小于横纹方向，而横纹板材要比竖纹板材稳定，同时，竖纹方向抗拉、抗压要比横纹方向好得多。由此可见，木材顺纹的性能更好、更稳定。横纹和竖纹的干缩差异还容易使得板材翘曲变形，所以在首饰设计中，聪明的设计师往往会利用木材的这种性能设计首饰。

另外，木材也有一些天然的缺陷。如节子、斜纹、心边材差异、变色等。在使用木材时一般要对这些缺陷进行处理，掩饰缺陷。有时候首饰设计师喜欢利用这些缺陷，以彰显设计中的自然、古朴、粗糙的一面。这就类似于假山中的以怪为美，以奇为美。

（2）木材的分类介绍

木材有软木和硬木之分。硬木多产于热带。来自冬天落叶的宽叶树种，材质坚硬，不易腐朽变形，木质纹理细致，可以雕刻精细的图案。如橡木、山核桃木、胡桃木、桦木、枫木和樱桃木等都属于硬木，另外，一些名贵木材质地坚硬，生长缓慢，也属于硬木范围，如乌木、花梨木、桃心木等。首饰用材多使用乌木、桃木等名贵硬木种。

软木则是指那些针叶或球果树木木材。这种木材材质较软，性质稳定，纹理不如阔叶木材丰富，且树种不如阔叶木材多，一般大量用于生产家具。但是软木生长快，没有硬木那么昂贵，更适合用于建筑材料，软木的纹理开放，可以给人带来简单温暖的气息。软木包括松木、柏木、云杉、冷杉和红衫等。

（3）木材的不同切割方法

木材的切割主要有三种方法，不同的切割方式形成不同的纹理。第一种是平幅切割法，指的是沿着与圆木中心的平行线切成板材的方法，其纹理可能是拱形或类似于教堂形状的。第二种是1/4幅切割法，指的是用刀从外面成直角向中心切出直线条纹的方法。第三种是旋转切割法，指将车床上的原木一层层地切出薄薄的不间断的木片的方法，这样原木就切成好像一卷纸卷一样，由此产生的纹理比较宽、开阔、清晰。首饰设计师往往根据不同的设计需要选用不同的木材切割方法，如可以选用旋转切割法切割出像纸卷一样的薄木片制作层层叠加的木材肌理效果，也可以将这样的薄木片进行染色后粘在硬质金属表皮上，产生与内部金属不同的材料质感对比。说到这里，肯定有些同学开始好奇木材是怎样和金属结合在一起的，下面的木材与木材之间的黏合方法会带给我们很大的启发，不妨动手试一下。

（4）木材的黏合方法

一件制作精良的木质工艺品是通过接口和闭口把一块块的木

料组合在一起而做出的，黏合和加固的方法有许多种，常见的有几种：三角块、木钉、楔形榫头、斜接面接头、榫眼和凸榫等。三角块是黏合或通过螺丝钉固定的三角形木头块，一般不是真正的接口，而是紧固件，用在需要加固的地方或木质饰品的连接转弯处，在首饰制作中较少使用。木钉是用来连接已有的两块木头以组成一幅完整支架的第三块木头。圆木钉会嵌入另一块木头的里面，这种接口的牢固与否取决于木钉的硬度。楔形榫头一般用来钉牢抽屉的前面和侧面。这个名字来自一系列在一边刻出的扇形凹槽或榫形凹槽以及另一边所对应的凸处，这个方法使首饰设计师得到启发并运用于首饰制作中，设计师常常用金属制作盒子，然后将木头插入其中黏合或钉合。斜接面接头指的是呈45°角相互接在一起，斜接面的接头处一定要用螺丝、楔形榫头、钉子或金属拴加固才更加牢固。榫眼和凸榫是一种很古老的连接牢固的细木工艺。由两块经过雕刻可以互相嵌牢的木块组成，这种方法也常常被一些首饰设计师使用。

（5）木材的抛光方法

木材表面的抛光可以保护木头的表层，使原本不容易看出的纹理更加清楚。抛光的第一步是通过磨砂去除木头表面的凹凸不平之处。然后用一层液体和浆状物将木头天然的小孔磨平。经过进一步的磨砂处理之后就可以上色了。

木头上色可以通过掺了水、油或其他媒介的着色剂来完成。此外，木纹的颜色可以通过漂白来变浅，也可以用油漆着色，或者保留天然木色。

木头的表面要经常用温和的研磨剂上光以软化或翻新原有的表面防护膜。蜡和油可以用来上光和保护木头表层。

（6）木材类首饰设计

在首饰设计中，设计师有时将木材进行雕刻后，用金属将其镶嵌其中；有时将木材部分插入金属槽中黏合；还有的时候将有肌理的木质材料薄片粘贴于金属表面形成纹理。诸如此类的方法还有许多，这里不再一一介绍。木材特有的纹理和质感常常深受首饰设计师喜爱，创造出独特的首饰艺术品。

二、皮革

皮革有天然和合成人造之分。天然皮革按其种类来分主要有猪皮革、牛皮革、羊皮革、马皮革、驴皮革和袋鼠皮革等，还有少量的鱼皮革、爬行类动物皮革、两栖类动物皮革、鸵鸟皮革等。

其中牛皮革又分为黄牛皮革、水牛皮革、牦牛皮革和犏牛皮革；羊皮革又分为绵羊皮革和山羊皮革。按皮革的层次分，可以分为头层革和二层革，其中头层革有全粒面革和修面革，二层革又有猪二层革和牛二层革等。在这些皮革中，黄牛皮革和绵羊皮革表面平细、毛眼小，内在结构细密紧实，革身具有较好的丰满和弹性感，物理性能好。因此价格较高，常常作为高档制品的皮料和精品首饰之用。

此外，首饰用皮革还常常选用全粒面革，因其是由伤残较少的上等原料皮加工而成，革面上保留完好的天然状态，涂饰层薄，毛孔清晰、细小、紧密、排列不规律，表面丰满细致，能展现出动物皮自然的花纹美，而且还具有耐磨透气的性质。

修面革，是利用磨革机将革表面轻磨后进行涂饰，再压上相应的花纹而制成的，它是对带有伤残或粗糙的天然革面进行"整容"后的皮革。这种革几乎失掉了原有的表面状态，涂饰层较厚，耐磨性和透气性比全粒面革都较差。

二层革，是由片皮机剖层而得，头层用来做全粒面革或修面革，二层经过涂饰或贴膜等系列工序制成二层革，它的牢度、耐磨性较差，是同类皮革中最廉价的一种。

目前，市场上流行的皮革制品除真皮外，还有人造皮革等。

合成革和人造革过去是由纺织布底基或非织造布底基，分别用聚氨酯涂覆并采用特殊发泡处理制成的，表面手感酷似真皮，但透气性、耐磨性、耐寒性都不如真皮，如今有些高档人造革在性能上也得到了改良，成为许多时尚品牌皮革公司的首选材料。

在精品首饰设计中，设计师对皮革有着天然的喜欢，许多时候，设计者更加关注皮革的表面质感，光泽感、纹理等是否与其想要表现的主题相吻合，他们常常利用皮革的这些外观特征与金属材料或其他材质混用，设计出优秀的首饰艺术品。值得注意的是，设计者在选用皮革制作首饰时应该在考虑外观效果的同时兼顾皮革本身的耐磨等性质，选用较为优质的皮革，以便在提高首饰本身身价的同时，保证并提高皮革首饰的保存及收藏价值。

三、塑料树脂

在首饰饰品行业中，塑料树脂类首饰由于色彩多种多样，品种繁多，成本相对也较低，所以使用率较高。在我国，大部分塑料首饰价格较为低廉，其设计受服饰流行等因素影响较大。下面介绍几种常用的塑料树脂类材料。

第一种是丙烯腈 – 丁二烯 – 苯乙烯共聚物（ABS），这类材料质地坚硬容易染色，耐热抗化、

耐冲击，具有良好的加工性能。第二种是聚乙烯（PE），具有质地柔软无毒，易染色，耐冲击、耐湿、耐化，不宜黏合，不耐温等性能。第三种是聚甲基丙烯酸甲酯（PMM），该材料具有刚性好，易染色，高光学透明性，耐化性差等特点。第四种是聚丙烯（PP），该材料质地较轻，容易染色，耐湿性、耐化性、耐冲击性均较好，但容易氧化或被紫外线分解，不宜结合。第五种是聚苯乙烯（PS），具有成本低，透明易染色，高刚性，但易碎裂，耐温性差。第六种是聚氯乙烯（PVC），该材料耐湿性佳。除以上六种常用塑料类外，还有许多种不同性能和外表特征的塑料树脂材料，它们在许多不同产业的产品中被广泛使用，首饰饰品设计师常常可以根据设计需要和流行信息选用不同色彩的塑料材质进行创作。

当然，在概念首饰设计中，除了常用材料与木材、皮革、树脂塑料之外，首饰设计师可选用的材料还有许多，它几乎包括了所有的可视材料，使用传统精品首饰设计中不太常用的材料设计出的首饰，常常能够带给人视觉享受的同时，启发人们的灵感。从某种角度上看，我们可以把这些首饰称为视觉艺术品。

第五节　综合材料在首饰设计中的应用

一、综合材料首饰的前景

随着设计界的各个领域的不断交融碰撞，综合材料越来越多地被用到当代首饰创作中，人们对于材料的认识不再停留在过去的狭窄空间中。当代首饰设计开始注重以综合材料的构思来体现全新的视觉品位，设计师习惯于把材料当作设计概念实现的载体，将其看作是一种通过它可以建构起观赏者、佩戴者与设计者之间桥梁的媒介。而综合材料首饰（Mixed media Jewelry）作为当代首饰领域中的一种混合了多种材料的自由创作形式在国外首饰业发展已十分成熟，在国内则刚刚受到消费者的青睐。

在国外，欧美国家的一些美术或艺术院校毕业的首饰设计专业的学生，有很大一部分毕业后开设了自己的个人工作室，并在工作室中从事着综合材料首饰的设计与制作，其中不乏一些著名

的首饰设计师，如 Tabea Reulecke、Suzanne Smith、Ramon Puig Cuyas、Polly Wales 等。而在国内，综合材料首饰打开市场还是近几年的事情。在上海的画廊与沙龙中可以观摩到一些采用特殊综合材质，如蝴蝶翅膀、纤维、硅胶、动物皮、新型纸张等制作的工艺精湛、视觉感觉艺术的首饰，这些作品相对于材料本身的价值而言，更加注重作品形式的美感、作品设计理念的诠释，以及设计师自我个性的张扬。它们的用材没有精品珠宝昂贵，作品更加注重艺术性与内在精神价值，这些首饰作品伴随着其创作故事正慢慢地走进人们的内心深处。

综合材料首饰作为一种新兴的首饰创作的表现形式，越来越受到国内首饰设计师及消费者的关注与喜爱。

二、综合材料首饰设计

生活节奏的加快，物质生活水平的不断提高，人们对精神领域的越发关注，使得消费者在首饰的审美方面更加个性化。一些贵重的金属、钻石和贵重宝石已不是人们追逐首饰的唯一对象，反而一些综合材料首饰越来越多地受到追捧，首饰的个性化、奇特性以及首饰佩戴的展示效果成为人们重视的焦点，简洁、抽象、立体的首饰代替了烦琐、复杂、细腻的传统首饰。同时，人们对于首饰精神方面的深层次需求，也使得首饰不再停留在配饰的层面，它已经成为消费者展现自我的一种载体，综合材料首饰伴随着其材料的多样性、创作形式的自由性、情感诉求的唯一性、佩戴效果的独特性，成为首饰领域中最具有时代性的分支。融入文化、创作情感等的综合材料首饰作品成为设计师表达内心与外界交流的独特载体。

1. 综合材料首饰设计选材的多样性

综合材料首饰的用材决定了其作品现代、时尚、艺术的一面，它超越了传统首饰形式上的单一性，也不像传统首饰那样过多地追求材料的价值。通过不同的材料，甚至是一些不常见的材料或能够打动人的现有物体来表现作品的创作内涵是综合材料首饰用材的一大特点。图 2-17 所示的作品是一对用蝴蝶标本和有机玻

图 2-17 综合材料耳饰作品

（设计者：Luana Coonen）

璃制作的耳饰，设计师使用有机玻璃将蝴蝶标本夹持在中间，采用铆接工艺将有机玻璃前后片铆接在一起。简洁的工艺、自然灵动的色彩诠释着作品个性自然的一面。

不同于传统首饰材料的单一性，综合材料首饰选用陶瓷、木片、贝壳、珊瑚、珐琅、塑料、皮革和纸质等更为广泛的材料进行创作，运用夸张、变形等多种艺术手法，表现出当代首饰别具一格、个性化的一面。它在一定意义上超脱了传统装饰美化的范畴，常表现出设计者或佩戴者一定的文化品位以及人们对人生的态度，这一点与当代艺术有异曲同工之处。

虽然首饰设计的主流材料还是金、银等贵金属和宝石等，但随着社会的发展，首饰的意义已经从首饰本身转向首饰与人的相互关系中。想要去展示佩戴者的风采，传达佩戴者与设计师的理念，表达某种情感或思想，传统材质从某种角度上已无法满足当代首饰设计的需求，大量新材料被运用于设计中时，也赋予首饰崭新的内涵与形式。在一些艺廊与当代首饰展览中，我们可以看到诸如"纤维、玻璃、塑料、陶瓷、硅胶、丝绸、泡沫、纸、合金、不锈钢、树脂、橡胶，甚至花草树木"等都被运用到首饰创作中。随着首饰材料的范围无限制地扩展，只要能为设计理念服务，几乎所有自然界中的材料在设计中都可以使用。一些非贵金属如钛、不锈钢、铝等也开始在设计师的作品中不断出现。

2. 综合材料首饰设计概念与情感诉求的唯一性

与其说综合材料首饰作品对于作品概念的诠释更加个性化，不如说综合材料首饰作品的设计概念与情感诉求具有唯一性。创作者创作综合材料首饰的过程就像娓娓道来一个自己心灵深处的动人故事，当然这并不是说设计师像讲故事一样的创作作品，而是将具有情感唯一性的故事用创作的方式进行表现。

图2-18所示的作品是上海工程技术大学服装学院的学生张懿蕾的首饰作品《流光》。设计者灵感来源于古诗词《一剪梅·舟过吴江》中的词句："流光容易把人抛，红了樱桃，绿了芭蕉。"作为审美主体的设计师感悟于时光逝去、万物轮回的沧桑，在作品中以树的造型和不断变换中的背景，表现世事易变、人心易变，犹如白驹过隙、白云苍狗，这种意象化的背景与树的形态变换相呼应。幽暗中透过流光飘摇的树影摇曳出设计者心中一片空灵遥远的梦境，正是这种充满意境的遐想引发设计者创作的激情。

首饰设计师必须要充分考虑首饰创意的艺术性与情感性，将情感化设计融入首饰之中，才能创作出令人心动的作品。情感化设计赋予作品以生命，当代首饰设计尤其重视首饰创意背后所凝结的概念，这种概念创意成为消费者与设计师之间的无声桥梁和沟通交流的媒介。与其说人们购买的是一件首饰艺术的外观，不如说是这件首饰的情感留住了消费者的心。图2-19所示的作品是上海工程技术大学学生杨怡君的系列作品之一《记忆匣子》，

图2-18 上海工程技术大学学生作品《流光》

（设计者：张懿蕾；指导教师：张晓燕、王书利；摄影：周志鹏；中国上海国际首饰设计大赛入围作品；材料与工艺：紫铜锻造，树枝铸造，毛毡）

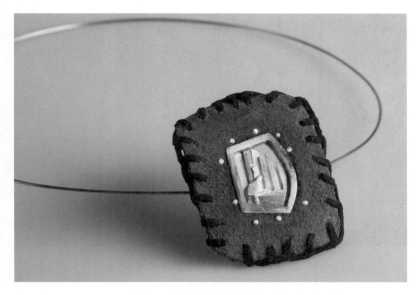

图 2-19 上海工程技术大学学生作品《记忆匣子》

（设计者：杨怡君；指导教师：张晓燕、薛婷；摄影：周志鹏；材料与工艺：紫铜、银、皮革、金属镶嵌）

作品属于综合材料首饰设计作品中典型的叙事性首饰。设计者用小清新、插画般的剪影形式来表达其儿童时期生活的几个记忆深刻的场景，希望作品成为承载记忆的时光匣子，存储记忆，解构出美好瞬间。作品由三款艺术首饰组成，每一款作品都记录着设计者曾经感受到的美好时光。

对于首饰艺术家自身而言，大多情况下，个人情感常常是他们创作的最早动机，有感于心、发之于情，寓情于作品中，才能创作出可与观者心灵互通交流的作品。当然，一件优秀的首饰艺

术品往往经过不同的创作过程。有的艺术家先有了创作作品的激情情感，带着动机去探索寻找实现这个想法的途径，包括视觉形式、材料与工艺等。还有一些艺术家，喜欢随性地在身边发现一些感兴趣的材料或现有物体，对现有材料物体倾注感情进行设计，设计作品充满自由、随性、自然的味道。对一位首饰设计师而言，设计中善于倾听自己内心的声音，才可以创作出与众不同的打动人的作品。设计来源于生活，用一双善于发现美的眼睛，体味生活，善于捕捉生活中的点滴趣味，是首饰设计师应该具备的基本素质之一。而将生活中的趣味性发现进行自我分析，与设计师自身的情感、人生经历以及价值观等相结合，使首饰创作在趣味性基础上又多了一层深意。

图 2-20 所示的作品是 2013 年 HRD 国际钻石首饰设计大赛中国设计师优秀作品之一《一碗星星》。这件作品通过作品本身投射出设计者深邃的内心。设计师的创作概念是"抬头是头顶的一片浩瀚星空，低头是我们心底的道德准则……"。这件耗时 500 多工时的作品用简洁的造型、精湛的工艺表现出艺术家自身所感悟到的虚幻与现实之间的关系。

设计就像是茫茫大海中的一叶孤帆，当你感觉已经靠近时，它还离你很远……而当内心深处有一种对想要创作的作品执

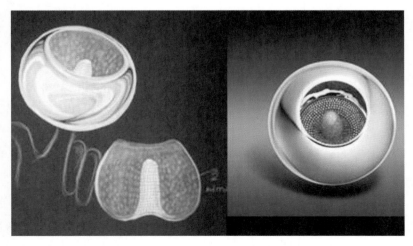

图 2-20 HRD 获奖作品《一碗星星》

（图片来源：网络）

着而坚定的信念时，这种个人情感则会激起创作激情，并指引设计师在创作作品时走得更远。将个人情感应用于综合材料首饰设计中，可以令作品达到内在概念与视觉形象的高度统一，同时这样的作品由于具备情感诉求的唯一性，而变得更加充满魅力与深度。

3. 综合材料首饰设计创作形式的自由性

综合材料首饰往往创作形式相当自由。它不受传统观念、传统材质、传统的形式美法则、甚至传统的佩戴方式等的约束，尊重设计者自身的情感诉求与佩戴者的交流，注重视觉形式的多样化，常常选用的材料与制作工艺巧妙结合，追求材质本身的形态美感受。有的设计作品从设计者自身的情感与生活体验出发进行创作；有的作品创作形式自由轻快，更多的关注追求佩戴时的心理感受；还有的作品本身并无太多故事，材料本身的形态变化就是设计者想要表现的内容；甚至还有的作品比起作品最终的效果来更注重设计制作的过程体验。正因为综合材料首饰不拘泥于传统的框架，所以更具活力。

简洁的造型，深邃的思想，充满趣味性的设计，凝结着设计师内心的情感。当代首饰设计中许多优秀的作品都是如此，综合材料首饰的创作形式可谓多种多样。图2-21所示的2013年HRD国际钻石首饰设计大赛入

图2-21　HRD入围作品《打破》
（图片来源：网络）

围作品《打破》就更为随意趣味，让人想到这件作品是设计师不经意间的感受，"耀眼的阳光，穿过指缝，一刹那的光芒……"设计的灵感就来源于此。作品选用透明材质来表现太阳穿越指缝的透明光芒，这种树脂材料带来了独特的艺术效果与感染力。

综合材料首饰创作的自由性还表现在设计师对材料的感知上。有的综合材料首饰艺术家更加关注材料的形态美与对材料的加工创作，甚至有的作品材料本身的形态变化就是设计者想要表现的内容。首饰设计中材料的形态美不单单是指首饰外在造型结构上给人带来的视觉上的享受，内在概念和思想的表达上也应具备一定的意识形态上的美学思考。并不是所有的优秀首饰艺术作品的设计师都是在有意识的状态下设计制作出作品的，有些艺术家更感兴趣于那些无意识状态下的偶然设计。这些偶然的设计也包括那些在首饰材料形态上的新发现、新触感，正是它们带给首饰艺术家新的感受与创作动机。

一定空间体积内材料形态的变化，一个完整的首饰材料形态的破坏性设计，以及外界因素促成的首饰材料形态设计的新变化等，都可以为综合材料首饰创作者提供创作动机。

如果将首饰材料或其他艺术品的材料限定在一定空间之内，那么在有限的空间中形态可以发生各种各样的变化，有时候一点点微妙的变化都会产生一种充满灵性的设计。例如，想象一定空间中的空气与容积是有限的，再假定容器的外壳是柔软的，那么当用手指对其触摸或者握拿或者挤压时，作品外壳形态就会发生转变，也许这些转变正是设计师所需要的设计感觉，设计就是在

这些细微而充满触感的细节中展现。再假定这个有一定体积的外在首饰容器有一个口子被切割开，那么液体就会从里面流出来，这种形态的转变也会给我们一种触发，让我们产生一些关于首饰材料形态转变的新构思。

关于破坏型设计我们并不陌生，台湾的广告艺术家常常使用，在广告中利用极端破坏的手法吸引观者的注意。在当代首饰艺术设计领域，破坏性设计无处不在。之所以去破坏首饰材料原有的完整性，或者形体原有的完整性，目的也是为了吸引观者注意，同时引导观者形成更深层次的思考。从另一个角度讲，当代首饰艺术家就像导演，把握着首饰从概念到材料空间到工艺实现的全过程。与其说是某种事物触发了设计师的灵感，不如说有经验的设计师早已对其设计过程胸有成竹。

受外来因素影响促成首饰形态发生新变化的当代首饰作品越来越常见。例如，一些作品的造型因为重力作用产生流动感，一些作品被风吹动产生形态变形，一些作品因为外力存在而发生变形，还有一些作品因为人为因素由静态转变为动态，等等。

图 2-22 所示的作品是上海工程技术大学学生揭建文的毕业实验作品《石有洞天》。作品不像传统精品珠宝作品一样选用贵金属与宝石材料表达创意概念，而是选用特殊的材料手工绘图设计出彩色图片，在彩色纸张上涂水晶滴胶进行处理，创造出彩色宝石般的效果。作品的最初灵感来源于万年神农宫中优美的景色。奇石之间的组合产生纵横交错的形态，流水与光在岩石洞中产生的色彩，给神农宫增加了一份静谧神韵。作品追求一种璀璨世界里的自然宁静。材料选用彩色图画和水晶滴胶制作出彩色宝石般的效果，结合金属管硬朗明亮的朋克效果，将中国园林中的透过小孔看到新空间的建筑思维用于设计中，小面积的色彩与大面积的金属质感、新材料与金属材料的对比，形成一定的韵律和视觉美感。

4. 综合材料首饰的空间美与形态美

综合材料首饰选材广泛，视觉表达尤其重视作品的空间美与形态美。人们常常在旋转的三维空间中观赏首饰，一件优秀的首饰作品往往从空间的各个角度观看它都有其不同的艺术美感，这样的作品即使经历时间的考验，仍能够保持其独特的魅力。

世界著名建筑艺术家高迪

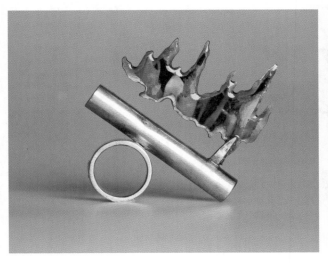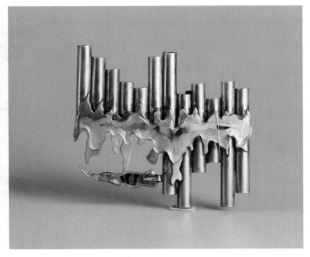

图 2-22 上海工程技术大学学生实验首饰作品《石有洞天》

（设计者：揭建文；指导教师：张晓燕；摄影：周志鹏；中国上海国际首饰设计大赛优胜奖；材料与工艺：黄铜、紫铜、彩色纸、AB 胶，焊接工艺）

的建筑艺术展，曾于2007年在上海当代艺术馆举办。展览除向观众展示了许多著名的建筑模型外，还采用多媒体形式向观众展示了高迪建筑设计的过程。高迪创造了一种由几何形的复制、叠加、搭建、构造、扭曲等组合成空间骨架，再进行外表"皮肤"的设计的造型手法。这种手法令观众对于建筑造型艺术的魅力叹为观止。而这一造型手法在首饰创作中同样适用。一件小小的首饰艺术品，充满空间美与形态美，方寸之间尽显灵动。建筑艺术中常用的空间造型原理、力学规则等手法也常常被首饰设计师所运用，那些空灵的、立体抽象的首饰形态无限放大重新架构可以成为雕塑或建筑艺术的雏形。不管是在空间造型，还是概念表达，甚至材料工艺上，建筑艺术对首饰艺术都有着不同程度的影响。

在学生对自己要创作的作品有了初步的想法之后，教师往往指导学生按照其自己的想法绘制草图或者制作出测试工件，当然这种流程不是绝对的。有些学生会先找到自己感兴趣的材料，根据材料尝试做些东西或者测试工件，在这一过程中会不断完善想法；还有的是先有了草图再根据草图寻找材料，制作测试工件，到实现最终作品。根据教学实践，我们发现有很大部分学生在草图阶段无从下手，甚至有许多学生做完作品后再回来画效果图。当学生对某个东西产生兴趣或者有

某种想法时，教师可以鼓励学生从首饰的空间美与形态美着手，从建筑艺术中寻找灵感，借鉴建筑艺术在概念表达、视觉造型中的技巧，将其运用到自己的首饰作品的创作中。

综合材料是一种想法的结果。我们有时把材料当成一个开始点而不是材料本身，有些东西已经远远超过了材料。举例来说，未加工的木材等。设计师总是寻找一些他所希望的能最好地表达想法的材料。而更多时候，几种材料的混合往往是最好的，因为不同材料的对比可以产生无限的设计张力，或者说因为它们的混合增强了形式感。这种对于综合材料的认同，建筑艺术与首饰艺术是一致的。

图2-23所示的综合材料首饰作品《海·声》是上海工程技术大学毕业生马晓曦的毕业作品，她尤其喜爱建筑风格的首饰作品，将其与一些现有材料结合起来进行创作。设计者说："海螺就像来自大海的馈赠，美丽而又神奇，从远古到现代，记录了亿万年的时光，这亿万年的时光藏于海螺之中，当我们拿起海螺放在耳边，我们听到的是否就是来自亿万年前的声音，由远古传递到了现在。我有感于这充满灵性的海螺之声，选用海螺和海螺的尖角作为主要材料，配合檀木与白铜，设计制作出一系列时尚首饰。我希望有更多的人能够听到这来自大海的声音，神秘自然，充满灵动。"

图2-23　首饰作品《海·声》

（设计者：马晓曦；指导教师：张晓燕；摄影：周志鹏；中国上海国际首饰设计大赛优胜奖；材料与工艺：黑檀木、海螺、白铜丝，锻造铆接工艺）

基础理论及应用——

首饰艺术的设计创新

课题名称： 首饰艺术的设计创新

课题内容： 首饰概念创新设计中的灵感来源

空间中的流动元素——点、线、面、体

源自自然，体味设计

原自生活和文化的启迪——首饰设计中的趣味性及文化

内蕴

首饰设计的抽象化语言

首饰设计中的流行元素及民族语言

课题时间： 8课时

训练目的： 通过学习首饰设计的概念创新技巧，以国内外优秀艺术

首饰作品分析为例，使学生开阔视野，提高首饰设计的

创新能力。

教学要求： 掌握首饰设计的概念创新技巧。

掌握首饰概念的空间造型、色彩质感、材料与工艺、抽象

意象化等视觉表达技巧。

提高学生首饰设计的个性化创新能力。

第三章 首饰艺术的设计创新

第一节 首饰概念创新设计中的灵感来源

在精品艺术首饰中，从首饰的概念创新设计到单个首饰艺术成品的制作完成，对于国内少数首饰艺术家来说，这个过程往往都是在个人的工作室中完成。这其中凝结了制作者的汗水和辛劳。在首饰的实际制作过程中，最初存在于设计师头脑中的或者草图中的概念设计往往会发生转变，有的甚至因制作工艺与最初的想法相差甚远，而首饰艺术家就是在这个制作过程中体会到真正的乐趣。而且，大多数首饰艺术家对于概念设计与后期制作成果的把握早已胸有成竹，得心应手。然而，在实际的教学过程中，看上去有很多创意想法的学生却常常为找不到灵感来源而苦苦挣扎，甚至于不知道怎样很好地表达自己的想法，有的学生常常将这种苦恼归咎于缺乏想象力。殊不知创作本身就是苦乐参半的，想象力和创造力也

是需要不断地积累、发现、收集、体会的。

在艺术设计的海洋中，人们往往更容易从三个方面得到概念设计的创作源泉。一是从艺术设计发展的文化历史中探寻创作来源；二是从大自然中找寻灵感；三是从设计领域中的其他艺术方向得到启发。

打开厚重的历史文化之门，人们会发现令人振奋的、取之不尽用之不竭的宝贵财富。那些各个历史阶段中的风格特点、表现各民族文化的民族元素等，以及这些外在形式背后所凝结的文化背景都会令我们流连忘返、感动不已。将这些历史文化中的闪光点与现代设计相结合，能够产生神奇的力量。著名服装设计大师加利亚诺几乎每一年的包含配饰在内的高级时装的发布都与文化结下了不解之缘，在2004年的"埃及艳后"的高级时装发布中，他将三四千年前的古埃及文化与现代设计相结合，取得了令人惊艳的艺术效果。可以说，对历史文化的缅怀让设计师拥有了一个可以穿越时空的智慧大脑。而国内著名服装设计师张肇达连续几年的作品也都反映了其对东方文明的眷恋和人文关怀，从2001年的"东方晨彩"、2002年的"贵魅惊艳"、2003年的"大漠"、2004年的"紫禁城"、2005年的"江南"，一直到2008年的"黄河"的专场发布作品，无不映射出设计师对民族文化的深厚情感。图3-1所示为其2005年"江南"专场的作品。同样，作为服装配饰的首饰艺术品，其设计的灵感来源除了与服装有异曲同工之妙外，更应该扎根于丰厚的文化历史的土壤中。

而对于自然界中宏观和微观世界的观察领悟则赋予了设计师纵横天地的广阔胸怀。那些大自然中的风雨雷电、绚丽彩虹，以及自由的飞鸟、明朗的天空、深沉的海洋，甚至于神奇的光影都会让我们心神摇曳，感动不已。用心体会，那些人类活动以及动植物生长所留下的微观痕迹都能够触发我们的灵感。而当首饰设计从自然界中找寻启迪时，设计作品无意中也被赋予了回归自然、亲和自然以及环保的

图 3-1　2005 年张肇达"江南"专场作品

（图片来源：《张肇达历年作品集》）

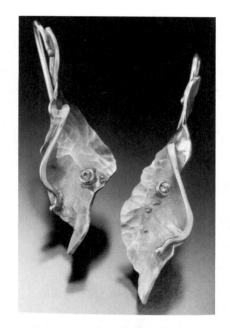

图 3-2　自然主义风格的耳饰

（图片来源：*The Art of the Jewelry Design fromidea to Reality*）

意义。图 3-2 所示的这款 Julie Jerman-Melka 的耳饰作品"Flora/ Fauna Earrings"就是其 2005 年设计的以自然界中的植物花草等为灵感来源的作品。作品使用银、18K 金、黄色宝石等材料模拟自然界中植物卷曲的造型设计制作而成，弯曲的造型让人想到新艺术风格的首饰，点、线、面的运用又给作品增添了现代气息。

　　此外，首饰艺术设计还可以从音乐、文学、建筑、雕塑等其他艺术形式中获得启发。那些充满节奏的音乐舞曲、那些优美动听的诗歌、那些夸张怪诞的歌舞剧，以及那些建筑空间中的摇曳灯光等，都会将首饰设计的概念视角无限扩展。同时，各种专业的交流互动在 21 世纪的今天已经让不同行业的设计师受益匪浅。从人类历史上最早的现代设计学校包豪斯开始，人们就已经开始倡导"纯艺术与实用美术家集体创作，艺术和技术紧密结合"。而首饰设计行业与其他行业的交叉融合反映在新材料、新技术上尤为突出。例如，首饰材料已从传统的贵金属、正宝石扩展至自然界中的所有材质，许多纺织服装中的软材质常常和首饰行业中常用的硬材质一起使用，同时，软材质的制作方法如各种传统的编织、结艺技术等用于硬质金属中也使得首饰工艺获得新的突破。再如，首饰设计与建

筑设计的融合也使得首饰造型艺术更加具有空间意识，早在古罗马时期，建筑中的穹隆就对首饰艺术产生过深刻的影响。图 3-3 所示的这款艺术项饰的造型让人联想到建筑艺术的框架结构。而首饰设计与其他领域的交叉更是比比皆是，在此不一一列举。

图 3-3　有建筑感的项饰

（图片来源：*The American Craft Show 2007*）

图 3-4　镶嵌单一宝石的戒指

图 3-5　多个宝石轨道镶的戒指

图 3-6　"点"以单一宝石为中心向
空间发散式排列构成的戒指

第二节　空间中的流动元素——点、线、面、体

很久以来，人们常常把珠宝首饰比喻成一件小型的雕塑，精致的点、流动的线、穿插的面、旋转的体在四维的空间中展示着它独有的魅力。就是这小小的微型雕塑般的精灵成为观者与佩戴者之间的心灵枢纽，人们从珠宝首饰眼睛般的图标中可以读懂主人的内心世界。无论是来自自然的天籁之音，还是来自古老的传统文化内韵，抑或是显微镜下的微观世界，珠宝首饰在艺术的空间中总是闪烁着神奇的光芒。

单纯地从造型地角度上谈珠宝首饰，作为缩小的雕塑，它由点、线、面、体这些基本元素构成。

一、点

精品珠宝首饰设计中的"点"常用一些特定的材质来表示，如贵金属（金、银、铂等）和正宝石（钻石、红宝石、蓝宝石、祖母绿、翡翠、珍珠等各类宝玉石材料），这些材质因为其贵重高档而被划分到贵金属和高档宝石类首饰中。

单一的正宝石镶嵌在铂金或黄金之上，形成视觉中心点，这种点元素存在的形式是精品首饰设计中最为常见的，设计师根据设计需要选用各种镶嵌制作方法衬托出宝石的美丽绝伦（图 3-4）。

相同形状刻面的宝石，作为点元素被首饰工匠用轨道镶的方式排列成一条流动的线（图 3-5）。

有时候，几个宝石成为几条金属线的终点，像天空中散布的星象，这些点尽管分散排列却因为有金属引导线而产生向心力。图 3-6 所示的珍珠作为金属管的终点分散排布，而中间的宝石则成为有凝聚力的视觉中心点。

空间中的点被剖开分割形成断裂的空间，包容着内部的中心点，这些中心"点"更像是隐藏在首饰体内的秘密，如图 3-7、图 3-8 所示。

还有的时候，点装饰于线、面或线构成的面之上形成肌理的对比。如图 3-9 中用金属球做的点滚动在金属的表面有序排列成一种肌理效果，有时这种肌理的存在是为了对比光滑的金属表面，这些点属于装饰于面之上的点缀点。

当然，换一种材质会出现不同的效果，如图3-10所示的戒指中的珍珠作为点元素有规律地装饰于金属面之上，形成点、线、面的构成美，像音乐中跳跃的音符。

而图3-11所示的戒指和项饰中的宝石，则作为视觉中心的"点"元素装饰于线所编织构成的面之上。

首饰设计中的点元素可以是一个点，金属球、宝石、塑料或陶瓷小花等都可以成为这个视觉中心点。可以是有序的几个点，排列成规则的线，这种由点组成的线会产生特别的质感。在散乱无序的小点中有时也会存在一个大点，众星捧月的感觉让大点与众不同，并形成设计的主次节奏感。更多的时候，首饰设计中的"点"元素指的是一个组合，就像图案设计中的一个单元，将其进行重复或近似排列可以形成不同的造型。

二、线

精品首饰设计中的线，曾经在新艺术运动时期创造出了珠宝首饰发展史上首饰外在表面形式设计的最高峰。那时候，首饰设计中的"线"元素充满力度，狂放不羁，看上去像抽出去的鞭索。正是这世纪末强烈的"呐喊"创造出了首饰史上自古埃及后的又一次辉煌。而在现代，这种具有感情色彩的"线"仍然是设计师常用的造型元素，所不同的是，这种曾经在新艺术时期形式感十足的线，已经被设计师充分灵活地运用到空间中，有时成为造型的骨干结构，有时作为表面的装饰，还有的时候盘绕在空间之中诠释着抽象的线之灵韵。

线在首饰形体的构成中，常常以几种不同的基础状态存在：

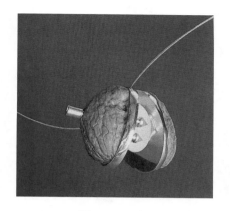

图3-7　项饰

图3-8　戒指

图3-9　"点"形成首饰表面肌理的首饰

一是本身由点元素排列成的"线"；二是用作面之上的装饰纹理的"线"；三是"线"为主体而直接构成体的"线"；四是"线"以多种形式构成"体"，如线编织成体、线旋转扭曲成体、线搭建成体、线与其他元素结合

图3-10　点、线、面结合的首饰

（图片来源：*Brilliance-Masterpieces from the American Jewelry Design Council*）

图3-11　编织项饰与戒指

构成体等。除以上几种形式外，当然还有其他多种形式，在此我们选择几种形式进行剖析。

1. 点元素或单元构成线

由点元素构成的"线"中的"点"有时是由金属球、宝石等构成的单点，有时则是一个造型单元。这些造型单元重复或近似排列成线可以构成一串完整的首饰"体"，如图 3-12 所示。

2. 面之上的装饰线

用作面之上的装饰的"线"，有时只为调节材质的肌理效果而存在，有时作为造型中的一个元素。图 3-13 所示的这款"潮泓基杯"首饰设计大赛入围作品中的线就是造型中的一个元素。整款作品简洁时尚，形式感较强。

3. 线以多种形式构成体

在首饰造型设计中，由"线"为主体直接构成"体"的例子更是比比皆是。我们常常可以看到"线"元素穿插、扭曲、排列直接构成旋转的"体"。图 3-14 所示的这款首饰就是线扭曲成体的典型例子。

有的线元素本身就有体积感的存在。如图 3-15 中所示的线本身就是圆柱体的管状形态，简单的造型中镶嵌在横截面上的小小钻石成为人们的视觉趣味点，似乎在向观者诠释着哲学中的内与外。

还有一种常见的构成形式就是由"线"构成"面"，"面"再构成"体"。图 3-16 所示日本设计师的作品就是"线扩展成面，面扭曲成体"的例子。设计师用铆接的方法将两块不同质感的材料铆在一起，取得了趣味性的视觉效果。

除了上面几种常见的构成形式外，在首饰设计中，线还以各种各样的形式存在。有时候，密集排列的线组成的面与光滑的面之间形成肌理的对比；有时候，这种密集的线还成为面与面之间的边缘线；还有的时候，设计师会把黄金等贵金属拉成像毛发一样的细丝编织出女性味十足的首饰。像编织毛线一样编织金属丝并不是一件容易的事情，因为刚刚退过火的金属丝开始很软，在编织的过程中因为有力的不断作用而越发坚硬，所以，聪明的首饰制作者才会想到将丝拉成很细很细的状态进行编织，这些很细的线有时候还被用作首饰表面的纯装饰，如图 3-17 所示。

无论线以何种形式、状态存在，神奇的自然界总会给我们许多的启迪，如浩瀚的宇宙中划过天空的流星形成的轨道线，旖旎辽远、自然的海岸线，几百年历史的大柏树的截面纹理线，勤劳的小蜘蛛织成的网线，甚至达·芬奇笔下美丽的女人体的婀娜曲

图 3-12 "近似形"构成的单元形成"点"元素排列成"线"的项饰

图 3-13 "潮泓基杯"首饰设计大赛作品之一

图 3-14 "线"扭曲成"体"的戒指
（图片来源：*Brilliance-Masterpieces from the American Jewelry Design Council*）

图3-15 管状线元素作为"体"构
成的首饰
（图片来源：《日本首饰设计》）

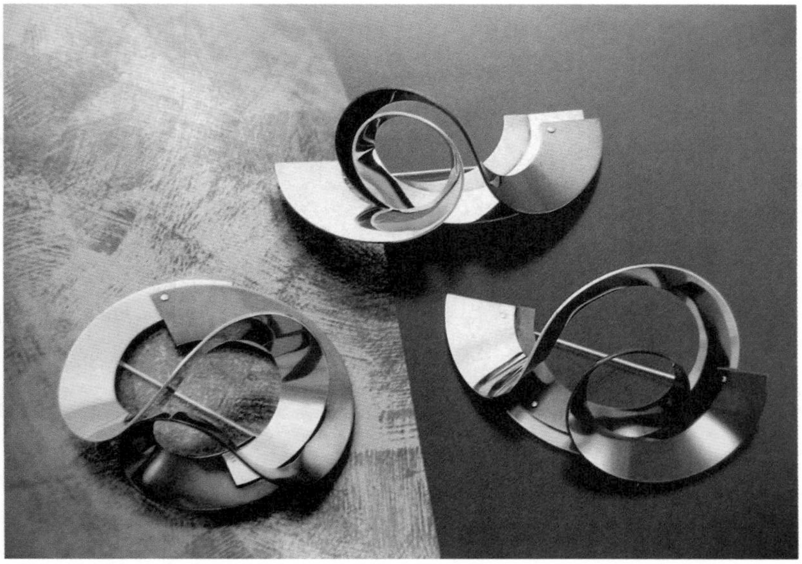

图3-16 "面"扭曲成"体"的首饰
（图片来源：《日本首饰设计》）

线等。这些线都可以成为首饰设计的主题。

三、面

如果我们把点元素和线元素看作是构成精品首饰设计中的
"体"的基本元素的话，那么由它们所形成的"面"或者其他方
式所形成的"面"常常成为构成"体"的主要元素。无论是茫茫
大海中的一叶白帆般的"点"元素，还是遥远的曲折旖旎的乡间
小道般的"线"元素，抑或是广袤辽阔的平原般的"面"元素，
它们都可以直接构成"体"。而自然界中的"面"元素是最接近
于"体"的形体状态。

将一个简单的"面"旋转扭曲可以直接构成"体"，同样，将"面"
像盖房子一样复制搭建也可以构成"体"。作为造型中的元素，
薄薄的"面"还常常被设计师镂空、折皱，产生二维空间中的
立体浮雕感。我们可以从两方面解读首饰设计中的"面"元素。

1. 对于"面"的设计处理——"面"之上的设计

（1）将"面"镂空的首饰设计

从装饰造型的角度来说，镂空是产品设计中常用的手法。在
精品首饰中，设计师可以在薄薄的金属平面上镂空出古典花纹，
有时还在底下用皮质或乌木衬托，形成两种材质的对比效果。有

图3-17 金属"线"用于表面装饰的
首饰
（图片来源：*Brilliance–Masterpieces from the
American Jewelry Design Council*）

时候，镂空出的抽象几何花纹个
性化十足。图3-18所示为"潮
泓基杯"首饰设计大赛的作品，
两款作品都采用了透空或镂空的
手法。其中图3-18（b）采用了

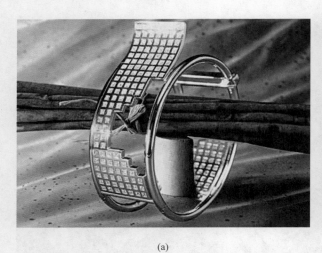

(a)

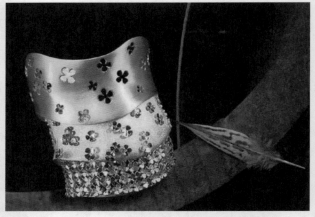

(b)

图 3-18　"潮泓基杯"首饰设计大赛作品之二

图案构成中的正负形手法，设计者将镂空掉的装饰小花镶嵌在光滑的金属表面上，让首饰充满趣味性。

　　图 3-19 所示则是首饰设计师 Michael Bondnaza 1996 年的作品。作品从造型的角度上看，设计师选用被镂空掉的方形元素，巧妙地搭建起新的视觉中心点。

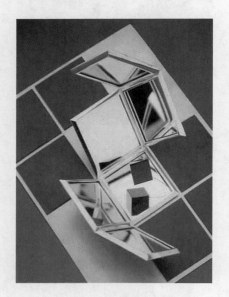

图 3-19 "面"被镂空重置的首饰

（图片来源：*Brilliance-Masterpieces from the American Jewelry Design Council*）

　　（2）在"面"之上进行镶嵌或焊接其他材料的首饰设计

　　这种设计手法在首饰设计中最为常见，仅宝石的镶嵌方法就有许多种，图 3-20（a）所示的这款戒指就是在简洁的"面"之上爪镶了许多刻面宝石，宝石的存在为这款戒指增添了时尚气息和商业味道。此外，在金属之上镶嵌或焊接宝石之外的材质的形式也常常存在。如乌木、几何形金属等，设计师会根据设计需要选用各种不同的材料表现创意。图 3-20（b）中所示的不规则的金属立体几何块无序地焊接在矩形金属面之上，形成对比而统一的视觉肌理效果。

　　（3）在"面"之上喷涂颜料与绘画

　　在"面"上喷涂颜料、绘画是综合材料首饰设计制作中常用的手法，设计者将自己内心的情感与生活体验用绘画的形式画在纸上，再将其贴在木片、亚克力、金属等硬质材料之上，然后在上面涂水晶滴胶待其干燥，创造出半宝石的表面视觉效果；或者将绘画纸张用双层有机玻璃铆合；抑或是在树脂等材料上喷涂涂料，创造出诗意个性且充满意境的首饰作品，这些创作方法当代首饰设计师经常采用。图 3-21 所示的作品为使用树脂与 925 银制作而成，在其上喷涂涂料，创造出时尚而充满意境美的感觉。

　　（4）在"面"之上做肌理设计

　　在"面"之上做肌理设计的手法很多，将金属通过压片机压成像纸一样薄的片，将薄薄的"面"打皱或像折纸一样折叠；在较厚的金属面上用錾子敲出凹凸花纹或各种肌理；或者在一块光滑的金属表面上焊接质地粗糙的材料等，这些各种各样的表面效果处理方法都可以为我们的设计服务。有时候，设计师根据设计

图 3-21　"面"之上中喷涂涂料的首饰

(a)

(b)

图 3-20　"面"之上镶嵌的首饰

［图（a）来源：《香港珠宝》03-04.

Vianna.］

稿思考采用哪种手法制作首饰艺术品；还有的时候，设计师是在亲自动手制作的过程中，发现新的表面肌理处理方法的。图 3-22 所示的这款简洁的戒指正是因为中间夹层金属的肌理效果而被赋予了新的意义。

2. "面"直接构成"体"的设计

（1）"面"的切割破坏

完整有序的形体往往给人和谐安静的感觉，有时候我们需要对完美的形体进行破坏再造，以增强作品的视觉冲击力，并引起观者的注意。这种将完整的"面"按照设计需要进行切割破坏的手法是一种有趣的视觉游戏，然而，看似简单的游戏其实对于设计师本身的造型素养的要求很高。在设计制作之前，对于整个形体的造型把握，各部分的比例与平衡、节奏与主次等必须有一个完整的概念。图 3-23 所示的日本设计师的作品让人联想到蒙德里安的绘画。

图 3-24 所示的设计师 Richard Kimball 的作品也采用了同样

的手法，被断裂破坏的"面"所形成的不规则的裂隙中间，装饰着设计者想要强调的视觉中心点，这种随意形成的不规则的有裂隙的线形与首饰外围规则的线形形成对比。

（2）"面"的扭曲

在将平整的"面"扭曲变形的过程中，会产生各种各样的形体，首饰造型的趣味性就在这些不同形体中体现。无论是有机玻璃还是金属材质，平整的"面"都可以通过不同的加工技术达到设计的需求。图 3-25 所示的玻璃艺术品就是通过一定的低温技术将"面"进行扭曲制作而成的首饰状态。而图 3-26 所示的趣味性的金属首饰戒指也是将简单的金属面扭曲铆接而成的有机形体状态。

（3）"面"的复制叠加

在平面图案的构成中，对一个简单的形状或单元进行复制或近似复制可以形成各种不同的连续纹样，而在首饰立体的三维空间构成中，将单个面或面的单元进行复制叠加也可以构建出新的首饰形体状态。图 3-27 所示的首饰就是采用了首饰造型中"面"的复制叠加手法。

（4）"面"的搭建构造

在建筑设计中，举世闻名的

图 3-22 "面"之上做肌理的戒指
（图片来源：《日本首饰设计》）

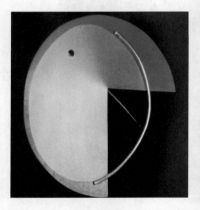

图 3-23 "面"被切割破坏的首饰构成
（图片来源：《日本首饰设计》）

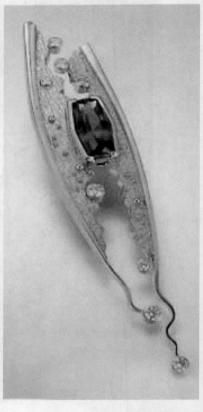

图 3-24 以点、线、面构成为主的首饰
（图片来源：*Brilliance-Masterpieces from the American Jewelry Design Council*）

图 3-25 Hur David Hash 的玻璃艺术品

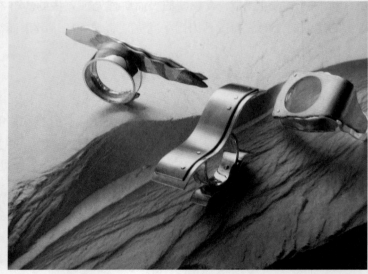

图 3-26 采用"面"扭曲的造型方法设计而成的戒指
（图片来源：《日本首饰设计》）

(a)　　　　　　　　　　　　　(b)　　　　　　　　　　　　　(c)

图 3-27　"面"的复制叠加构成的首饰艺术品

［图（a）来源：*American Craft Show* 2007，作者：Carol-IvnnSwol；图（b）、图（c）来源：*Market* 2005.1，作者：Kristin Beeler］

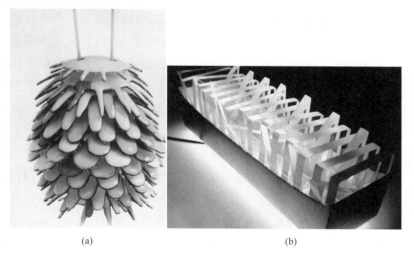

(a)　　　　　　　　　　　　　(b)

图 3-28　以几何形复制搭建的作品

［图（a）无题（Untitled 设计者：Jennaca Leich Daeivs）；图（b）无题（Untitled 作者：Kanako Iida，2004 年）］

西班牙著名建筑家高迪最惯用的建筑手法是将几何形进行复制叠加、搭建构造。这位在巴塞罗那的舞台上尽情挥洒汗水的建筑家的一些作品还被联合国教科文组织定义为世界文化遗产。著名的米拉公寓、古埃尔公园以及圣家族大教堂等举世闻名的建筑都是高迪"自然与技术，几何形与建筑学"成功结合的范例。而在精品首饰设计中，对于几何形的复制叠加、搭建构造可以产生各种各样的首饰造型形态。图 3-28 所示的首饰作品的造型就是使用了几何形的复制搭建构造手法。

除上面总结出的几种"面"的首饰构成艺术形式之外，还有许多其他构成形式。回想小时候我们玩过的折纸游戏，不难体会

到单纯的面元素通过穿插、折叠、扭曲、建构等手法可以产生出成千上万种的形体状态。那时候，我们用一张纸可以折出手风琴、老虎、飞机、天鹅、小花篮等各种各样的形象，在这一过程中我们深刻地体会到折纸的趣味性，而现代的首饰造型艺术也可以从折纸游戏中得到启发。

四、体

物体在自然界中是以时间和空间两种纵横形态存在的。"体"则是空间存在的状态。精品首饰作为空间中的"体"，有时以二维空间形式存在，有时是三维，有时是四维；有时甚至是动感的，同时以时间和空间两种形式存在。

在笔者的课堂教学中，更加关注那些在空间中存在的形体，因为它们有时与自然融合在一起，就像存在于自然界中的建筑

图 3-29　宝石原石与宝石共存的戒指
（图片来源：《日本首饰设计》）

图 3-30　HRD 国际钻石首饰设计大赛 2005 年中国入围作品
（此大赛每两年组织一次，2005 年主题为"钻石奇趣"，共有来自世界各国的 49 件作品入围，其中有 8 件来自中国大陆。图中的作品为中国区 8 件入围作品之一）

图 3-31　Sanctuary of innocence
（图片来源：*Brilliance-Masterpieces from the American Jewelry Design Council*，材料使用 18K 金、珍珠等）

和大自然进行着对话与交流；有时它们由于体积的构造给人以巨大的视觉冲击力，让人们感受到自我的存在；有时单纯有序的形体单元被突然间打破秩序进行排列，设计者的目的是为了引起人们的关注；总之，这是一个张扬个性的时代，传统的以唯美为主的首饰造型形态已经不能满足新一代消费者，所以在首饰造型艺术中，让学生在进行首饰设计的同时，再回去画素描、画透视，进行写生绘画，让来自于不同专业的学生，互相交融，不断融合，这才是一个良好的开始！

就形体本身而言，抛去文化、抛去设计概念、抛去人性化的东西等，只留下自由自在的单纯的造型。这里我们尝试着归纳出一些造型设计的方法，除了这些常用的方法当然还有成千上万种与众不同的造型手法，希望读者吸纳、模拟、超越！

1. 体之上的体

在两个形体之间的关系中，体和体之间的组合有各种各样的形式。存在于体之上的体有时成为视觉中心，有时作为大体表面的装饰小体，有时在小小的空间中表现趣味环境，有时它的存在是为了在材质感觉上与大体形成鲜明对比。如图 3-29 中所示的系列戒指，大体与小体共同营造出一种哲学概念，未经加工的原石矿床与经过加工的光滑宝石共同构建起一种首饰氛围。

2. 体内的体（深度空间中的体）

体与体之间的另一种常见关系是"体内的体"。也就是存在于大体深度空间中的体。图 3-30 所示的这款青翠欲滴、令人赏心悦目的芦荟植物凝结着自然的生命力，似乎让人呼吸到清新淡雅的空气。从首饰造型的角度分析，这款艺术戒指属于"体内的体"。

图 3-31 所示的 Barbara Heinrich 的作品也使用了同样的造型手法，让人联想到大体内所包含的秘密。

3. 重复排列的体

图 3-32 所示的系列作品是首饰艺术家 2008 ~ 2009 年的两件胸针，作者用 18K 金锻造出的体单元重复排列，在凹陷处上珐琅，作品充满了自然气息。

4. 打破的体

一个完整的形体突然间被打破，可以引起人的关注，并加强首饰造型中的节奏与韵律。形体在被打破的同时往往增强了形体本身的吸引力，大胆的舍去才会强烈地彰显。罗丹的经典之作《断臂维纳斯》就是最好的例子，多少年来，人们对她倾注了无数的赞美和歌颂。这个雕塑家笔下完美的女性形象双臂残缺，后世的

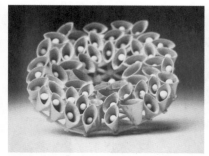

图 3-32 重复排列的体

（图片来源：*Art Meets Jewellery*，材料使用 18K 金、珐琅等）

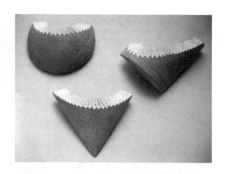

图 3-33 1988 年日本首饰展上参展
作品之一

（图片来源：《日本首饰设计》）

雕塑家用各种各样的方法企图修复其双臂，最后发现保持断臂才是最完美的状态。打破传统的造型思维，以不完美体现完美，在艺术造型中可以达到更高的境界。在打破的同时，还具备了一种内在的哲学精神。首饰造型设计中这种造型手法常常存在，如图3-33 所示。

5. 扭曲挤压的体

体的扭曲和挤压相对于面的扭曲更具备空间表现力。一个有立体容积感的体经过横向或纵向的扭曲拉伸或扭曲挤压，可以形成各种有机形体，通过向不同方向的扭曲弯曲同样可以形成变化多端的形体。这种造型手法在许多陶瓷艺术品中常常存在，将这种造型手法用于首饰艺术中同样可以取得令人惊羡的造型形态。图 3-34 ~ 图 3-36 所示的陶瓷和首饰艺术品都采用了扭曲挤压的造型手法。

图 3-34 陶瓷艺术品

（图片来源：*Contemporary Studio Porcelain*；
作者：Peter Lane）

6. 穿插交错的体

两个形体在穿插交错之间形成了它们之间相互的关系和内在

哲学精神。形体在空间中错落、穿插、跌宕、交递是形体存在的常见形式。在首饰造型设计中，单块几何形体的扭曲旋转不能表现一个完整的造型时，可以借助于两个或多个形体交错穿插的形式。图 3-37 所示的具有生命体的未来意识的首饰作品，就是采用了不同的"体"的交错穿插组成新的形体状态。

在图 3-38 所示的设计师 Alan Revere 的首饰艺术品中，都采用了同样的造型手法，穿插的形体在空间中自由地表达。

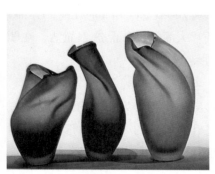

(a) 花器（Ovelle Vases）　　　　　(b) 雏灰花瓶（Neutral Grey Veer Vase）

图 3-35 扭曲挤压造型作品

［图片来源：《世界现代玻璃艺术》；作者：杰夫·戈德曼（Geff Goodman）］

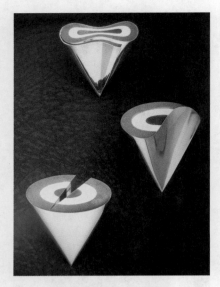

图 3-36 首饰艺术品

（图片来源：《日本首饰设计》）

图 3-37 不同的体交错穿插而成的首饰艺术品

（图片来源：*500 Necklace*；作者：Leslie Matthews，2005 年）

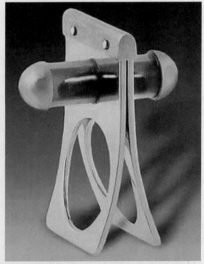

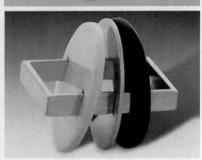

**图 3-38 采用多个形体穿插的造型
手法的首饰艺术品**

（图片来源：*Brilliance-Masterpieces from the
American Jewelry Design Council*；作者：Alan
Revere）

7. 叠加组合的体

叠加的面能够产生层叠的韵律感，而叠加组合的体有时不是为了追求韵律感，而更多的是为了表现不同形体在空间中的存在关系。甚至有的时候，设计师会巧妙地利用这种多个形体之间的关系，设计出可以拆卸、安装成不同造型的首饰，奇妙有趣。图 3-39 所示的戴俪尔"有魅力的男人"男用首饰展上的作品就充分体现了这一点。

此外，在形体的叠加组合过程中，不同的组合方式可以产生不同的形体状态，这也是首饰设计系列化的一个方法，有些形体在局部稍作变形改动，就能够产生系列化的首饰新形态。图 3-40 所示的系列化的戒指就体现了这一点。

8. 凹陷的体

图 3-41 所示的作品是 Jacques Vesery and Michael Lee 的作品，作品名称《来自一片天空下的两片大海》。作品造型简洁，在凹陷的体中贴 23K 金箔，营造出独特的意境美。

9. 透空的体

透空和镂空的区别在于：镂空适用于较为平面的单个形的概念，而透空则适用于具有空间感和容量感的三维立体形体。形体的透空让人感觉到空间的实虚变化，有实有虚，空灵幻化。透空的造型手法常常可以表现空间意境美。这种造型手法最早多用于雕塑，由于雕塑和首饰在造型艺术中的密切关系，首饰设计师在早期的雕塑基础课中也深深体会到透空手法所带来的无穷力量。

图 3-39　戴俪尔"有魅力的男人"男用首饰展上的首饰作品

（展览主办者：北京服装学院邹宁馨教授）

图 3-42 所示的作品采用了透空的手法，表现出了深度空间中的意境美。

10. 动感的体

从平面造型的角度看，不均衡的设计往往都具有动感。动感意味着发展、前进、运动等品质。平面视觉领域运用"渐变"的方法形成视觉上的空间变化，可以形成"动的构成"；而在三维空间领域中，这种"动的构成"在设计中通常依靠曲线以及形体在空间中的转动或移动而取得，还有的时候依靠不同部位形体力量的不平衡而产生运动的视觉感觉。一般来讲，动感的体属于时间概念上的造型形式，首饰以这种形式存在往往充满趣味性，设计在不同的音乐背景下存在的动感雕塑或动感首饰将是未来科技艺术无限交融的新体现。而在无时间存在的静态首饰中，设计师有时也会巧妙地运用那些由地心引力引发的重量感的不同而使自己的作品具有动的趋势，使设计作品更加灵活而生动。如图 3-43、图 3-44 所示的首饰作品，尽管是静态的，却让人感到了动的趋势，其中图 3-43 所示作品的作者 Alan Revere 作为美国珠宝设计师协会的主席曾这样说："不了解西方文化，就不懂现代设计，不了解东方文化就不懂设计，东

图 3-40　体的叠加产生系列化的首饰形态

（图片来源：*Sky Hall*；作者：Martin Gruber）

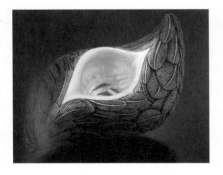

图 3-41　凹陷的体作品

（图片来源：*500 wood Bowls*；作者：Jacques Vesery and Michael Lee）

图 3-42　充满意境的首饰艺术品

（图片来源：*The American Craft Show*，2007Ameri Cancraft Council）

图 3-43 娱乐味十足的骑马旅行戒

（图片来源：*Brilliance-Masterpieces from the American Jewelry Design Council*；作者：Alan Revere，1997 年）

图 3-44 作品《弯曲》

（图片来源：*Brilliance-Masterpieces from the American Jewelry Design Council*；作者：Susan Helmich，1997 年）

方文化是拯救现代设计的唯一路径。"作为 2007 年曾经最为流行的"动感"首饰，东西方设计师感悟流行方式不同，中国传统哲学讲究内敛，即赋予静态设计以飘逸的感觉，使观者通过想象

感受动态内涵，而西方设计师则常将"动感"用实体的活动结构来实现。图中这款 Alan Revere 1997 年早期的作品就是使用了西方设计师常用的"用实体的活动结构"表现设计内涵的方法。

第三节 源自自然，体味设计

一、自然界的材质——首饰设计的源泉

材料的世界是丰富多彩的，人类始初，我们的祖先就对自然界的各种材料有着原始的热爱。这种潜在的引力使得首饰和整个人类一样年长。今天的我们在一些古老的图片上可以看到许多古朴的、韵味十足的项链，最早的首饰始于旧时器时代，这一时期首饰的材料大多是一些动物的牙齿、贝壳、化石、卵石以及鱼类的脊骨等。它们造型古朴自然，充满原始的风韵。可见人类天生就有将周围材料为我所用的潜能，正是这种智慧的潜能丰富了设计的内容。除了上述常用的首饰设计的基础材料之外，自然界中凡是我们的眼睛能够看到的所有材料，甚至我们生活中吃的东西都可以用来设计首饰。这里，我们将这些自然界中所有的材质统称为多维材质。

从多维材质的角度出发，材料有软有硬，有不同的质感、不同的制作方法，在设计的时候怎样将这些不同材料很好地结合为设计服务是至关重要的。我们可从一些范例中去感受多维材质综合运用的设计技巧和手法。

1. 玻璃、陶瓷、景泰蓝等材质与金属材质

从广义的陶瓷概念看，玻璃应该是陶瓷的一种，而景泰蓝所用釉料的成分也属于陶瓷材料的组成部分——硅酸盐类。所以，从一定角度上看，玻璃、陶瓷、景泰蓝这三类材料具有很大的互通性。

被称为"玻璃材料的摇篮"的美索不达米亚曾经是世界上最早使用玻璃的地区，而古埃及令人惊叹的玻璃仿制技术正是在此基础上发明的。从当时的玻璃材料看，那时的玻璃主要用来仿制月光石、天青石、玛瑙等天然宝石，它镶嵌点缀于金属之间，像一幅幅漂亮的彩色玻璃窗。从那时起，玻璃似乎就已经和贵金属结下了不解之缘。尽管公元前 3 世纪的罗马人在鼓励生产大量玻

璃制品的强制压力下使得窑制玻璃艺术贬值并加速灭亡，但窑制玻璃艺术在跨越了 2000 年的空白后，于 19 世纪末 20 世纪初再次复兴并得到进一步发展。今天，玻璃已经不再单纯是贵金属的从属品，而真正成为有独立价值的艺术品。但是，在精品首饰行业中，首饰设计师仍然习惯性地将玻璃材质与其他首饰材料尤其是贵金属混用进行千姿百态的设计，这一做法不仅是对远古时期先人宝贵财富的继承，同时也是因为多种材料的综合运用所带来的不同的视觉效果和感受。

　　玻璃是一种奇特的材质，一种介于水和晶体之间的坚硬的透明物质，是一种无机液体聚合物，在一定的温度下，能被拉伸、灌注和撞击。另外，还能被锯、钻孔、切片、蚀刻、研磨、破裂甚至被压成粉末。当熔化的时候，新玻璃能被加在任何地方，并将融合成艳丽的色彩，甚至当冷却或变硬的过程中，切过的裂口都会自动愈合。如此让人陶醉的材质与我们首饰制作中常用的金属材料混合设计，能够产生独有的艺术感。金属的光泽，加上玻璃特殊的质感，虽坚硬却有着温柔的感性美。图 3-45 所示的作品展示了两种材质的对比所产生的震撼效果。

　　陶瓷是陶器和瓷器的总称。传统的陶瓷是以黏土、长石、石英等为天然材料，经粉碎、成型、烧结工艺而成。而玻璃则是以石英砂、长石、石灰石、纯碱等为主要原料，加入一些金属氧化物等经高温熔化成型的。陶瓷艺术在公元前 2000 年前就已经很完善了，它的发展早于玻璃艺术并曾对玻璃艺术产生过很大的影响。目前，陶瓷首饰以其独有的东方韵味早已风靡全球，而作为陶瓷故乡的我国，陶瓷首饰才刚刚起步并拥有着广阔的空间。在我国，当各种材质的首饰装点着琳琅满目的市场时，却看不到多少最具中国特色、最古老的陶瓷首饰。

　　在我国已有 600 多年历史的景泰蓝是我国的三大工艺品之一，珐琅釉料在成分上与陶瓷釉料极其相似，历史、文化、艺术与传统工艺结合在一起，使景泰蓝饰品古朴典雅、精美华贵，强力的民族文化内涵赋予了珐琅首饰与众不同的感觉。把烧制好的景泰蓝像宝石一样镶嵌起来，无比精致与典雅，适合表现比较精细的自然风景、人物形象。

　　无论是陶瓷首饰还是珐琅首饰，从材质的角度上看它们都具有丰富流动的色彩，其中的颜色釉可以分为高温色釉和低温色釉。高温色釉有 60 种以上，低温色釉有 30 种以上，这些流动的色彩可以很好地表现首饰艺术的韵味。图 3-46 所示的这款日本首饰设计师小野纯子的作品，就是将釉料与金属材质很好地结合在一

(a) 日本首饰设计师的作品

(b) 天空的标志——月亮（这是一款玻璃艺术品，从作品中可以看出玻璃材质特别适合于表现宏观的自然物象。图片来源：*Glass Art In Japan* 90-91 年鉴）

图 3-45　材质对比作品

起，并取得了非常优雅的装饰效果。

　　2. 木质材料与金属材质

　　首饰中使用的木材一般是一些贵重木材，如乌木、桃木等。名贵木材质地坚硬，生长缓慢，长期以来，一直是首饰设计师所青睐的材质。长期存放的乌木色泽暗哑，可以放在油脂中浸泡几天，使其变得很黑，色泽油亮。与贵金属一起使用能够产生质朴的设计风格。乌黑的木质与银亮的白银相配，风格简洁、质朴、前卫，与金色的黄金相配，华丽

图 3-46　珐琅首饰艺术品

（图片来源：《日本首饰设计》）

图 3-47　漂流

（图片来源：*500 Earrings*；设计者：Josee Desjardins，2006 年；材料与工艺：Stering silver.Driftwood.Hand fab-ricated）

图 3-48　舞者

（图片来源：*500 Earrings*；设计者：Hratch Babikian，2003 年）

大气。

　　木材之所以从古到今都能够得到人们的青睐，主要是因为它优秀的环保功能。作为一种可再生资源，木材被砍伐后，可以通过重新植树造林补充资源，不像金属、塑料等不可再生，只可二次回收使用。所以充足的木材资源可以为首饰设计带来更广阔的空间。人们佩戴木材制作的首饰，会产生温暖而回归心灵的亲切感，据说这是因为木材生长轮间的分布呈现出一种天然波动，这种波动和人的心脏的跳动的节奏相似，人们看到木材就会油然而生亲切安静的感觉。木材还可以吸收紫外线，减轻紫外线对人的伤害。如此优良的材料和贵金属一起制作首饰更加具备了人性化的关怀。

　　此外，木材具有较强的弹性、强度等，加工性能优良，对其进行锯、刨、切、铣、打孔、雕刻等可以创造出设计所需要的材料。按照设计所需要的纹理方向对木材进行切削，利用木材较好的黏弹性能，可以很好地将木材和贵金属相结合。另外，木材有一些天然的缺陷：如节子、斜纹、心边材差异、变色等。利用这些缺陷，可以彰显设计中的自然、古朴、粗糙的一面。尤其是将这种粗糙的质感与贵金属绚丽的表面结合。图 3-47 所示的艺术耳饰就是利用了木材粗朴的一面和较强的黏弹性能，将其与光滑闪亮的银金属结合在一起使用，求得材质的对比效果的同时，让佩戴者倍感亲切。

　　木材的上色可以通过掺了水、油或其他媒介的着色剂来完成。此外，木纹的颜色可以通过漂白来变浅。也可以用油漆着色，或者保留天然木色。那么，木材与贵金属如何很好地结合呢？除了图 3-47 中将木材粘贴在金属表面的做法外，当然还有很多种方法。如用金属制成有空间的不同造型的盒子，将木材插入粘贴其中，或者用铆接的方式将两种材质结合等。而传统的家具木材的加工方式也可以给我们启发，如三角块、木钉、楔形榫头、斜接面、榫眼和凸榫等。这里不一一介绍。图 3-48 所示的艺术首饰就是采用了木材的常用加工黏合方式，使用美国进口的 GS 胶水将搭环上的金属针头插入钻好孔的乌木中黏合。

　　图 3-49 所示的艺术首饰作品，使用了木材、银金属、绘画手法与铆接工艺一起制作。艺术家在二维空间中巧妙地创造出作品的纵深感觉，营造出引人遐想、独具韵味的艺术氛围。

3．革材料与金属材质

　　在最古老的远古时期，皮革就被先人们作为防身蔽体的首要材料，那时候，能够捕获野兽穿戴兽皮是人们勇敢威猛的标志。

作为远古人身份地位象征的动物皮革同时也是最早的人体装饰的体现，据说这种装饰行为源于人类天生所具有的某种虚荣心。而皮革也是现在的首饰设计师经常采用的材料之一。各种色彩质地纹理的天然皮革或代用革被首饰设计师用来和金属等其他材料一起使用，或粗犷质朴，或玲珑精致，或时尚现代，都体现出不同的设计诠释。

随着现代科技的发展，人们对新型皮革的研制开发和利用都有了更加广阔的空间。除天然皮革：牛皮、羊皮、猪皮、杂皮、修面革外，各种再生革、人造革、合成革、PU革等充斥着皮革市场，丰富了皮革的种类。此外，一些新型技术也被应用到皮革行业中来，如皮革植绒技术和皮革印染新技术等。

在首饰行业中，一些具有特殊效果的皮革材质也深受设计师喜爱。甚至一些优秀的首饰设计师会根据自己的设计需要对皮革和金属进行表面处理后再来使用。

图3-50所示的这款风格独特的皮革艺术首饰也可以说是纤维艺术品，用皮革材质制成，时尚感韵味十足。

此外，将皮革和贵金属结合在一起的方法也有很多种，如粘贴、铆接、钻孔穿接等，在制作程序中，贵金属的焊接部分要在制作早期完成。

4. 烤漆类材质与金属材质

据考证，中国是世界上最早发明和使用漆艺的国家。漆艺也是我们中华民族的宝贵财富。在古代，上至皇宫殿堂的云龙屏风，下至百姓家中的门窗桌凳，漆艺随处可见。唐宋时期，中国漆艺开始传入日本。在首饰行业，目前已有一些厂家用烤漆与金属合金结合制作首饰，但大部分作为出口。漆艺作为一门高雅的艺术与贵金属结合，可以设计制作出非常高档雅致的艺术首饰。因为就漆本身而言，它要比陶瓷、玻璃等高雅得多。

烤漆与金属结合的首饰类似于早期的金属胎漆器的制法，工艺相对简单。首先将金属表面去油除锈，酸洗干净后用清水冲洗，之后用氢氧化钠去油污，再次冲洗。冲洗干净的金属表面较光滑，要用400#左右的砂纸将其打磨粗糙，刷上生漆放入高温窑中加温至130～170℃，在这1～2个小时的过程中逐渐升温，以使漆和金属能够很好地结合。之后进行打磨，刷上黑推光漆2～3遍，最后用1000～2000#的水砂纸将其打磨细，然后就可以用来装饰了。烤漆首饰本身就属于金属胎漆器装饰的一种。当然漆器除了金属胎外，还有陶胎、麻胎、皮胎等，其实这些不同的胎质漆器都可以用来制作精美的首饰，如图3-51所示。

图 3-49　Nora

（图片来源：*21st Century Jewelry–500 Series*；设计者：Maria Valdma，2003年；材料与工艺：Wood.photocopy.silver,painted）

图 3-50　皮革艺术品

（图片来源：*The American Craft Council*，2007年）

5. 塑料树脂类材料

塑料树脂类材料制作的首饰因其色彩丰富、时尚感强，非常受年轻消费者的欢迎。近年来，在艺术首饰的创作中使用越来越频繁，图3-52所示的首饰既可以作为吊坠也可以作为戒指，艺术家选用塑料瓶、塑料片与925银综合运用，设计出时尚浪漫的首饰作品。

图3-53所示为欧洲橱窗中的商业首饰作品，彩色塑料管与

（a）古代漆器，现存于北京　　　（b）现代扬州漆器
　　　故宫

图 3-51　中国漆艺

半宝石相搭配，色彩选用 2003 年流行的高纯度、高明度的流行色系，作品时尚气息浓郁。

6.　其他纤维艺术类材料与金属材质

纤维艺术主要指借助棉、毛、丝、麻和化纤等软性纤维材料，应用织、结、缠、绣等工艺手段创作完成的美术作品。这样的材料和工艺与贵金属材料一起制作精美的首饰能够扩展首饰设计的创意空间。

广义的纤维材料的范围极其广泛，甚至除传统材料外，现代纤维艺术家在进行艺术创作时，为了标新立异，独辟蹊径，也常常不拘一格地采用一些"新型"材料，如羽毛、电线、塑料树脂、纸张、海绵、橡胶、木板、竹片、铁丝网等，这些扩展概念上的新型纤维艺术材质给了首饰设计很大的启发和表现空间。同时，传统的制作纤维艺术的手段也可以运用到首饰设计中来，例如用贵金属扎架子，在其上用软质纤维质材料包缠，或者在贵金属表面钻眼，用软质纤维材料打结穿眼装饰，抑或是在编好的纤维艺术表面装饰贵金属或宝石等，图 3-54 所示的作品是 2007 年上海展览馆展出的瑞典银器展上的作品，这个采用新型纤维艺术材料和贵金属银材质手工制作的艺术品充满了空间感。制作手法就是采用了纤维艺术制作中惯用的手法，在贵金属表面钻眼，用纤维材料电线打结穿眼装饰。

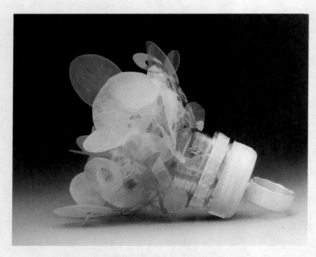

图 3-52　Changeability#1（Pendent/Ring）

（图片来源：*21st Century Jewelry-500 Series*；设计者：Liaung chung yen，2007 年；材料与工艺：Plastic bottle and cap.Plastic sheet.Sterling silver;cut,fabricated）

此外，很多其他的纤维材料与贵金属材料结合也可以产生不同的视觉感受。如动物羽毛本身也属于新型纤维材料的一种，它有一种自由轻盈、原始而回归自然的感觉，这种感觉与金属的坚硬感形成强烈对比。两种材质的混用设计，本身就可以产生现代感。由于羽毛较为廉价，所以用羽毛设计的首饰大多被划到时装首饰的行列，与时装的整体着装效果搭配。而在精品首饰设计中，如何较好地利用少量的羽毛与贵金属相配提升产品的档次非常重要。有的材料看似廉价，但经过设计师的设计策划，也可以产生高品位的

图 3-53　塑料制成的首饰

感觉。这种高品位的感觉除了来自于产品的造型手法，更主要的还来自于产品本身的文化内涵。图 3-55 所示的是一位日本首饰设计师的作品，作品采用简洁的造型，羽毛与金属材质的对比，创造出新鲜舒适的感觉。

用纸材质制作首饰也是许多设计师所深深喜爱的，这也许是来自于对儿童时期折纸游戏美好往事的怀念。图 3-56、图 3-57 所示的采用纸与金属材质混合制作的耳饰时尚而充满趣味性。

我国曾经是丝绸古国。丝绸之路，是指以西安为起点，经甘肃、新疆，到中亚、西亚，并联结地中海各国的陆上通道。在中国大西北的这条举世闻名的丝绸之路上，中国的丝织品曾经源源不断地运往西欧各国，这条历史上横贯欧亚大陆的贸易交通线，促进了欧亚非各国和中国的文化交流。中国是丝绸的故乡，用丝线与金属制作首饰凝结着东西方设计者的东方情怀。金属为骨架，丝线的空灵连接着首饰结构的外围空间，诠释着我国古代劳动人民的勤劳智慧，用现代造型手法与具有民族标志感的丝材质结合，穿越时空，质朴前卫，古韵悠悠。图 3-58 所示的这对造型简洁的耳饰，设计者 Rudee Tancharoen 采用了白金与丝线为主要材质表现具有东方民族韵味的现代感。

图 3-59 所示的作品是一款优雅的胸针，作品名称《和平》，设计师采用常用元素橄榄枝与和平鸽表现和平主题，材料却巧妙地运用蛋壳、925 银、木材、塑料等综合材料结合运用，制作工艺精良，视觉感觉优雅而充满情趣。

在精品首饰设计中，材质的世界如此丰富多彩，像七彩旋转的万花筒，所有我们眼睛能够看到的材料都可以用来制作首饰。树脂塑料、橡胶、绢花甚至我们生活中吃的东西都在首饰设计的

图 3-54　瑞典银器展参展作品之一
（图片来源：编者拍摄于上海展览馆，
2007 年）

图 3-55　具有未来主义感的首饰艺术品
（图片来源：《日本首饰设计》）

图 3-56　作品《粉红色的纸幻想》
（图片来源：500 Earrings；作者：Elizabeth
Class Celtman）

选材范围之中。深厚的文化素养，优秀的审美意识，对空间造型及色彩搭配的把握力，对多维材质的敏锐触觉以及首饰设计师独有的个性，完美的创新意识和现代意识，共同搭建起四维空间中的首饰氛围。

图 3-57　作品《无题》
（图片来源：500 Earrings；作者：
Hu Jun）

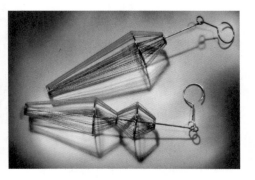

图 3-58　空灵的耳饰艺术品
（图片来源：500 Earrings）

图 3-59　胸针《和平》（Peace）

（图片来源：*21st Century Jewelry-500Series*；设计者：Marcia A.Macdonald,2003年；材料与工艺：Sterling silver,eggshell,wood,paint,thermoplastic）

二、自然肌理的模拟与创造性设计——方寸首饰之上的立体浮雕美

如果我们把材质看作是材料内在的本质属性所呈现出的外观状态的话，那么肌理则是由人类的造型行为所造成的表面效果。材料质地的美是内在的、本质的、深邃的，而肌理的美则是外在的、意匠的、表面的，让人充满想象的。

1. 肌理的含义，分类及特点

什么是肌理？肌理就是自然界中偶然形成的或者动物（包含人类）在自然界中活动所形成的纹理质感状态。从肌理形成的原因可以将其分为自然肌理和人造肌理两种，而从肌理作用于人的感觉的方式又可以将其分为视觉肌理和触觉肌理。

自然肌理是自然界固有或偶然形成的纹理。肌理常常无处不在，如一棵千年古树就存在许多肌理——树皮肌理、树干横截面纹理、树叶叶脉纹理等。这给了设计师取之不尽的灵感来源，同时，首饰设计师也要善于发现。

肌理也可以说是造型的细部处理。从这个角度上看，人造肌理是依附于首饰内在造型的外观存在。它的存在可以丰富立体形态的表情，增强形态的立体感。无论是微观、宏观的自然肌理，还是偶然或刻意的人造肌理都能给我们无限的取之不尽的设计源泉。

肌理作用于人的感觉，有时以视觉的形式，有时以触觉的形式。从飞机上看楼群，楼群就变成了一种宏观肌理的形式存在，远眺茫茫麦田，另一种肌理又呈现在我们面前，这些都属于视觉肌理的形式。而触觉肌理则是由不同材料的表面组织构造所引起的触觉质感。在首饰设计中，这种触觉质感往往是设计师刻意制造出的表面形式。

2. 首饰造型中的肌理存在形式

在精品首饰造型中，金属表面的肌理效果可以通过多种方式来表达。在金属底部垫胶后用各种金属錾子敲出纹理，在金属表面焊接金属球或几何形，将金属通过压片机压延成薄薄的金属片后随机制作出表面效果，或者以双色金属表达自由的图案，如将黄金焊接在底层的白银上形成纹理等。这些都是精品首饰设计制作中常用的手法。采用怎样的制作方法取决于设计者的设计意图及其想要表达的材质表面效果。有时候，作出肌理是为了丰富简洁的设计，有时候是为了表达主题，还有的时候则是想要表现光滑与粗糙的视觉对比等，如图 3-60～图 3-65 所示。

3. 肌理再构——首饰材料的表面物理处理

《形态构成学》中说，任何造型活动都依赖于材料。在首饰产品的制作过程中，材料经历了最初的原始状态向设计状态转变。在这个过程中，转化的方法就是技术。对于材料内在质地的制作

图 3-60　Untitled，人造肌理——为丰富简洁的造型设计效果而存在的肌理

（图片来源：*500 Earrings*；设计者：Giovanni Corvaga）

图 3-61　人造肌理——为表达主题而存在的肌理

（图片来源：*Schmuck Jewellery Gerd Rothmann*；设计者：Seo Yoon Nam）

图 3-62　自然肌理——模拟自然的肌
理效果

（图片来源：*Schmuck Jewellery Gerd
Rothmann*）

图 3-63　自然肌理——模拟自然
的叶形肌理

（图片来源：*500 Earrings*；作者：
Catherine Hylands；材料与工艺：使用银、
黄金两种材料模拟自然肌理效果，底层银
金属上面焊接 18K 黄金，包镶钻石。）

图 3-64　人造肌理——利用黄金的
优秀延展性能

（图片来源：*Schmuck Jewellery Gerd
Rothmann*；材料与工艺：将金箔像揉纸一样
随意打皱的人造肌理效果，为平凡的戒圈增
加特色）

图 3-65　人造肌理——模拟书写的
肌理效果

（图片来源：*500 Earrings*；设计者：Ingeborg
Vandamme；材料与工艺：在紫铜表面錾出英
文字母，之后打磨表层）

技术不同于材料的表面肌理制作，尽管有时候它们没有很清晰的
界限。根据材料的不同，首饰材料的表面物理处理方法可以分为
两大类，一是金属材料的表面物理处理；二是其他非金属材料的
表面物理处理。

（1）金属材料的表面物理处理

表面处理 1 "改形"——硬质金属材料通过扭曲、挤压等表
现软的感觉或利用各种钢錾敲出各种表面肌理。

表面处理 2 "叠加"——硬质金属材料表面镶嵌、焊接或粘
贴其他材料。

表面处理 3 "铸造"——利用首饰蜡雕和铸造技术制造硬质
金属材料的表面肌理。

表面处理 4 "编织"——将软材质的制作方法用硬材质表现，
创造表面肌理效果。

当然，除了以上四种处理方法外，还有许多种方法。

（2）其他非金属材料的表面物理处理

表面处理 1——纤维材料表面的面料再造（皱褶、画染等）。

表面处理 2——软材料的表面 "加法" 处理（缝缀等）。

表面处理 3——软材料的表面 "减法" 处理（抽丝等）。

表面处理 4——木质材料的表面雕刻处理。

当然，除了以上四种处理方
法外，也还有许多种方法，在此
不一一讲解。

**4. 肌理再构——首饰材
料的表面化学处理**

一般来讲，首饰表面的化学
处理可以分为两种：第一种，表
面镀层加东西，如在金属表面镀

金、镀银；第二种，表面腐蚀减东西，如将一块金属放在化学腐蚀溶液中进行腐蚀，可以创造出特别的效果。有时候，首饰设计师还会故意利用腐蚀方法将金属不想被腐蚀的部位利用防腐蚀材料遮盖住，以创造出特殊的表面图案效果。

第四节 源自生活和文化的启迪——首饰设计中的趣味性及文化内蕴

《圣经》中说："是我用云彩当海的衣服，用幽暗当包裹它的布……"又说："我若能说万人的方言，并会天使的话语，却没有爱，我就成了鸣的锣，响的钹一般……"罗丹说："生活中不是缺少美，而是缺少一双善于发现美的眼睛。"运用自然界中的可利用之物，加上宽广的爱和艺术家好奇的眼睛，留心观察环顾我们生活中的点点滴滴，体会深厚文化背景下的理念内涵，都能够为我们的设计打开更宽广的视野。

爱因斯坦理论中记载："我们生存的空间是一个四维的时空连续体。"正是这个科学有效的理论将时间的独立性剥夺。而生活就是由流逝的时空概念中的点点滴滴组成，文化则是由在时空中凝结的人类活动的痕迹及文明的进程所解释。在精品首饰设计中，积累对于生活的感悟和趣味性体会，并加深对于文化的理解，可以无限扩展设计概念的来源。

图 3-66 所示的这张一家祖孙四代的照片正是设计者对于生命血脉相连的体会。设计者认为肚脐是人们传宗接代的纽带，这正是该款时尚艺术首饰的设计内涵。设计师对于生活的情感体会都凝结在作品之中。

首饰设计中有很多可以重构的灵感来源。图 3-67 所示的设计来自于一个中国学生陆盛青的趣味性实验，这些生活中平淡无奇的勺子经过设计重构，能够带给人们不同的视觉造型效果与感受。我们一起来看一下设计者的最初造型尝试和不同趣味效果。

图 3-68 所示的作品是一系列带有生活情趣的首饰作品，设计者将其对于生活中的花花草草的细心观察用首饰记录下来，作品

图 3-66 英国伯明翰大学学生作品

（图片来源：2005 年北京师范大学美术学院伯明翰大学教授的讲座）

图 3-67　勺子的故事

（设计者：陆咸青，上海复旦大学视觉艺术学院首饰专业学生；指导老师：张晓燕）

图 3-68　带有生活情趣的首饰

再现了带有情趣的花花草草长出来的生活情景。

源头之水源远流长，灵感之火才会生生不息。如果有一种情感让你难以割舍，有一种眷恋让你念念不忘的话，那就是我们中华民族融于血脉中的民族文化。首饰设计必须扎根于民族文化的土壤里，才能在国际文化交流与技术的进步中搭建起自身的价值体系，体现出自己的民族特色。

由于我国的首饰设计与制作专业相对于西方起步较晚，我们还没有来得及发展自己的东西，就已经被铺天盖地的西方意识形态所侵蚀，我们开放地接受着西方的现代造型手法、自然形态模拟技巧、材质处理技术的同时，甚至接受着欧美的文化。一位对中国工艺美术历史有着浓厚兴趣的意大利女孩曾经在《中国宝石》中挥笔写下一篇佳作《断代的历史，迷人的文化》。她说："中国的首饰，我们习惯把它当作一件工艺品来看，可是就缺少了我们希望看到的东方味道……"是啊，中国的首饰太缺少自己的特点和文化归属感。而首饰设计只有扎根于民族文化的土壤里，才能真正找到古典与现代相结合的立脚点，东方味道才会凝结其中。

在我国，商业首饰气氛过于浓重，以至于丢失了首饰的艺术感。大部分首饰企业以追求利润为目的，并不真正懂得民族与现代的结合手法。"民族"的首饰过于流俗，缺少现代气质；现代的首饰完全西化，没有民族韵味。原因很简单，大部分的首饰设计师缺少浓厚的文化素养和对现代首饰设计手法的把握力。相信随着我国各院校首饰设计专业的建立和人才的培养，这种现象会有所改观。

中国的民间艺术，是一种十分独特的文化现象，在这种文化现象的背后，凝结着中国自古独有的哲学道德、观念形态、文化意识。中国的多部落、多民族的文化融合，东方文化的起源说女娲伏羲的故事，中国的陶土文化，道家天人合一的思想等，以及图腾面具、漆器、青铜器、帛画、砖雕石刻、剪纸刺绣、皮影瓷绘、木版年画等民间艺术，这些宝贵的财富将随着历史的发展更加丰富。而且，时至今天，许多艺术形式已经从早期原始的本源艺术发展到庶民阶层最后发展至非民间的上层社会，与此同时，早期的民俗在发展中也伴随着阳春白雪的高雅，民族的本就是高雅的，本就是现代的。有人曾经将东方文化称为"泥土文化"，正是这土里土气的泥土味道浓缩着中国文化的精华。在此基础上研究有中国味道的首饰设计，现代首饰造型艺术才会被赋予民族韵味。

第五节　首饰设计的抽象化语言

当我看到天空中飘荡的白云时，我会问你那是什么，你会告诉我，那是一朵"云"。这个过程描述了观者看到白云时的识别过程，白云是美的，但对于设计来说，需要给美丽的"白云"加上神秘的"面纱"。而创意就在这里！将直接的设计语言抽象化，使观者在解读的过程中思考想象才可以读解，使不同的观者解读的过程结果不同，这就是抽象化带来的力量。抽象的形态可以带给我们无限的遐想空间，抽象的形本身就可以产生无可比拟的现代感。在现代首饰的设计发展中，抽象化已经成为未来首饰设计表现的一个趋势。

那么，怎样使首饰设计的语言抽象化呢？长期从事纯艺术领域工作的写实派画家们进行首饰设计时常常有这样的苦闷，因为我们看到一些人像画画一样地做首饰。然而，尽管设计与写实绘画之间有着千丝万缕的联系，但设计毕竟不同于写实绘画，将对于自然物象的感觉概括提炼，简化成读者可以理解的符号的过程需要设计者的抽象思维。而抽象化思维实际上是一种哲学思维，它符合自然辩证法中的"实即是空，空即是实"的概念。抽象的首饰艺术品往往实虚相间，造型充满意境和遐想的空间。

按照设计对象存在的内外统一的哲学原理，我们可以把首饰设计的抽象化方法归纳为两类：一是概念设计内涵的抽象化，二是外在空间造型形式设计的抽象化。

一、概念设计内涵的抽象化

首饰的内在概念的抽象化设计方法是一个设计者解读设计过程的技巧。在这个过程中，个体对象佩戴的首饰就成了观者和佩戴者之间地符号媒体。在数理的逻辑中，当 A 可以直接推出 A 时，观者可以直白地读懂佩戴者的首饰符号所要表达的内涵，观者不会感觉该首饰的神秘和耐人寻味，信息变得简洁而不生动，呆板而缺少趣味性，同时，还会感到佩戴者庸俗缺少个性的审美意识。当 A 推出 B，B 又反映 A 时，观者能够感觉到首饰的一点点趣味性，信息变得灵活。当 A 推出 B，B 推出 C，C 又推出 D 时，信息的逻辑化增强，观者感觉到一些美的节奏和严谨的气氛，佩戴者同时给人理性逻辑有责任感的味道。当观者看到 A 时，既可以想到 B，又可以想到 C，还可以想到 D、E、F、G、H、I 等时，不同的观者在不同的空间和时间环境中，看到该首饰时的理解感受不同，信息变得活跃生动而有趣味性，观者由此感受到佩戴者与众不同的审美情趣和个人魅力。

图 3-69 所示的作品就是一件抽象而引人遐想的佳作。在设计者 Alan 的想象空间中，这是一款浪漫有趣味的戒指，清晨植物的叶子在风中摇摆的感觉用黄金的质感来表现，设计者惬意恬淡的心情笼罩在作品之中。初次看到这款作品，并不是所有的人都能够读懂设计者的心，有人也许会想象这是海上的一抹迎风波浪，还有人会想到女人慵懒的腰随风招摇，这正是该作品的成功之处，用抽象的造型借助清风的吹拂表现设计者的内心情感。佩戴者也可以通过佩戴这款戒指向观者传递自己此时的心情。

二、外在空间造型形式设计的抽象化

1. 外在造型未经符号简化直接表达内在概念设计

这种设计方法在传统写实绘画和传统艺术设计中常常被使用，是一种首饰设计师将感兴趣的写生作品或摄影作品直接而未经提炼设计成首饰艺术品的方法。这种首饰作品往往造型逼真写实，栩栩如生，常常在工艺品中出现。在现代首饰设计中的表达效果往往"具象、优雅、传统、呆板、无趣、匠气"等。图 3-70 所示的这款在水中自由游弋的鱼儿尾巴的处理让人感受到水波的作用，造型的优雅由此而生，作品名称《潜水的鱼》，设计者 Diana Vincent 于 2000 年用铂金、黄金、钻石、蓝宝石制作而成。在设计过程中，作者仅在鱼儿尾部进行了些简化处理，作品复古

图 3-69　随风而动的戒指
（图片来源：*Brilliance-Masterpieces from the American Jewelry Design Council*）

图 3-70　潜水的鱼
（图片来源：*Brilliance-Masterpieces from the American Jewelry Design Council*）

优雅而传统。

图 3-71 所示的设计作品相对于上面的作品更加优雅而有生活趣味。外在造型介于具

图 3-71　仿生耳饰

（图片来源：*500 Earrings*）

图 3-72　造型各异的几何形戒指

（图片来源：*American Craft Show2007*）

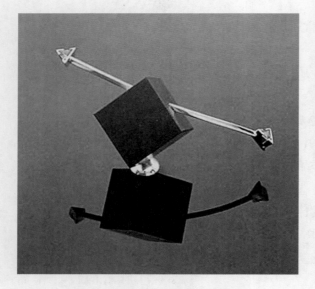

图 3-73　管状体穿过方体的首饰造型

（图片来源：*Brilliance-Masterpieces from the American Jewelry Design Council*）

象、抽象之间，某些局部将形体简化为抽象的几何形。

2．使用几何形简化表达内在概念设计

这种设计方法是将复杂的造型形态抽象成几何形状来表达内在概念设计的方法。在精品首饰造型艺术中，抽象化习惯于用简单的几何形体表现张扬的特征。一个优秀的首饰设计师可以轻松地抓住一个复杂的认知对象的显著特点并夸张地张扬它，省略其他不重要的特征，这便是首饰设计捕捉灵感时取舍的过程，最后再将这种取舍结果用简单的几何形体来概括表现，如球体、方体、圆柱体、圆锥体、管状体等。在这个过程中，一款造型简洁生动、特征鲜明的现代首饰艺术草图便诞生了，抽象化手法的价值正体现于此。这种方法的表达效果往往具有现代感、规律化、节奏感、韵律感、程式化等特征。图 3-72 所示的作品就是用几何形体表现的系列化戒指。

图 3-73 所示为首饰设计师 Cornelis Hollander 于 1996 年的作品《无题》，作者用简洁的几何形表达出设计的内涵，穿过方体的金属线管的存在目的是希望让人们感受到方体不是用硬质材质做的。

3．将形体抽象成意象形态表达内在概念设计

这种设计方法是首饰设计师利用对自然物象的感悟体会巧妙地表现设计意境及意图的方法。这类作品表达效果往往"抽象、有意境、有韵味"。古人有诗"飘春风，山紫水亦青"，这里作者所见的春光，不仅仅是山紫水青，但是他把所有的自然春色，都凝练在这句简短诗词中。读者可以由山紫水青出发，在春光这个特定的大范围内尽情想象，如山下的人家、水畔的牛群……就好似一幅水墨画，给你留下了足够的空白。这就是抽象的意境美给人留下的美好遐想。正如俳句艺术一样，抽象的意境形态所表现的首饰艺术简洁凝练、含蓄而富有余韵。再如古诗"雪中惜别人已远，木屐草履留痕深"亦是如此，字面上没有人物出现，也没有说明他们怎样话别，但此处无人胜有人，此处无声胜有声。"雪中"的"足痕"，足以令人感到他们是多么恋恋不舍，这些作者有意留下的省略，正是专门留给读者的想象空间。难怪铃木大拙曾经写道："感情达到最高潮时，人就会默不作声，因为任何语言都是不适当的……"首饰艺术的意境韵味就是设计师巧妙地借助抽象化语言间接表达的，如图3-74所示的作品《无题》是Sandy Baker于1997年设计的，作品的风车造型让人联想到童年的美好时光和逝去的记忆。设计者借助小时候折纸艺术里的风车元素表达对逝去的童真的怀念。作品充满意境和想象的空间。这里，风车造型就成了人们观赏首饰时解读的符号媒体，也是设计者所借载的用以给予观赏者想象空间的载体。

同样，图3-75所示Pascal Lacroix 2005年的作品 *Winds of Time* 则与其不同，同样表现时光，一个表现过去时光的美好，另一个则是用抽象的造型表现时光的速度像风一样转瞬即逝。

首饰设计的抽象艺术所带来的设计力量正是由设计者所借助的设计元素和设计者本人所决定的，从这个角度上看，首饰设计也可以说是一种活跃而有意义的思维游戏。承载于这个游戏之上的就是设计师的知识结构、深邃的思想、鲜明的个性特征和人物情感。图3-76所示的作品中设计师用颇具建筑感的抽象造型意象化的表现出设计师内心深处的孤独感。

图3-74　风车造型的首饰

（图片来源：*Brilliance–Masterpieces from the American Jewelry Design Council*）

图3-75　作品 *Winds of Time*

（图片来源：*Brilliance–Masterpieces from the American Jewelry Design Council*）

第六节　首饰设计中的流行元素及民族语言

一、首饰设计的流行元素

1. 首饰设计的色彩音符

在首饰设计领域中，人们常常用金属色、闪烁色等来形容首饰的色彩，这说明首饰的色彩是有光泽和感情的。人们在谈金属色时会想起金属的铿锵之声，谈宝石色时会想到宝石的珠光宝气。这些光泽和感情色彩都离不开光线。色彩学中说，物体的固有色彩是物体对光线的选择性吸收的结果。基于此，钻石的白色是因为当光线照射钻石时，钻石将所有的光都反射回人的眼睛中的结

图3-76　*Alone*

（图片来源：*21st Century Jewelry–500Series*；设计者：Yoko Shimizu，2002年；材料与工艺：Oxidized sterling silver,18K gole constructed）

果，当然，一颗切割不好的钻石也会出现漏光的现象。而红宝石的红色也正是因为红宝石将红色之外的所有色光都吸收，只将红色光反射回我们的眼睛。在色彩学中，人们常常把色彩分为：有彩色系和无彩色系。而在首饰设计的领域中，根据精品首饰设计中的特殊材质将首饰设计的色彩大致分为几大类：不同种类的金属色、不同种类闪烁的宝石色、不同种类木质的色彩、不同种类皮革的色彩、珐琅陶瓷色等。

其中，金属色包含铂金、白银等不同质感的银白色、黄金的金黄色、钛金属的银亮的白色及表面电镀氧化后的缤纷彩色系、不锈钢冰冷的白色和彩色不锈钢的丰富色彩，此外，还包括各种合金的不同色泽以及其他金属色等。闪烁的宝石色则包含钻石火彩的白色、红宝石的鸽血红色、蓝宝石天鹅绒般的矢车菊蓝色、祖母绿惹人爱的葱心绿色、紫水晶的紫罗兰色、欧泊的七彩色、玛瑙的熟褐色等，大部分宝石色纯度较高，色彩鲜艳透明。不同种类木质的色彩，包含首饰中常用的乌黑油亮的乌木色、暗红的桃木色等。不同种类皮革的色彩包括天然皮革较为单一的不同色彩和人造革丰富的仿皮质色彩等。珐琅陶瓷色有着极为丰富的色彩跨度，仅珐琅釉料就有许多种色彩，色彩之间又可以进行混合，根据烧制时间的不同色彩效

果也不同。除以上色彩外，还有许多材质的色彩被设计师喜爱。首饰设计师常常根据设计的需要选用不同材质的色彩，以取得不同的视觉效果。如最为常用的配色就是金属色与纯度较高的宝石色相配，鲜艳的珐琅图画用金属镶嵌，纯白的银色与黑亮的乌木色搭配等。

此外，首饰设计的色彩常常受流行等因素的影响。时装首饰的色彩受时尚潮流的影响，艺术首饰的色彩则受首饰艺术家本人设计制作意图及本土文化等诸多因素的影响。

2. 首饰设计的流行起图

在时尚领域中，首饰尤其是时装首饰的造型、色彩以及材质与时装的流行密切相关。与服装相配的时装首饰，从造型角度看，当服装流行繁琐复杂的风格时，首饰倾向于简洁经典；当服装流行简洁风格时，首饰倾向于复杂复古；当服装整体造型夸张、体积空间感较大时，首饰倾向于精致小巧或作为面料的装饰；同样，当服装造型轻柔飘逸时，首饰倾向于空灵动感。

从色彩角度看，国际流行色的预测流程目前首先从纺织纱线面料开始，推导至时装。所以纱线面料色彩的流行决定了服装色彩的流行，而时装首饰作为配饰，则是跟随服装的色彩的流行而流行，但流行节拍不像服装那么快速明显，因为它还受一些其他因素的影响。例如2002～2003年国内服装色彩流行高纯度、高明度时，当年的首饰饰品的流行报告中则写着："白色的立体浮雕感……彩色明亮的纯色饰品装饰……"在那时，纯白色及金色的饰品广受欢迎，这是因为桃红柳绿这些艳丽的色彩需要金属质感的金银色去协调整体配色。这里，金色、银色和黑、白色一样，起到了色彩协调的作用，如图3-77所示。

还有一些饰品则作为品牌公司的标志物永远流行存在，如夏奈尔的山茶花标志耳饰、菱形饰物装饰扣等，如图3-78所示。

从材质的角度看，饰品材质的流行也和服装面料的流行有着千丝万缕的联系，金银等金属质感的材料本身与纺织面料的质感不同，设计师已经习惯于在不同的材料质感之间留恋徘徊，以选取最能表现服装完整效果的材质。例如，2007年迪奥推出"中世纪的城堡"，一改前几年艳丽的色彩基调，色彩开始走灰，服装材料则变得轻柔细腻，与服装的灰色调和轻薄材料质地相配，白色珍珠因其特有的色泽成为当年最为流行的饰品首饰，如图3-79所示。

由于服装的流行一直以来是由国际上几个大牌服装公司操纵的，这些大牌服装公司大都拥有包括化妆品、香水、饰品在内的

图 3-77 2004 年迪奥的作品

（色彩继续 2003 年末的高纯度、高明度，配饰以纯色、金银色及无彩色为主）

图 3-79 2007 年迪奥高级时装"中世纪的城堡"专场作品

图 3-78 夏奈尔品牌惯用的山茶花耳饰

（这种山茶花品牌标志物在夏奈尔品牌服装中的出现频率和夏奈尔式链式及菱形格纹一样普遍）

二、首饰设计的民族语言

许多专门的生产线，配饰的流行在很大程度上也受大牌公司的主导。但与服装所不同的是，它的流行还受一个国家本时期内消费者的整体消费水平、消费意识及不同的个性化要求的影响，从这个角度上看，每个国家都有其不同的民族语言，首饰设计应该关注民族语言的个性化。

所谓民族语言，笼统地说，它是一个国家、民族在一定的文化历史背景中所形成的个性化符号特征。这种符号特征表现在文学、艺术、戏剧等各个领域，形

图 3-80 美国人的首饰
（图片来源：*A World of Earrings*）

成了有本土味道的各种风格，并随着时代的发展而向前发展。这种民族语言在首饰艺术中，随着世界文化艺术的不断交流融合正越来越失去自己的棱角，不再像早期的作品那样鲜明，于是人们开始提倡扎根于本土文化，只有"民族的东西才是现代的"，在这样的背景下，各民族又开始找寻自己的个性化特征。无论国际化怎样融合，那些融进民族血液中的民族品性永远都不会完全相同。从首饰艺术的角度看，各民族还是表现出了各自独有的艺术风范。

1. **美国人喜爱的民族首饰**

美国人的首饰色彩自由、热烈、奔放，造型富有立体感与空间感，追求强烈的视觉冲击力，作品往往极富表现力，灵活生动，代表着首饰艺术发展的主流方向，如图 3-80、图 3-81 所示。

2. **欧洲人喜爱的民族首饰**

欧洲人的首饰往往追求首饰设计师独特的设计理念，重视作品背后生动的内涵，设计作品或追求复古的优雅古典，或追求与时装相配的时尚现代意识，造型和色彩跟随时尚的脚步变化。此外，欧洲不同国家的首饰艺术又有各自的特点，如英国人的首饰风格较为严谨，法国人的首饰作品则浪漫时尚，如图 3-82、图 3-83 所示。

3. **日本人喜爱的民族首饰**

日本人的首饰（图 3-84）则在造型、色彩、材质方面都尽力做到极致，日本首饰设计师挖空心思的设计精神令人赞叹。他们常常借助简单的形式美法则表现首饰艺术品的形体关系、色彩对

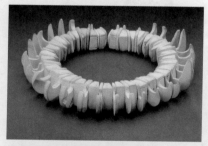

图 3-81 美国人的首饰
（图片来源：*A World of Necklaces*）

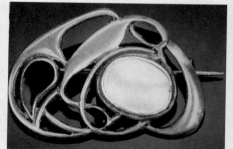

图 3-82 英国人的首饰
（图片来源：欧洲首饰类书籍）

图 3-83　法国人的首饰
（图片来源：欧洲首饰类书籍）

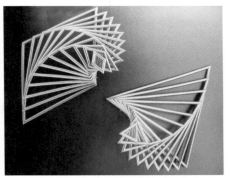

图 3-84　日本人的首饰
（图片来源：《日本首饰设计》）

图 3-85　非洲人的项饰
（图片来源：*A World of Necklaces*）

4.　非洲人喜爱的民族首饰

非洲人的首饰色彩多选用鲜艳的纯色和白色、金色，色彩明亮奔放，造型就像他们的雕塑，艺术造诣很高。这个很有艺术天分的民族，它的首饰作品也充满着浓郁的民族韵味和独有的特色，如图 3-85、图 3-86 所示。

5.　我国的少数民族首饰

我国是一个多民族国家，数千年来，我国少数民族与汉族一起创造了华夏文明。在这个过程中，也形成了独具特色的各少数民族的配饰。苗族、黎族、傣族、藏族等都形成了自己民族独具特色的首饰。其中，尤以苗族人的银饰最具特色，银饰可以说是苗族人的魂。从早期苗族银饰产生时的巫术功能，到长期携带银饰的迁徙征战的千辛万苦，以及那些不分等级的原始平等的民族精神，苗族银饰都见证了这个苦难深重顽强不屈的民族银饰背后的文化内涵。

苗族银饰制作工艺在我国所有民族首饰中堪称一流，种类繁多。包括银角、银帽、银发簪、银插针、银花梳、银耳环、银项圈、银压领、银胸牌、银手镯、银戒指、银背牌、银背吊、银腰带、银脚饰等，这些穿戴在苗族女子全身上下的首饰加起来有两三百斤重，它不仅给人一种写实的精雕细琢的美的感受，还是财富与力量的象征，更是民族精神的体现。

现代艺术学科各个方向之间

比、材质质感丰富，作品细腻有视觉美感，造型在二维和三维之间追求奇妙的变化，与美国人的首饰作品相比严谨很多。

图 3-86　非洲人的耳饰
（图片来源：*A World of Earring*）

的交流互动给了首饰设计更广泛的思维空间，各国首饰艺术不同的民族语言也不断交融，使得首饰艺术的造型等表现手法更加灵活生动，新的设计思维层出不穷，生长在不同民族土壤中的文化在赋予了首饰艺术个性化特征的同时，也使得各国、各民族的首饰在国际化、现代化的洪流中展现着不同的特色。在这样的大背景下，我国的首饰设计虽然起步较晚，但我们中华民族是个善于学习，善于借他人之长补己之短的民族，所以我们的发展速度迅速。对于新一代年轻的首饰设计师而言，只有吸取各国首饰艺术设计领域中的精髓，扎根于本民族深厚的文化土壤中，才能创造出有本土味道的兼具现代感的优秀首饰艺术品。

首饰艺术的绘图技法

课题名称： 首饰艺术的绘图技法

课题内容： 手工绘图技法

电脑绘图技法——Photoshop、Illustrator

电脑绘图技法——JewlleryCAD

课题时间： 12课时

训练目的： 通过学习首饰设计的手绘与电脑绘图技巧，使学生掌握
通过图纸表达首饰设计作品理念的方法。

教学要求： 掌握精品首饰设计的手绘基础。

掌握精品首饰设计的电脑绘图技巧。

根据国内外的首饰大赛历届获奖作品的讲解，指导学生
效果图的绘制与参赛。

第四章　首饰艺术的绘图技法

第一节　手工绘图技法

一、基本几何形体的造型基础与透视原理

1. 基本几何形体的造型基础

自然界中的所有物体都可以概括分解为几种几何形体：立方体、圆柱体、球体、圆锥体、不规则管状体等，把握这些形体的造型、光影色调及透视规律是画好首饰图的基础。图 4-1 所示为一张透视图，根据透视原理"近大远小、近实远虚"的规则，戒指的指环可以概括为空间中立方体的一个切面。

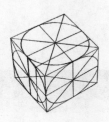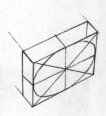

图 4-1　基本透视图的画法

2. 透视原理与三视图

"透视"一词来自拉丁文 perspicere，意为"透而视之"。其含义是通过透明的平面来观察、研究所透视图形的发生原理、变化规律和图形画法。而所描画的图形如实表现出空间距离和准确的立体感，这就是物体的透视图形。在研究透视规律时，必须在画者和被画景物之间竖立一个假想的透视平面，要研究的千变万化的景物透视图形都在这个透视的平面上，离开这个平面，透视图形就失去了落脚场所。

根据观者的观察位置，透视分为以下几种类型：画面平行于画者颜面，垂直于中视线，平视的画面垂直于地平面，俯仰时的画面倾斜于地平面，如图 4-2 所示；而正俯视、正仰视的画面则垂直于地平面，如图 4-3 所示。

根据上面的透视原理我们可以看到画面不同的透视状态，如图 4-4 所示。

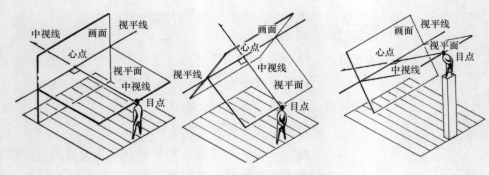

图 4-2　平视、斜仰视、斜俯视

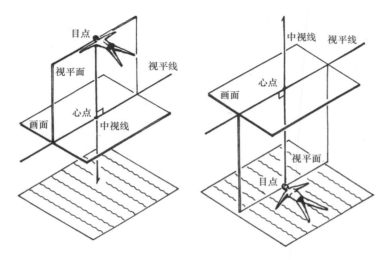

图 4-3　正俯视、正仰视

掌握以上透视原理，我们可以正确地利用手绘技巧表现形体的各个面与空间体积关系，一般而言，我们习惯于用"三视图"来表现一个首饰的形体，有时候根据需要还会选择四视图。所谓三视图指一个形体的"正视图、俯视图、侧视图"。其中正视图指当首饰平行于设计者颜面、垂直于中视线时，首饰垂直于地平面的状态，观者看到的是首饰正立面的效果；俯视图则是指观者从上面俯视看到的首饰顶部的造型形态；而侧视图则是首饰侧面的形态。图 4-5 所示的戒指就是使用了三视图的方法表达形体关系。三视图目前在商业首饰设计中使用频繁，它可以帮助设计师准确地表达首饰的结构尺寸与形体空间关系。

二、金属的造型与光影表现

1．金属的色彩质感表现

金属质地有其固有的特点，按照明暗五大调子，其亮面和暗面明度对比较大，高光比较鲜明，给金属上色也要遵循"明暗交界

(a) 平视

(b) 斜仰视

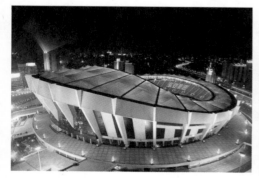

(c) 斜俯视

(d) 正俯视

(e) 正仰视

图 4-4　各种不同的透视状态

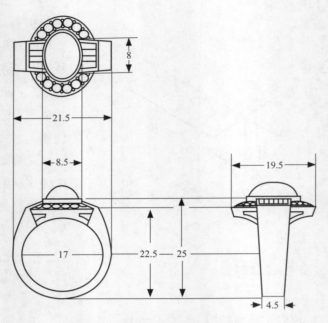

图 4-5 戒指的三视图表现（单位：mm）

线、反光、中间调子、亮部、高光"五大调子的原则。金属色彩质感的效果，如图4-6所示。

2. 金属肌理质感的表现

有时候，我们也需要表现金属板材表面的肌理效果，如图4-7所示。

图 4-6 金属色彩质感的表现

图 4-7 金属肌理质感的表现

三、宝石的造型与光影表现

宝石主要有素面与刻面之分。素面型又称弧面型或凸面型，指表面凸起，截面呈流线型，具有一定对称性的款式。而刻面型则又称翻面型、小面型，指外轮廓由若干组小平面围成的多面体型。此外，还有珠型、混合型、自由型等加工款式。其中，透明的宝石往往切割成刻面，而不透明的宝石则切割成素面。刻面宝石又可以分为简单圆形、标准圆形、简单与标准水滴形以及橄榄形、方形、三角形等，下面是一些刻面宝石各个侧面的结构图及光影表现。

1. 常见刻面宝石透视结构图表现

根据透视的不同，从不同角位看同一颗刻面宝石，宝石呈现出不同的形态。图4-8所示为绘出了几种刻面宝石的不同视角的结构图。

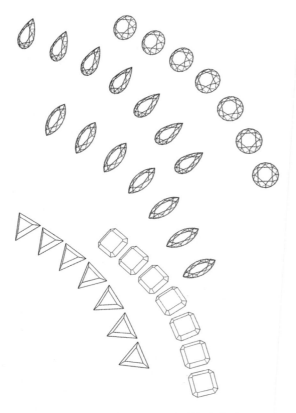

图 4-8　常见刻面宝石的结构图表现

2. 常见刻面宝石光影表现

因为光线的存在，宝石才会形成一定的光影变化。当光线从一个方向射向宝石表面时，宝石便形成该光线条件下的刻面光影变化。图 4-9 所示为光线从左上方射向宝石表面时形成的光影效果。

四、各种宝石镶口的造型与光影表现

将宝石镶嵌在金属台座上有很多种不同的镶嵌方法，常见的有爪镶、包镶、钉镶、轨道镶、混合镶等。以下是几种不同镶口的表现方法。

1. 爪镶

爪镶是历史悠久的一种镶嵌法，又名齿镶，是用金属爪的变形应力将宝石扣压住的镶法。按照镶嵌的齿数可以分为：双爪镶、三爪镶、四爪镶、六爪镶等；按照镶嵌爪齿的横截面形状可分为：三角形齿、椭圆形齿、方形齿等，如图 4-10、图 4-11 所示。

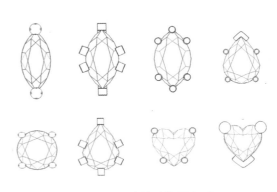

图 4-10　爪镶的结构图表现

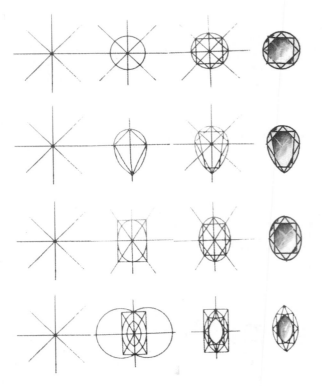

图 4-9　常见刻面宝石的光影表现

图 4-11　爪镶的光影表现

2. 包镶

包镶又称包边镶，指用金属片围住宝石一圈，用镶口处的金属边将宝石四周挤紧包住的镶法。如图 4-12 所示。

3. 钉镶

钉镶是一种利用贵金属的延展性，用铲针将金属铲起翻卷成圆球形小钉镶住宝石的镶法。如图 4-13 所示。

4. 轨道镶

轨道镶又称槽镶、逼镶等，是用镶口处的贵金属夹住宝石的边缘的宝石群镶的方法。如图 4-14 所示。

5. 混合镶

除以上镶嵌方法外，常见的镶嵌方法还有许多种，如打孔镶、无边镶、缠绕镶等（图 4-15）。

6. 其他镶嵌方法的表现（图 4-16）

五、效果图手工绘图表现方法范例

1. 效果图的线稿绘制

图 4-17 ~ 图 4-19 所示分别展示了不同首饰的线稿绘制效果图。

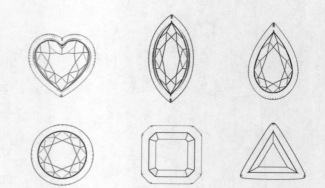

图 4-12　包镶的结构图表现

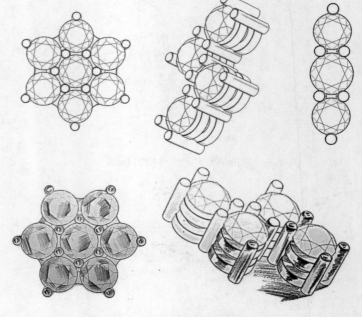

图 4-13　钉镶的结构图及光影表现

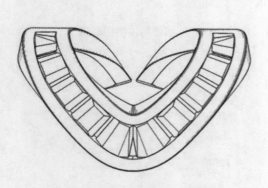

图 4-14　轨道镶的结构图表现

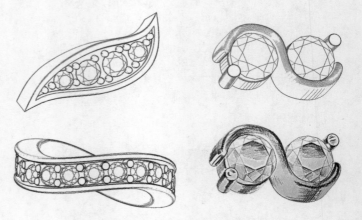

图 4-15　混合镶的结构图及光影表现

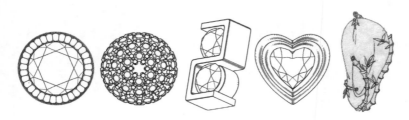

图 4-16　其他镶嵌方法的表现

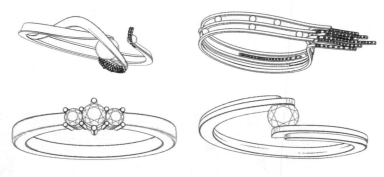

图 4-17　戒指的线稿绘制

图 4-18　项饰的线稿绘制

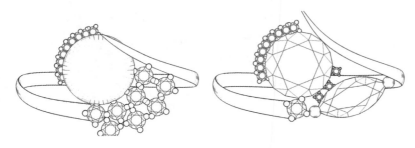

图 4-19　镶嵌复杂的戒指线稿绘制

2. 效果图绘制上色手法

（1）宝石戒指（图 4-20）

（2）项饰（图 4-21、图 4-22）

图 4-20　宝石戒指上色过程

图 4-21　项饰上色过程

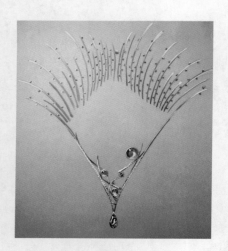

图4-22 手绘上色项饰图

（设计者：陆盛青，上海复旦大学视觉艺术学院学生；指导教师：张晓燕）

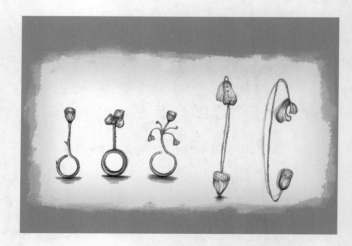

图4-23 手绘草图——戒指、手镯

（设计者：杨怡君，上海工程技术大学学生；指导教师：张晓燕）

（3）戒指与手镯的草图（图4-23）

六、优秀首饰手工绘图效果图作品

图4-24所示为上海工程技术大学服装学院学生刘梦曦的手工绘图作品《飞溅》。设计灵感来源于水滴在阳光下飞溅落入江河中的一刻，飞溅而出的水花划出优美的弧度，在阳光的照射下光彩夺目，激起一层层涟漪，水滴融入江河获得重生，溅起的水花是希望是梦想。戒指由铂金、蓝欧泊、彩钻制作。

图4-25所示为上海工程技术大学学生张丽的手工绘图作品《悟》。作品采用未经切磨的宝石原石配合具有建筑感的原生态光滑的金属造型表达诠释一种概念：矿山宝石的开发的艰难就像人生为实现虚幻的梦想，要经历艰难险阻，如同宝石原石经过发现、打磨抛光才可以看到璀璨的宝石光芒一样。

图4-26、图4-27所示为上海工程技术大学学生蔡易瑾的手工绘图作品《净湖》。作品的设计灵感：这是深藏我心底的一片净湖，不问世事变幻，永远保有山谷的宁静，月光的荡漾……作品的另一面又反映了人类的足迹遍布自然，破坏改变着自然的原貌，

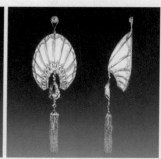

图4-24 手绘效果图作品《飞溅》

（设计者：刘梦曦；指导教师：张晓燕；中国上海钻石首饰设计大赛入围奖；材料：铂金、彩宝）

图4-25 手绘效果图作品《悟》

（设计者：张丽；指导教师：张晓燕；材料：铂金、24K金、宝石原石）

图 4-26　手绘戒指《净湖》

（设计者：蔡易瑾；指导教师：张晓燕；材料：铂金、月光石）

图 4-27　手绘吊坠《净湖》

（设计者：蔡易瑾；指导教师：张晓燕；材料：铂金、月光石）

我们渴望自然与心灵的纯净、回归。作品使用月光石与铂金结合，铸造镶嵌工艺制作。

第二节　电脑绘图技法——Photoshop、Illustrator

一、金属的基本几何形体的表现

常见形体：立方体、圆柱体、球形体、圆锥体、环状体、不规则曲形体等。

所用常规工具：渐变、路径、油漆桶、图层属性（斜面与浮雕）等。

绘图步骤范例：圆柱体—球形体—不规则曲形体。

1. 圆柱体绘图过程

①在桌面双击 Photoshop 图标，进入软件界面，点击【文件】/【新建】按钮，打开【新建】，如图 4-28 所示，将图片分辨率调至"300dpi"，尺寸为"A4"，建一个新文件。

②打开【窗口】下面的【图层】面板，之后选择左侧工具条里的【油漆桶】工具，在文件中点击鼠标左键将背景色填充为黑色，如图 4-29 所示。

③在图层面板上新建【图层1】，选择左侧工具条中的【选

图 4-28　圆柱体绘图1

择工具】（矩形选框）做一矩形选区（图4-30），之后选择椭圆选框工具，按住【Shift】键加选选区（图4-31）。

④选择工具条中的【渐变】工具，此时屏幕左上角出现渐变工具所有选项，选择【渐变编辑

器】（图4-32）。将渐变编辑器中的可选色彩按照明暗五大调子调整为如图4-33所示的有黄金质感的金属条。

⑤在所选区域中拉出金属质感的渐变效果，如图4-34、图4-35所示。

⑥在图层面板上建立新图层【图层3】，做椭圆选区，并在选区内做出金属质感渐变，画出圆柱体的上部截面造型，合并图层，完成金属管的制作（图4-36）。

图4-29　圆柱体绘图2

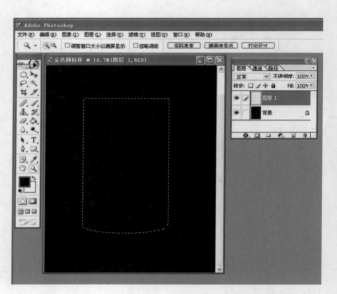

图4-31　圆柱体绘图4

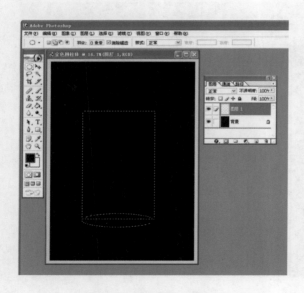

图4-30　圆柱体绘图3

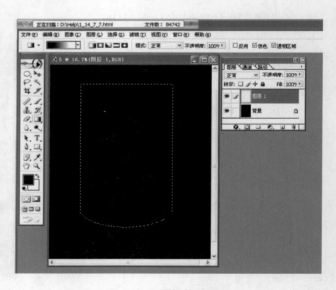

图4-32　圆柱体绘图5

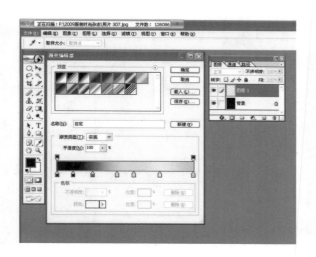

图 4-33　圆柱体绘图 6

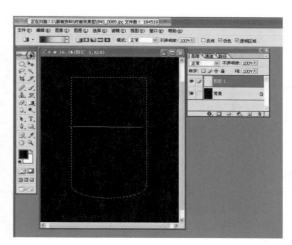

图 4-34　圆柱体绘图 7

图 4-35　圆柱体绘图 8

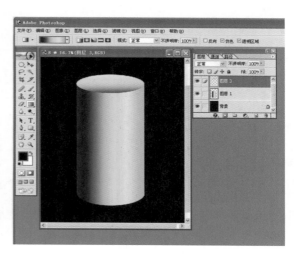

图 4-36　圆柱体绘图 9

2. 球形体绘图过程

①与圆柱体管状体相同。建立黑色背景的 A4 画纸，分辨率 "300dpi"。

②新建【图层 1】，选择【选择工具】（椭圆选框）按住【Shift】键做一圆形选区，如图 4-37 所示。

③选择【渐变】工具，此时，屏幕左上角出现渐变工具所有选项，选择打开【渐变编辑器】，将渐变编辑器中的可选色彩调整为如图 4-38 所示的黄金质感的金属条，需要注意的是球形体与圆柱体不同，金属条的最左端的高光就是球心的位置。

④选择屏幕左上角的【球形渐变】，选择【渐变】工具，做金属质感的球形渐变，合并图层，完成金属球的制作，如图 4-39、图 4-40 所示。

3. 不规则曲形体绘图过程

①与金属管状体、金属球形体相同。建立黑色背景的 A4 画纸，分辨率 "300dpi"。

②点选工具栏【路径】工具，画出不规则曲形体（图 4-41），闭合路径（图 4-42），并将【窗口】下的【路径】面板打开，点选【将路径转化为选区】工具，将闭合的路径转化为选区

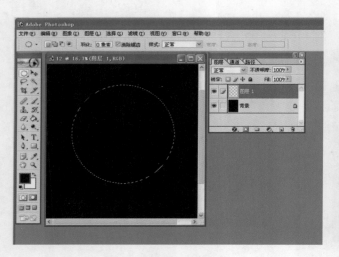

图 4-37　球形体绘图 1

图 4-38　球形体绘图 2

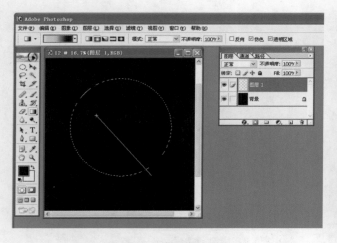

图 4-39　球形体绘图 3

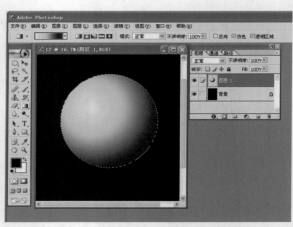

图 4-40　球形体绘图 4

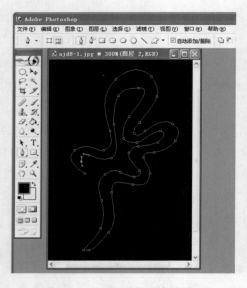

图 4-41　不规则曲形体绘图 1

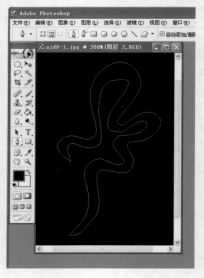

图 4-42　不规则曲形体绘图 2

（图 4-43）。

　　③将前景色改为金属黄色，注意色彩明度不要过浅或过深。选择工具栏的【油漆桶】工具，将选区填充为黄色（图 4-44）。

　　④在【图层 2】中双击鼠标左键，打开【图层样式】面板

（图 4-45）。

　　⑤选择图层样式中的【斜面与浮雕】，在此面板下调整参数。其中，【样式】选择【内斜

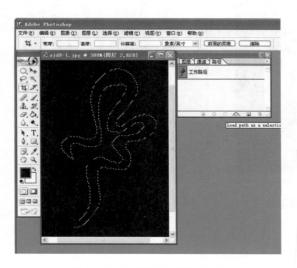

图 4-43　不规则曲形体绘图 3

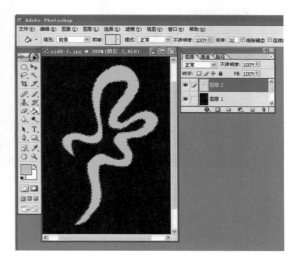

图 4-44　不规则曲形体绘图 4

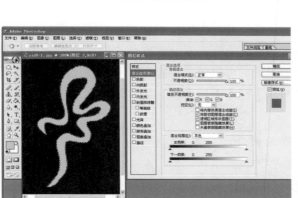

图 4-45　不规则曲形体绘图 5

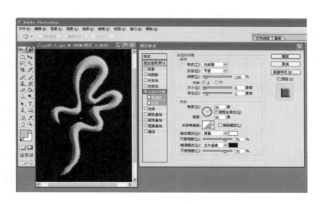

图 4-46　不规则曲形体绘图 6

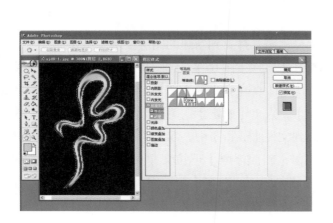

图 4-47　不规则曲形体绘图 7

面】，调整【深度】【大小】【软化】的拉杆值至目标值，并调整【阴影】下的【角度】与【高度】到满意的程度，如图 4-46 所示。

　　⑥选择【图层样式】下的【等高线】，可以调整出不规则金属的不同效果，如图 4-47 ~ 图 4-50 所示。

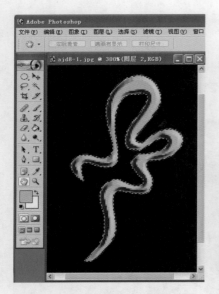

图 4-48　不规则曲形体绘图 8

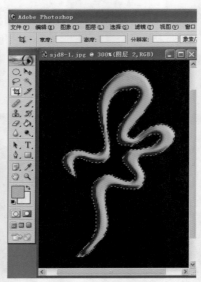

图 4-49　不规则曲形体绘图 9

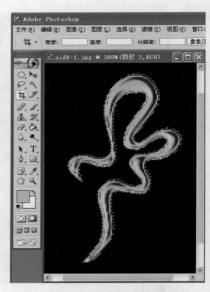

图 4-50　不规则曲形体绘图 10

二、金属肌理的表现

1. 金属肌理图片收集：图片资料库、电脑绘制所需肌理

金属表面的肌理反映了人类在自然界中活动的痕迹。专业的首饰设计师都有一套专门收集的金属肌理图片。自然中叶脉的纹理、昆虫的表面图案等都可以成为肌理的来源。设计师手工敲制出来的金属表面肌理以及通过电脑绘制出来的肌理效果，都可以作为肌理资源库的一部分。那么，如何将设计好的肌理赋予到图形上呢？在此，介绍几种方法。

2. 所用常规工具：定义图案、图层样式（纹理）等

定义图案：位于【编辑】下面的【定义图案】帮助将绘制好的金属表面的肌理图或者现有的肌理图片定义为图案，方便赋予到金属表面。

纹理：纹理位于图层样式下的【斜面与浮雕】下面。它将已定义好的图案赋予到金属表面。在纹理面板上的【图案源】中选择已经定义好的新肌理，可以将此图案赋予到此图层的所选图形上。而其中的【缩放】与【深度】则帮助调节纹理的深浅、疏密效果。

3. 绘图步骤范例

为银戒指转换各种表面肌理效果。图 4-45 所示为预先准备好的戒指成品图和金属肌理图，以此为例演示如何将右边的肌理效果赋予到左边银戒指的表面上。

①打开【戒指】图片，将戒指进行分图层操作，将要赋予肌理的形状分离出来，以便准确地选择肌理赋予的图层。选择戒指的侧面部分，将其拷贝到新建的图层 2 中（图 4-52）。

②打开【肌理】图片并全选图片，选择【编辑】下拉菜单中的【定义图案】，在弹出的【图案名称】对话框中敲入图案名称【新图案】，点击【确定】，关闭【肌理】图片（图 4-53）。

③回到文件【戒指】中。双击【图层 2】，打开【图层模式】面板，点击【斜面浮雕】下拉菜单中的【纹理】，在右边的对话框中选择定义好的图案【新图案】（图 4-54）。之后在外边点击一下，进一步调整【缩放】和【深度】，边调整边观察效果，直到满意为止。这里设置缩放参数为"29"，深度参数为"+161"

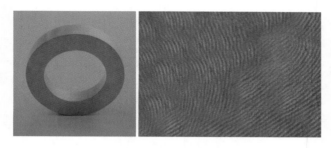

图 4-51 金属肌理表现 1

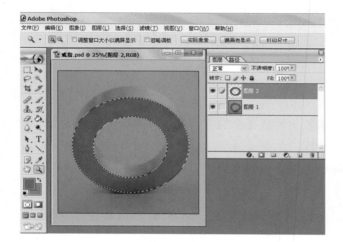

图 4-52 金属肌理表现 2

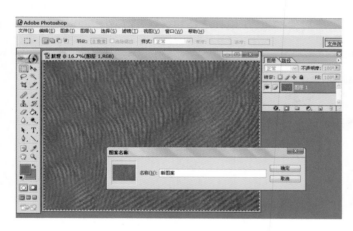

图 4-53 金属肌理表现 3

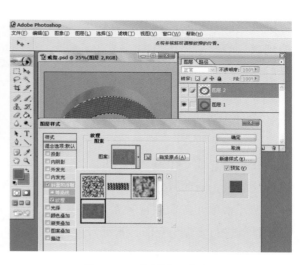

图 4-54 金属肌理表现 4

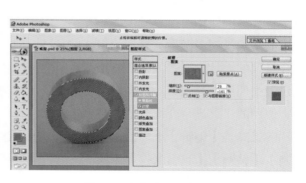

图 4-55 金属肌理表现 5

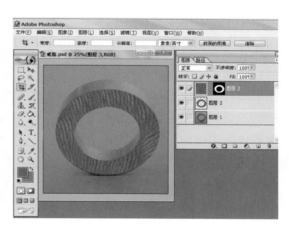

图 4-56 金属肌理表现 6

（图 4-55），即可得到图中最后的肌理效果。

此外，肌理的赋予还有一种更为方便快捷的方法，只是这种方法在肌理被赋予到形体上后，还需要后期进行光影质感处理，下面我们简单演示一下。

打开【肌理】图片全选后拷贝，之后打开已分过图层的【戒指】文件，选择【图层 2】中将要被赋予肌理的图形。点击【编辑】下拉菜单中的【粘贴入】，如图 4-56 所示。之后选择【编辑】下的【自由变换】工具，进行纹理选取及疏密的调整，直到得到满意的效果为止（图4-57）。最后再进行后期处理。

三、金属基本形的变化与排列

在我们完成一个基本形体的设计绘图后，有时候还需要对某一造型元素单元按照透视关系和设计骨架进行复制、变形、排列。许多美国的艺术首饰作品中都使用了这种设计方法，这种类似于建筑设计的使用单个单元按照一定的结构复制、变形、叠加、组合排列的设计绘图手法，在首饰设计中使用极其频繁。这里仅就常使用的工具进行介绍。最为常用的工具是【编辑】下面的【复制】【粘贴】【自由变换】以及【变换】等，其中【变换】下面的【缩放】【旋转】【斜切】【扭曲】【透视】【水平翻转】【垂直翻转】等最为常用，Photoshop软件的新版本还多了一个非常好用的工具"变形"。通过这些便捷的工具，我们可以快速完成许多形体的构建。

四、宝石的表现

1. 宝石库的收集备用：相机拍摄、手工与电脑绘制、图片资料库

就像服装的款式库一样，宝石库可以帮助我们快速给首饰的镶口提供合适的宝石，加快首饰绘图设计的速度。设计师往往

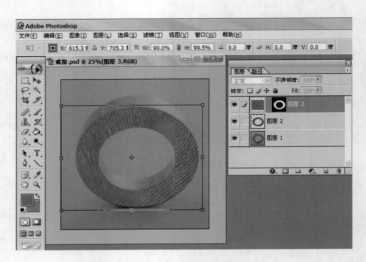

图4-57　金属肌理表现7

通过三种方法去收集配备齐全的宝石库：一是通过相机拍摄现有的宝石，收集成库；二是通过手工或电脑绘图直接画出各种宝石备用；三是在首饰图片资料中收集各种清晰度高的宝石图片归类成库。

2. 宝石电脑绘图步骤范例，以水滴形刻面宝石为例

①打开 Illustrator 软件，将【填充色】调整为"无"，【描边色】调整为"黑色"，笔触大小调整为"0.5pt"，使用【钢笔】工具将水滴形宝石的线稿画出（图4-58）。使用【选择】工具完整选取画好的线稿，之后按快捷键【Ctrl+C】拷贝此线稿（图4-59）。

图4-58　宝石的表现1

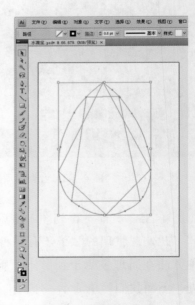

图4-59　宝石的表现2

②进入 Photoshop 软件中，建立新文件【水滴蓝宝石】，之后选择【编辑】下面的【粘贴】，或快捷键【Ctrl+V】，将线稿粘贴进新文件中，选择【像素】出现（图 4-60）的对话框，之后按【Enter】键，为衬托蓝宝石的色彩，将背景色改为【灰色】（图4-61）。

③进入【图层 1】，按住【Shift】键依次加选宝石的每一个刻面。建立【图层 2】，将前景色改为【宝石蓝色】，选择【油漆桶】工具填充选区（图4-62）。

画高光：进入【图层 1】，选取宝石的主刻面，之后进入【图层 2】，选择【橡皮擦】工具，将左上角的【画笔】调整至【65】，再将【主直径】调整至【600】左右，不透明度调至【100】，流程调至【56】左右，使用【橡皮擦】工具将宝石主刻面的【高光】擦出。

画阴影：将前景色调整为【深普蓝色】，选择【画笔】工具，将左上角的【画笔】调整至【65】，再将【主直径】调整至【496】左右，不透明度调至【100】，流程调至【56】左右，使用【画笔】工具将宝石主刻面的【阴影】画出。如图 4-63 所示。

④按照上面的方法，依次画出宝石的每一个刻面的高光、阴影与中间调子（图 4-64）。按住【Ctrl】键选择【图层 1】，选择线稿，之后建立新图层【图

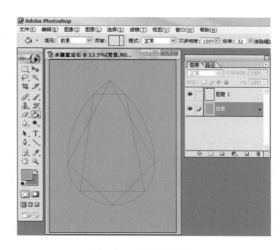

图 4-61 宝石的表现 4

图 4-62 宝石的表现 5

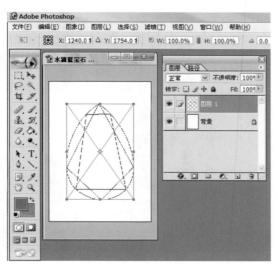

图 4-60 宝石的表现 3

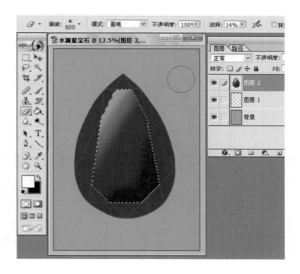

图 4-63 宝石的表现 6

层 3】，选择【编辑】下面的【描边】工具，在描边面板上选择【居中】，像素选择【8】，点击确定（图 4-65）。

⑤使用 Illustrator 软件画出宝石的高光造型，拷贝至 Photoshop 里面的宝石文件中（图 4-66）。选择图层 4 高光中的选区，建立【图层 5】，将选区填充为白色，删除【图层 4】的黑色线框，修改高光让其变得更加自然，如图

4-67 所示。

五、效果图电脑绘制表现方法范例

首饰的种类较多，有戒指、项饰、耳饰、胸饰、腕饰、手机链饰等，这里选取几个典型范例，通过对其制作过程的学习，掌握首饰设计中一些常用且比较好用的工具，如渐变、图层模式、画笔、橡皮擦等。但是，千万不要过分依赖于软件设计，因为相对于设计本身而言，它永远都只是协助设计完成的工具。

1. 烤漆合金耳饰（使用软件：Illustrator、Photoshop）

设计绘制图 4-68 中作品的线稿有多种不同的方法。这里我

图 4-64　宝石的表现 7

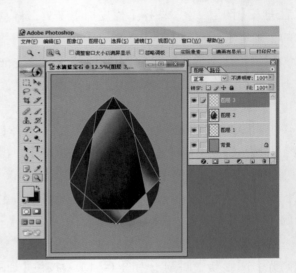

图 4-65　宝石的表现 8

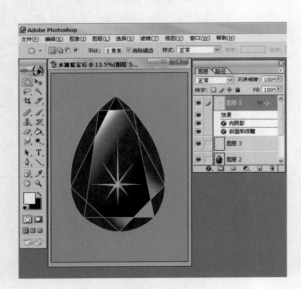

图 4-66　宝石的表现 9

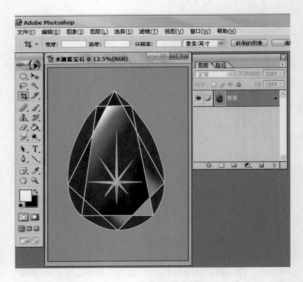

图 4-67　宝石的表现 10

们简单介绍两种。

第一种使用手绘和 Photoshop 软件，先采用手绘画出草稿，将草图用相机拍摄或用扫描仪扫进电脑作为参考。再用 Photoshop 中的"钢笔"工具勾出每个形状并做出选区，分不同的形体部分绘制效果。第二种则是像前面绘制宝石的方法一样，选用 Illustrator 软件绘制线稿，之后粘贴导入 Photoshop 中，再做每一部分形状的选区和效果。

第二种方法如下。

①打开 Photoshop 软件，建立一张 A4 纸张，分辨率"300dpi"。打开 Illustrator 软件，选择【钢笔】工具，进行线稿绘制，后将绘制好的线稿粘贴到 Photoshop 纸张中，并检查每一个单元图形是否闭合，如图 4-69 所示。选择【图层 1】中耳饰的一个闭合单元图形，之后建立新的【图层 2】，选择【渐变】工具，调整【渐变】面板中的色彩渐变条，按照需要的方向给选区作渐变操作，如图 4-70 所示。

②回到【图层 1】，做耳饰中其他单元图形的选区，选择【渐变】工具，调整好色彩渐变条，建立【图层 3】，为所选图形作渐变操作（图 4-71）。按照同样的方法，为耳饰中的每一部分作渐变操作，共建立 5 个图层，之后使用画笔加重形体的转折处及背光处（图 4-72）。

③回到【图层 1】，选择耳饰的上半部分，建立【图层 6】，平涂一偏暖的金属色彩，双击【图层 6】，弹出【图层模式】面板，调整【图层模式】面板上的参数到满意为止。

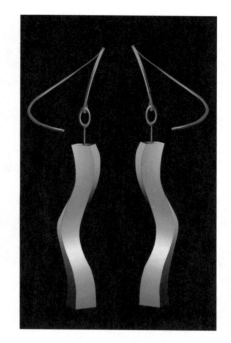

图 4-68　Dancing

（笔者 2005 年为广州 Temgo 公司设计的烤漆合金类饰品）

回到【背景层】，将白色改为黑色到深灰色渐变底色，如图 4-73 所示。合并除【背景层】外的其他全部图层。并拷贝合并后的【图层 1】，进入【图层 1

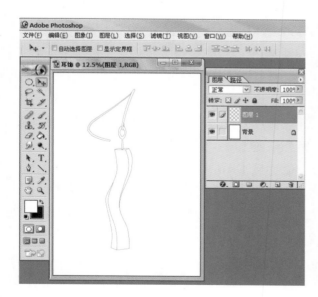

图 4-69　耳饰绘图表现 1

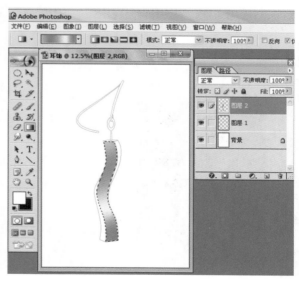

图 4-70　耳饰绘图表现 2

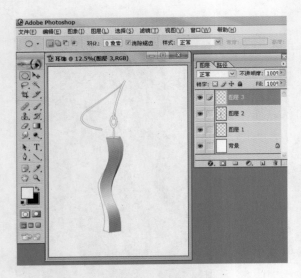

图 4-71　耳饰绘图表现 3

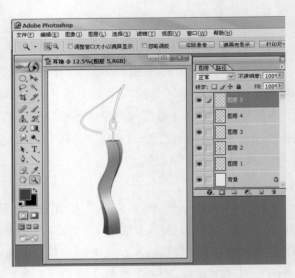

图 4-72　耳饰绘图表现 4

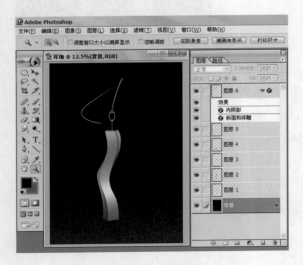

图 4-73　耳饰绘图表现 5

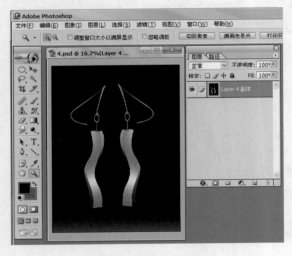

图 4-74　耳饰绘图表现 6

副本】层，选择【编辑】菜单中的【变换】下面的【水平翻转】，调整左、右耳饰的位置，处理完善效果后，耳饰作品最终完成（图 4-74）。

2. 商款宝石戒指

①使用 Illustrator 软件将宝石戒指的线稿画出。使用【选择】工具将其全选后【拷贝】（图 4-75）。打开 Photoshop 软件，建立新文件【宝石戒指】，按快捷键【Ctrl+V】将线稿粘贴到文件中（图 4-76）。

②在【图层 1】中选择戒指其中的一个面，点选【选择】/【修改】/【扩展】，扩展量"6"像素，将选区适当扩大，以便将黑色线稿遮盖。

新建【图层 2】，并进入【图层 2】，选择【渐变】工具，并打开【渐变编辑器】，按照图中所示的色彩调出金属光泽（图 4-77）。注意色条中两个色彩的距离靠近一些，明度对比越大，金属的质感越强，之后作渐变（图 4-78）。

③回到【图层 1】，选择戒指的其中一图形，之后点选【选择】下面的【修改】中的【扩展】，扩展量"6"像素，将选区适当扩大，以便将黑色线稿遮盖。

新建【图层 3】，将前景色改为浅灰色调，选择【油漆桶】工具填充浅灰色（图 4-79）。双击【图层 3】打开【图层样式】模版，选择【斜面与浮雕】

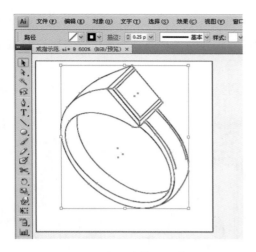

图 4-75 宝石戒指绘图表现 1

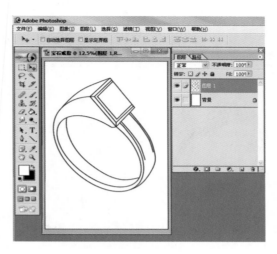

图 4-76 宝石戒指绘图表现 2

图 4-77 宝石戒指绘图表现 3

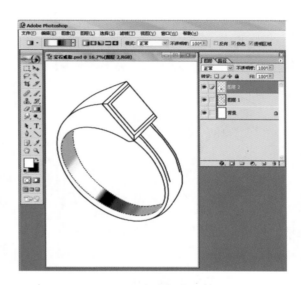

图 4-78 宝石戒指绘图表现 4

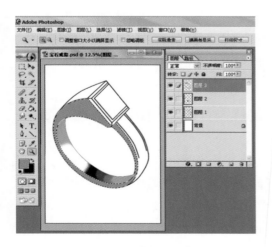

图 4-79 宝石戒指绘图表现 5

调整出金属立面效果。

在此基础上，选择较暗的颜色绘制阴影处，选择适当较亮的颜色绘制高光，将反光部位提亮一些，利用绘画原理选用【画笔】和【橡皮擦】工具画出金属质感（图 4-80）。

④回到【图层 1】，选择戒指中一个单元图形。建立【图层 4】，为【图层 4】中的选区平涂一浅灰色。

选择"橡皮擦"工具，将笔触调为"35"左右，主直径"600"左右，按照光影变化将亮部擦出（图 4-81）。之后按照右方来光的原则，使用【画笔】工具画出宝石的透光暗槽，回到【图层 1】，用【橡皮擦】工具将某些轮廓线擦亮一些（图 4-82）。

⑤按照上面的方法及光影变化，新建不同的图层，将戒指最后一个单元图形画好，并画出戒指的镶口（图4-83）。最后，将资料库中准备好的宝石粘贴进戒指文件中，调整光影及透视，完成戒指制作（图4-84）。

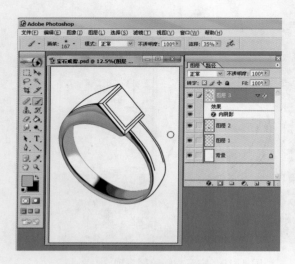

图 4-80　宝石戒指绘图表现 6

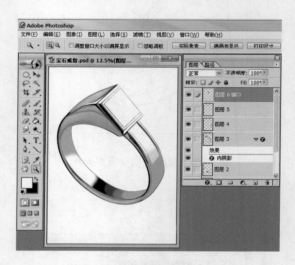

图 4-83　宝石戒指绘图表现 9

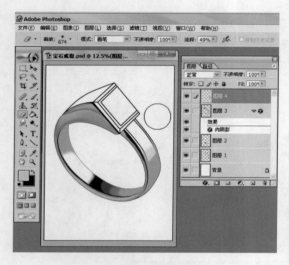

图 4-81　宝石戒指绘图表现 7

图 4-84　宝石戒指绘图表现 10

六、电脑绘制优秀首饰效果图作品（图4-85 ～ 图4-90）

图 4-85 所示作品是上海工程技术大学学生孙泽曼的参赛获奖作品《海·潜意识》。这个作品使用了首饰手工与电脑结合的绘图技法，草图用手工绘制，之后用电脑 AI 软件勾线，配合 Photoshop 的画笔工具

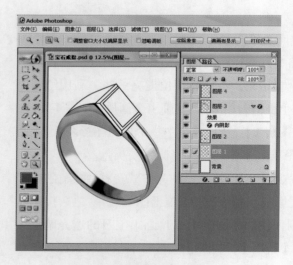

图 4-82　宝石戒指绘图表现 8

上色。设计者的设计概念是：海洋环境的污染，海洋资源的过度开发利用……这一切使海洋的潜意识中出现不安、畏惧、迷茫、病魔和逃逸的景象，如果用水母来暗示海洋，它的梦里一定是经常在逃离——逃离污染的大海。这个吊坠表现了一只水母潜意识中的梦中的情形，水母头上钻石的光芒映射出水母心中的希望，打结的触须代表了它的紧张与不安，张牙舞爪的触须表现出它逃逸的慌乱。

图 4-86 所示为宋晓薇的作品《饮水思源》，这是一件造型优美、概念深邃的作品。作品以水源流动的感觉设计出动感流动的造型，像缓缓流淌的小溪流进佩戴者的心房，作品寓意不忘施恩者，饮水不忘本源。

图 4-87 所示为雷娟的作品《思源》，概念与宋晓薇不谋而合，作品用立体流动的造型表达出"落其实者思其树，饮其流者怀其源"的深意，作品通过岩洞、泉水的形态唤醒人们对大自然的感恩之情。

图 4-88 所示为白毅玫的胸针作品《空·冥》，造型简洁大方，充满自然风格。作者采用电脑绘图技法细致恰当地表现了金属与宝石的质感。

图 4-89 所示为吴蕴超的手镯作品《绽放》，同样采用电脑绘图技法表现出金属镂空的空灵质感。

图 4-90 所示的手镯《融雪》由上海工程技术大学学生

图 4-85　电脑首饰作品《海·潜意识》
（中国上海首饰创意设计大赛一等奖；
设计者：孙泽曼；指导教师：张晓燕；材料：
铂金、钻石、硅胶）

陆一设计，作品构思来源于冬日雪压枝头之景。采用金属镂空与锻造工艺，配合钻石镶嵌。

图 4-86　电脑首饰作品《饮水思源》
（中国上海首饰创意设计大赛三等奖；
设计者：宋晓薇；指导教师：张晓燕；
材料：铂金、彩宝）

图 4-87　电脑首饰作品《思源》
（中国上海首饰创意设计大赛二等奖；
设计者：雷娟；指导教师：张晓燕；材料：
铂金、彩宝）

图 4-88　电脑首饰作品《空·冥》
（设计者：白毅玫；指导教师：张晓燕；
材料：铂金、彩宝）

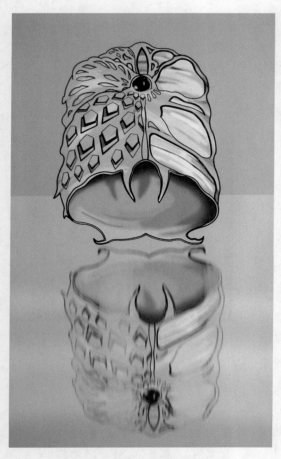

图 4-89　电脑首饰作品《绽放》
（设计者：吴蕴超；指导教师：张晓燕；材料：铂金）

图 4-90　电脑首饰作品《融雪》
（中国上海钻石首饰设计大赛入围奖；
设计者：陆一；指导教师：张晓燕；材料：铂金、钻石）

七、从 AI 线稿、效果图到作品范例
（图 4-91、图 4-92）

(a) 戒指

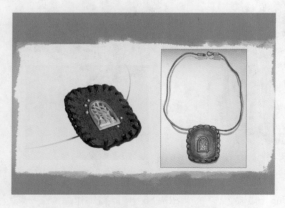

图 4-91　电脑首饰作品《一抹时光》
（设计者：杨怡君；指导教师：张晓燕；材料：银、紫铜、
皮革、钻石）

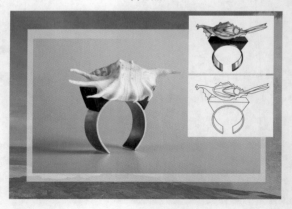

(b) 手镯

图 4-92　电脑首饰作品《海·声》
（中国上海国际首饰大赛优胜奖；设计者：马晓曦；指导教师：张晓燕；
材料：檀木、海螺、白铜）

第三节　电脑绘图技法——JewelCAD

一、首饰绘图软件 JewelCAD 与首饰设计

如果说先进的首饰器械的不断发展为首饰成品的制作完成不断节约着工时、减少着劳力的话，那么首饰专业设计软件的不断发展则为首饰设计师提供了更加广泛的设计空间。就像服装CAD、鞋 CAD 等一样，专业 CAD 软件正经历着从二维真正走向三维和四维的过程，材质的渲染模拟也将变得越来越自然。而对于首饰专业的软件首饰 CAD 而言，它的问世和发展大大缩短首饰设计师设计时所需要的时间，它可提供多个设计优美时尚的珠宝首饰档案作为参考，内藏大量以三维档案格式储存的珠宝组件，同时又拥有着丰富的宝石材料库和强大的宝石编辑功能。这些功能在不久的将来还将进一步得到提升和发展，为首饰设计从早期灵感来源到精确的设计表达提供技术支持和服务。

在首饰的绘图技法表达过程中，单纯使用手绘技法表达设计意图，需要设计师有着比较扎实的绘图基本功。那些形体的转折构造、光影的透视、色彩纹理的质感都需要细致耐心地绘制。在这个过程中，一方面花费了大量的时间，另一方面常常会将明暗交界线画在错误的位置上、形体的转折面没有经过透视存在于空间中，而是两个在不同方向上的形体存在于一个平面上、抑或是金属和宝石的质感未能很好地表现等，这些问题在很大程度上困扰着首饰设计师，也使得首饰工艺师无法真正读懂图纸。而仅使用 Photoshop 图像处理软件只能以图像的形式表达三维效果，设计作品形体中的每个视角都需要分开来绘制，同样需要设计师有良好的绘图功底和想象力，而且在这个过程中往往要花费较多的时间。首饰绘图软件 JewelCAD 解决了产品三维表现的问题，较大的资源库也为设计师提供了便利，只是在某些效果的表达上还需要和 Photoshop、Maya、3Dmax 等软件同时使用，JewelCAD 软件还需要日臻完善，但它配合珠宝雕蜡机为珠宝首饰公司首饰成品的制作节约了大量工时，同时还提供专业化的服务。下面的JewelCAD 绘图技法范例，较为细致地介绍了 JewelCAD 的设计功能。

二、首饰设计过程

首饰设计表现是首饰设计师表达设计构思、设计理念，从意向到具体形态的视觉表达过程，也是其设计思维逐步完善的过程，在这个过程中，表现对象由抽象到具象、由模糊逐渐清晰，在设计师的构思和不断推敲中，作品的最终效果体现着设计师的设计理念、个人修养、文化底蕴等综合素质。而 JewelCAD 是个可以直观地帮助设计师表达头脑中的设计形象——作品的造型特征、色彩特征、材质特征、透视关系和光影效果等的不错的工具。

三、JewelCAD 的使用介绍与范例

1. JewelCAD 首饰绘图流程介绍

JewelCAD 的首饰作品的绘图过程可以概括为：建模、贴材质、渲染、后期处理。在进行草图构思后，要将其导入到电脑软件中进行建模，三维地考虑设计图的每个面，这一步类似于 3DMax 中的产品建模。为设计产品建好模后，经过贴材质和渲染处理好作品的表面效果，之后将它导入到专业图像处理软件 Photoshop 中进行后期制作，这一阶段主要是对效果图进行丰富和润色，烘托氛围，使画面富有

生气。如图 4-93 所示。

使用 CAD 软件画图前，可以先用手绘的方法将构想中的形象用设计草图表现出来，以方便电脑制作时很好地把握作品的结构造型，如图 4-94 所示。

之后使用 CAD 软件绘制作品，图 4-95 所示为作品的完成稿。

最后，使用 Photoshop 软件将作品的最终效果处理出来，如图 4-96 所示。

2. JewelCAD 软件界面介绍

JewelCAD 安装完毕后，Windows 的"开始"菜单的"程序"子菜单中便会自动出现 JewelCAD 程序图标，在此选择 JewelCAD 便可以启动，或者采取快捷方式，将 JewelCAD 快捷方式图标放置于桌面上，双击图标，启动 JewelCAD。进入软件后，可以看到 JewelCAD 的界面组成如图 4-97 所示，包括标题栏、菜单栏、浮动工具列、绘图区及状态栏。

（1）标题栏

单击标题栏右上方的三个按钮可以分别进行窗口的"最大化""最小化"及"关闭"操作。或在标题栏上任意位置单击鼠标右键，则会弹出下拉菜单，同样可对窗口的状态进行控制，也可以双击标题栏进行控制，如图 4-98 所示。

（2）菜单栏

菜单栏是 JewelCAD 的重要

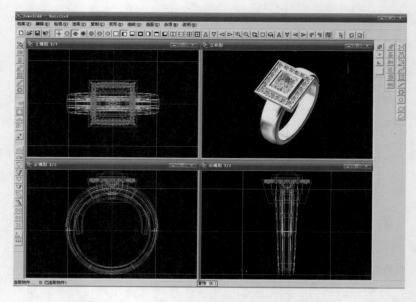

图 4-93　JewelCAD 首饰绘图表现的几个视图

图 4-94　设计草图及构思

图 4-95　作品完成稿

图 4-96　作品完成效果

组成部分，和其他软件类似，JewelCAD 将所有的功能命令分类后，分别放入 10 个菜单栏中。只要单击其中一个菜单，随即会出现一个下拉式菜单命令，如果命令为浅灰色，则说明该命令在目前状态下不能执行，需要进行相关的操作后才可用。命令右方的字母组合键代表该命令的键盘快捷键，使用键盘快捷键有助于提高工作效率。若命令右方有三角形的符号，说明此命令还有子命令，如图 4-99 所示。

（3）浮动工具列

JewelCAD 的浮动工具列如图 4-100 ~ 图 4-102 所示。

图 4-97 JewelCAD 首饰绘图软件界面介绍

图 4-98 标题栏

图 4-99 菜单栏

图 4-100 浮动工具列 1

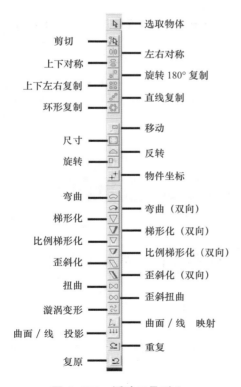

图 4-101 浮动工具列 2

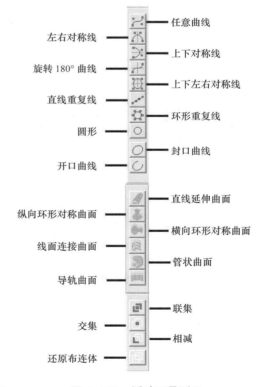

图 4-102 浮动工具列 3

（4）绘图区

JewelCAD 绘图区是软件的主要工作区域，整个制作过程都在绘图区里完成，如图 4-103 所示。

（5）状态栏

状态栏位于窗口的最底端，以 x、y、z 轴坐标值显示物体在视图中的绝对值或相对值，这个值可以是位置、旋转角度或缩放值。可显示当前操作或使用选择工具后的操作，因此它会随着操作的不断变化而变化，如图 4-104 所示。

介绍完 JewelCAD 的基本操作环境，接下来我们探讨如何将 JewelCAD 电脑绘图工具用到珠宝首饰设计中。

3. JewelCAD 软件操作实例

（1）制作宝石及镶口

第一步：制作宝石

在正视图上，单击菜单栏中的【杂项】/【宝石】命令，在弹出的【宝石】对话框中选择【圆形钻石】（Round）选项，如图 4-105 所示。

在弹出的【Round Diamond Size】（圆形钻石尺寸）对话框中，将数值设置为"2"，将单位设置为"mm"（毫米），然后单击 确定 按钮，如图 4-106 所示。这样就调出了直径为 10mm 的圆形钻石。

第二步：制作金属圈的切面

单击【任意曲线】按钮，利用【任意曲线】和【封口

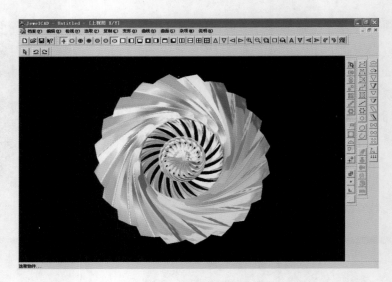

图 4-103　绘图区

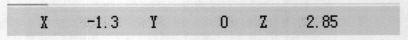

图 4-104　状态栏

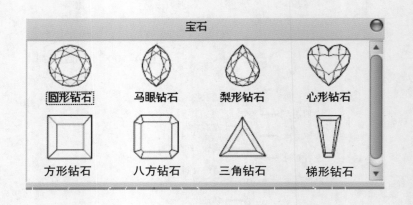

图 4-105　宝石

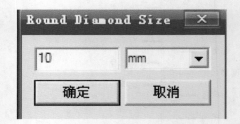

图 4-106　设置宝石参数

曲线】○命令创建切面轮廓线，要求上下两条边要与 x 轴平行，左右两条边与 y 轴微微有点倾斜，并且控制点（0、1）必须与钻石亭部相交，如图 4-107 所示。

运用【任意曲线】![icon]的技巧：生成控制点——单击鼠标左键；删除控制点——按住左键的同时单击右键；生成多重点——双击左键；退出曲线工作状态——按【空格】键确定完成；需要对曲线进行重新修改——先点击【任意曲线】进入绘制曲线工作状态，然后按住【Shift】键的同时用鼠标左键点选所要修改的曲线，这时该曲线变为蓝色，用户便可对其进行修改。

需要注意的是，用户所选择的曲线要与所选择的命令相匹配，否则，曲线会自动变成与命令相匹配的曲线。在曲线被修改后，如果用户既想保留原始曲线状态，又想保留修改后曲线的状态，则可以选择【编辑】菜单中的【不消除】命令，则两种状态都会被保留下来；当绘制完一条曲线后需要绘制另外一条曲线时，按住【Ctrl】键将鼠标左键点击第二条曲线所要绘制的地方，则当前的曲线被固定，新曲线开始生成了。

单击【纵向环形对称曲面】![icon]命令，在弹出的【环形】对话框中，将【数目】设为"6"，角度设为"60"，并勾选【全方位】选项，然后单击 确定 按钮，如图4-108所示。

完成设置后，被选中的切面会以y轴为中心，在以切面所在的位置与y轴间的距离为半径的圆形轨道上，扫出圆环状的曲面，如图4-109所示。

第三步：制作金属爪

用【任意曲线】![icon]工具创建一条曲线，0点要与y轴相交，末尾控制点与金属圈的底边相交，此曲线为下一步制作单导轨曲面中的导轨曲面，如图4-110所示。

点击【左右对称曲线】![icon]工具，绘制水滴形曲线，作为导轨曲面的切面，如图4-111所示。

点击【导轨曲面】![icon]，并设置弹出的导轨曲面对话框，如图4-112所示。根据状态栏的提示，依次点击导轨M和切面K，得到实体曲面，使用工具栏中的移动工具![icon]选中切面轮廓线，并按【Delete】键删除它。

第四步：调整金属爪的位置

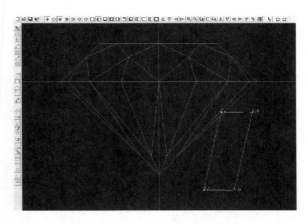

图4-107　创建切面轮廓线

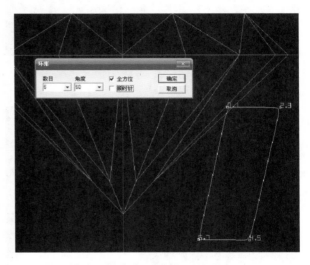

图4-108　设置环形参数

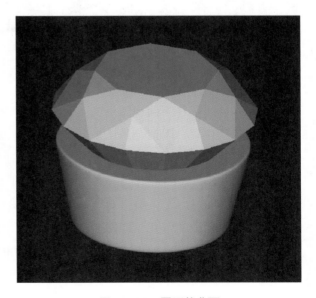

图4-109　圆环状曲面

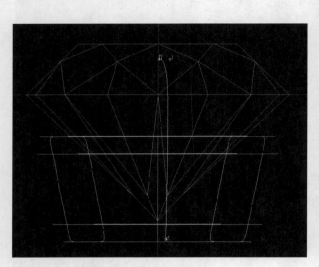

图 4-110　导轨曲面

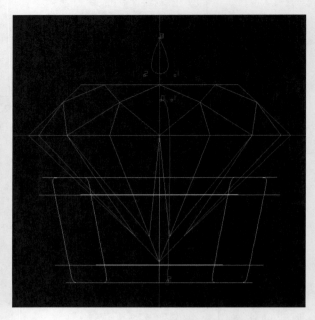

图 4-111　导轨曲面的切面绘制

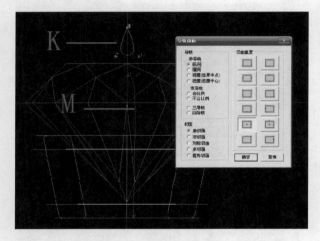

图 4-112　设置导轨曲面对话框

图 4-113　调整金属爪的位置

　　这时需要注意在不同视图里观察金属爪的位置，因为金属爪除了要放在钻石的侧面还要将它倾斜，将视图调整为上视图 ，点击【旋转】工具命令，将它旋转到一个合适的位置，如图 4-113 所示。

　　调整视图为正视图，用【任意曲线】画一条控制点由下往上的倾斜直线，因为要将金属爪映射到这条斜线辅助线上，还需要增加辅助线上的控制点，以确保映射的最终效果，单击【曲线】/【增加控制点】，在弹出的对话框中将【增加倍数】设为"8"，如图 4-114 所示。

　　开始执行【曲面映射】命令，首先在窗口的空白处单击鼠标右键，取消全部选择，然后选中将要执行映射命令的金属爪，单击【曲面映射】命令，弹出的对话框的设置如图 4-115 所示。根据状态栏的提示，单击辅助线，此时辅助线变为红色，金属爪就映射到辅助线的位置，将辅助线删掉。

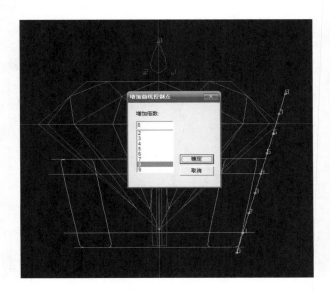

图 4-114　画辅助映射斜线

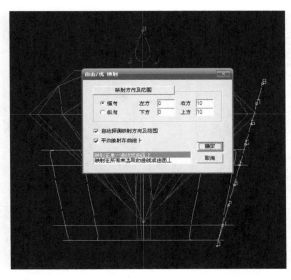

图 4-115　设置"曲面映射"对话框参数

【曲面映射】 命令完成，如图 4-116 所示。

这时出现的问题是，金属爪的底边也呈倾斜状态，需要再作一条辅助线以使得金属爪的底边与金属圈的底边平行，首先取消全部物体的选择，单击【选取】/【选点】命令，选中金属爪最底部的几个控制点，如果控制点无法选中，单击【编辑】/【展示 CV】，然后再进行选择。如图 4-117 所示。

单击【任意曲线】 命令，作一条辅助线与金属圈底端齐平，可以用【格放】 或滚动鼠标中键缩放视图精确调整位置，然

后点击【曲线】/【增加控制点】选项，将【增加倍数】设为"5"，如图 4-118 所示。

除了金属爪底端的几个控制点外，取消其他所有物体的选择，单击【曲面／线　投影】 ，弹出的对话框设置如图 4-119 所示。根据状态栏的提示，点击刚

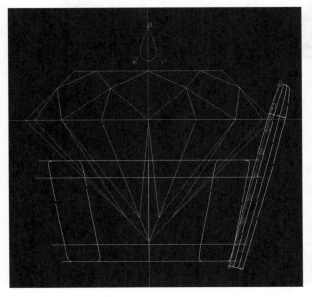

图 4-116　曲面映射命令完成

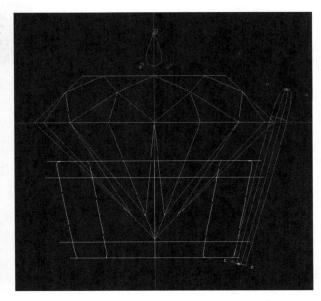

图 4-117　选择金属爪底部控制点

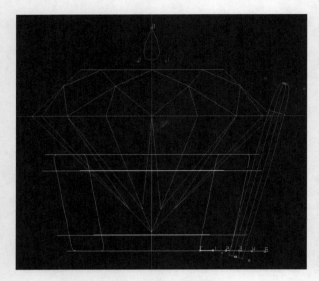

图 4-118　画辅助映射线

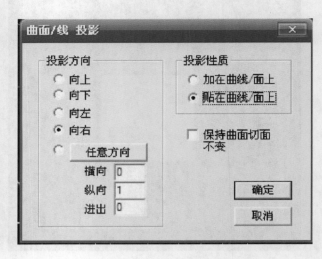

图 4-119　投影操作

制作的辅助线，此时辅助线变红就说明已被选中，选中的控制点就投影到与金属圈平齐的辅助线上了。

将视图调整为上视图的工作状态，将金属爪选中，单击【环形复制】 ✿ 命令，在弹出的【环形】对话框中，将【复制数目】设置为"6"，【角度】设置为"60"，并勾选【全方位】选项，最终完成金属爪的环形复制，如图 4-120 所示。金属爪制作完成后，将所有金属爪进行联集，用鼠标点击【联集】工具 ▣ 完成。

至此，爪镶钻石制作完成，如图 4-121 所示。

将当前视图设为上视图，选择【圆形】工具，在弹出的【圆形】对话框中，将【直径】设为"9"，【控制点】设为"7"，如图 4-122 所示。

选中曲线 B，选择【曲线】/【偏移曲线】，在弹出的【偏移】

图 4-120　进行金属爪环形复制

对话框中设置【偏移半径】为"1"，点选【向外偏移】选项，如图 4-123、图 4-124 所示。

将曲线 A、B 同时选中，视图调到正视图，选择【直线延伸曲面】 ◢ ，将两条曲线从 C 点拉到 D 点，松开鼠标，然后单击【确定】，如图 4-125、图 4-126 所示。

将视图调为正视图，选中曲面 E，使曲面 E 处于选中状态，单击【相减】工具 ◣ ，用鼠标点击曲面 F，这样就得到了新的曲面 P，如图 4-127、图 4-128 所示。

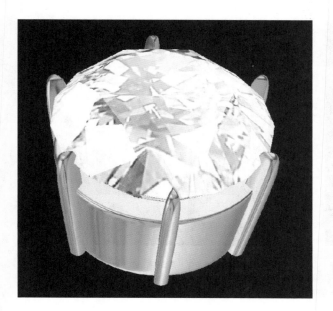

图 4-121　爪镶钻石制作完成图

图 4-122　设置【圆形】对话框参数

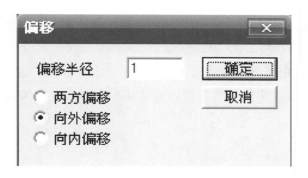

图 4-123　设置【偏移】对话框参数

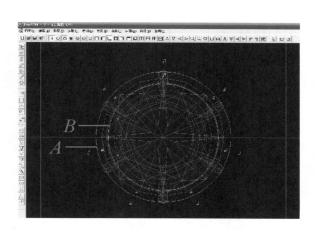

图 4-124　偏移曲线

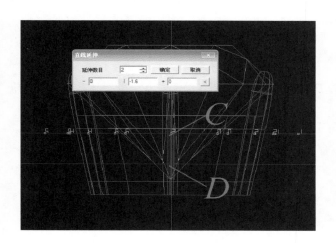

图 4-125　进行【直线延伸曲面】

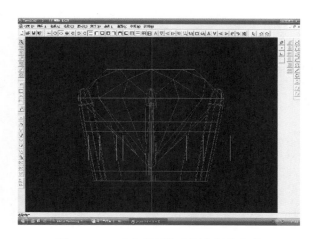

图 4-126　【直线延伸曲面】制作完成

图 4-127 进行相减操作

图 4-128 钻石底托制作完成

（2）制作戒圈

第一步：制作导轨曲线

在正视图中，绘制两个圆。单击【圆形】工具，在弹出的【圆形】对话框中，将【直径】设为"20"，【控制点】设为"12"，完成对曲线 G 的制作；再次单击【圆形】工具，将【直径】设为"21"，【控制点】设为"12"，完成对曲线 H 的制作，如图 4-129 所示。

单击【任意曲线】工具 ，沿着曲线 G 绘制新的曲线 I（注意曲线 I 的起点 0 点的位置），如图 4-130 所示。

第二步：调整导轨曲线

在上视图上，继续对曲线 I 进行绘制，对曲线 I 进行复制得到曲线 J，然后调整曲线 J，利用快捷键【Shift】与任意曲线工具 结合，点击 确保任意曲线工具处于工作状态，按住【Shift】键的同时在轨道 J 上单击鼠标左键，这样就可以对轨道 J 进行修改了。

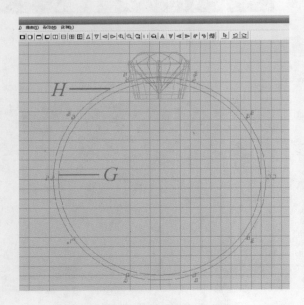

图 4-129 制作戒圈参考曲线

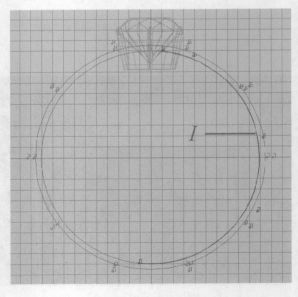

图 4-130 绘制戒圈

得到如图 4-131 所示的形状。选择【曲线】/【中间曲线】，然后依次单击曲线 I 和曲线 J，当曲线被选中时会变成红色，得到中间曲线 K，如图 4-132 所示。

在右视图上，对曲线 I、J、K 进行调整，如图 4-133 所示。

第三步：制作切面曲线

制作切面曲线时，在上视图中，利用左右对称曲线工具 和封口曲线工具，绘制出如图 4-134 所示的封口对称曲线 L，按【空格】键完成制作。

第四步：导轨曲面的生成

选择浮动工具列上的【导轨曲面】工具，在弹出的对话框中设置【导轨】为"三导轨"，【切面】为"单切面"，【切面量度】点击右边的第一个，设置完毕后点击【确定】按钮完成设置，如图 4-135 所示。进入轨道曲面的工作状态。

进入轨道曲面的工作状态后，根据状态栏中的提示，选择 I 曲线为左边曲线，选择 J 曲线为右边曲线，选择 K 曲线为上边导轨，只有曲线变为红色时，才说明曲线被选中。最后选择 L 曲线为切面曲线，生成曲面 M，如图 4-135、图 4-136 所示。

注意：制作导轨曲面时组成物体的所有导轨 CV 点的数量和方向必须一致。导轨曲面中的切面量度：

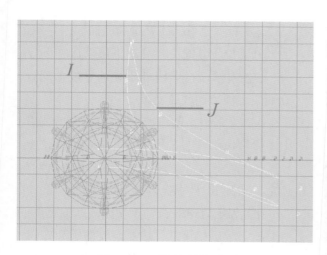

图 4-131 绘制戒圈导轨

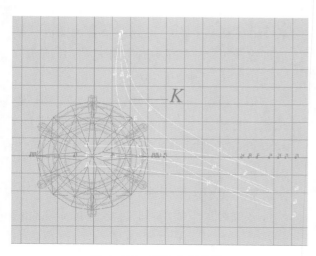

图 4-132 制作中间曲线

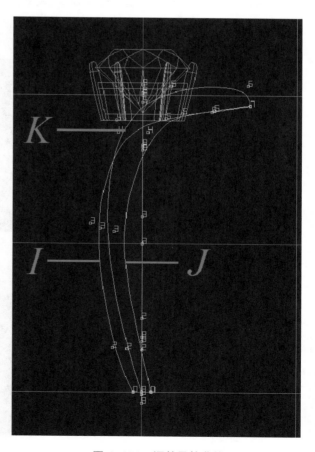

图 4-133 调整导轨曲线

141

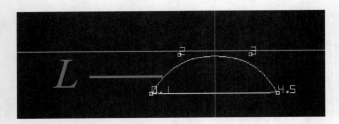

图 4-134 导轨切面

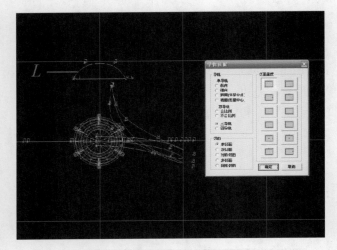

图 4-135 对导轨曲面的设置

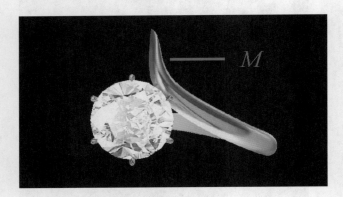

图 4-136 曲面生成

图 4-137 戒指最终完成图

□ 表示轨道曲线处于切面曲线底边的左下角及右下角；

□ 表示轨道曲线处于切面曲线高度的中间处，分别在左右两条边上；

□ 表示轨道曲线处于切面曲线顶边的左上角及右上角；

□ 表示轨道曲线处于切面曲线底边，位于其右下角及宽度的中心处；

□ 表示轨道曲线处于切面曲线高度一半的地方，分别位于切面曲线的中心及右侧边上；

□ 表示轨道曲线处于切面曲线的顶边，位于其右上角及顶边的宽度中间处；

□ 表示轨道曲线处于切面曲线的左侧边上，分别位于其左上角和左下角处；

□ 表示轨道曲线处于切面宽度中间处，分别位于顶边和底边上；

□ 表示轨道曲线处于切面曲线的右侧边上，分别位于其右上角及右下角处；

□ 表示轨道曲线处于切面曲线的左侧边上，分别位于其左上角及中间处；

□ 表示轨道曲线处于切面曲线的宽度的中心处，分别位于其顶边及高度的中心处；

□ 表示轨道曲线处于切面曲线的右侧边上，分别位于其右上角及中间处。

选中曲面 M，单击浮动工具列上的【旋转 180°复制】，得到一个新的曲面，到此即完成了对戒圈的制作，如图 4-137 所示。

第五步：图像生成

单击窗口中检视工具列的【快彩图】按钮，这样就完成了对物体 A 曲面的制作。这时可以从不同的视图窗口观察物体，看其是否符合要求，如图 4-138 所示。

第六步：选择材质，完成戒指制作

三维效果生成后，通过后期 Photoshop 图像处理可以达到最后的效果，图 4-139 所示就是用 Photoshop 处理过的一款戒指的效果图。

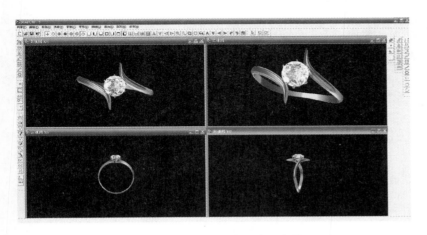

图 4-138 戒指的三视图和透视图

图 4-139 三维立体效果生成及后期处理

3. 造新材质

下面简单介绍材质的造新。首先找一张贴图,通过 Photoshop 将图片格式转为 "bmp" 格式,并将图片保存到 JewelCAD 软件安装的位置,将肌理图片放到【Material】文件夹中的子文件夹【TxtrMap】中。

选择【编辑】/【造新】/【修改材料】,对话框中主要包括 Material(材料)、Base Color(基本色)、Mapping(贴图)、Appearance(表面性质)等 4 个选项。【Material】显示的是材料名称,在这里输入所设置的材料名称,也可以通过单击【Browse】(浏览)按钮更改或添加材料名称。【Base Color】包括 Ambient(环境颜色)、Diffuse(散色颜色)和 Specular(亮光颜色)。【Mapping】包括 Texture(纹路)、Bump(粗糙度)、Reflect(反射度)和 Shiny(光亮度),每一项都是由一个 BMP 文件确定的。【Appearance】包括 Shininess(光亮度)和 Transparency(透明度),如图 4-140 所示。需要注意的是对话框中的选项【Generate material image】,如果选中此选项,则会生成一个图像文件,并且这个文件可以在材料对话框中以按键形式出现,它的名称与材料文件的名称相同,只不过在扩展名上有所区别,在造新这些材质时不需要勾选此项。

单击【杂项】/【存光影图】,

143

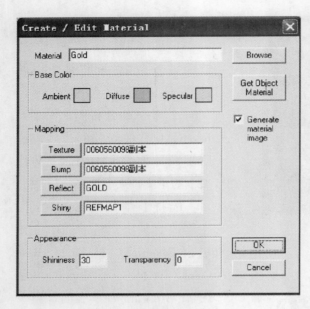

图 4-140　造新材质

将材质保存到【Material】文件夹中，文件名必须与【造新材质】对话框中【Material】选项所取的文件名相同。

选中【编辑】/【材料】选项，点击已经制作好的木纹材质，至此，新材质制作完成，如图 4-141 所示。

以上操作即是对图 4-142 所示吊坠作品中乌木材质的造新过程。

在此基础上使用 Photoshop 软件进行图像的后期处理，如图 4-143 所示。

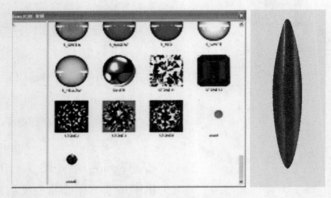

图 4-141　造新材质操作

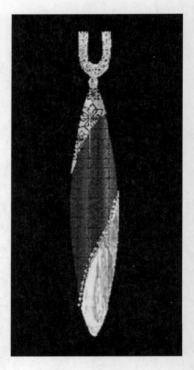

图 4-142　吊坠

图 4-143　作品完成效果

工艺实践——

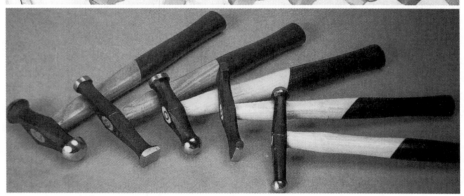

首饰的制作工艺

课题名称： 首饰的制作工艺

课题内容： 首饰制作的基本工具及使用技巧

　　　　　　首饰基础工艺技术

　　　　　　首饰镶嵌工艺

　　　　　　首饰蜡雕工艺

　　　　　　首饰铸造工艺

　　　　　　首饰珐琅工艺

　　　　　　首饰花丝工艺

课题时间： 28课时

训练目的： 通过学习精品首饰的制作工艺，了解各种工具的使用技巧，使学生掌握扎实的首饰工艺制作基本功，提高实践动手能力。

教学要求： 掌握精品首饰的制作工艺。

　　　　　　掌握各种首饰工具的使用技巧。

　　　　　　掌握各种技术的操作关键点。

第五章 首饰的制作工艺

在我国，首饰制作工艺历史悠久。早在商代中期以前，我国就已掌握了制造金器的技术。从殷商时期的首饰作品中，我们已经可以看出许多绘画作品被应用到首饰制造技术中。春秋战国时期，已经采用了铸造和焊接技术。今天，我国的首饰加工能力仍然处于世界首位。尽管如此，由于首饰制造业最初是一门传统手工艺，早期一直延续着师傅传徒弟的习俗，到2006年为止，有关首饰制作工艺的书籍比较少。那时候，笔者曾走遍国内各大型书店，发现有关首饰制作的书籍仅10本左右，这种状况对于国内当时日益兴起的首饰专业来说，学生只能从老师那里学到基本技能，许多深入的制作工艺都要到企业中从头学起。而10年后的今天，我们已经能够从书店或图书馆中翻阅一些从国外引进到国内的技术译著，随着国内首饰专业10年来的发展和日益成熟，与首饰制作工艺相关的书籍也逐渐增多。本章将按照教材标准将首饰制作工艺的一些经验技巧与读者分享。

第一节　首饰制作的基本工具及使用技巧

一、首饰制作的主要工具、设备及使用技巧

（一）工作台

1. 简介

工作台是首饰制作人员制作首饰的桌台。一般被安置在光线均匀的朝北的窗户下面。尺寸可以根据使用者的需要自己设计。

大多工作台是由几层组成的，有一层、两层、三层、四层等。一层是用于焊接等制作环节的台面用，上面悬挂吊机，使用多功能熔焊机的还会有比台面高一些的一个层面，用来放置多功能熔焊机和台灯。中间的层用来放置工具，有的简易工作台没有中间层，工具直接放在台面右侧，最底层用来回收锉屑。焊接不在工作台上进行，而是独立的，这样可以保持桌面的相对清洁。

无论何种工作台，好坏都是以高度合适、使用便捷为衡量标准。因为长期从事首饰制作的人员很容易罹患颈椎、腰椎病，所以工作台凳子和桌面的高低设置要更加人性化，高度要因人而宜。

2. 使用技巧

一般，焊接设备在工作台左侧，方便左手拿焊枪；台灯和吊机在右侧，方便开关和右手打磨。如果使用多功能焊机则放在上层左上侧，使用皮老虎就放在脚下左侧。当然这种位置不是绝对的，一切以舒适方便为主。

摆放其他首饰制作工具时，一般习惯性地把钳子放在二层抽屉左侧，锤子放在右侧，因为通常左手拿钳子、右手拿锤子。而放在上层右侧的往往是常用的镊子等，方便右手夹取焊药进行焊接。不同形式的工作台如图5-1所示。

图 5-1　三种不同的工作台

（二）焊接设备

1. 简介

焊接设备有许多类型，大小不一，不同的企业、学校和个人根据自己的需要采用不同的焊接设备；而不同的金属由于熔点不同需要的温度不同，采用的焊接设备也不同，仅多功能熔焊机就有多种不同的型号。

2. 使用技巧

简单介绍几种不同的焊接设备。

（1）管道煤气和空气压缩机

管道煤气和空气压缩机是一种效率较高的焊接设备，它通过压缩空气对煤气施加压力后的混合气体使火焰温度上升，以达到焊接目的。大型企业为提高工作效率普遍使用这种焊接设备。对比早期皮老虎产生压缩空气的方法，它节约了工人脚踩的部分体力。

这种焊接设备在使用时应该注意以下几点：

①使用时先打开煤气开关，然后根据加热产品的受热面积调整压缩空气的进气量，使用者应学会通过调整进气量来调节火焰长短、大小的方法。

②企业或学校的设备管理者在使用焊接设备后一定要检查各管道的关闭情况方可离去，离开时要关闭总闸，以防气体泄漏。

（2）煤气、汽油、乙炔等燃料和皮老虎产生的压缩空气或氧气混合使用

皮老虎是一种可以产生压缩空气的装置，皮老虎挤压产生的压缩空气可以与煤气、汽油、乙炔等燃料混合使用，使温度升高以达到焊接加热的目的。其中煤气往往和氧气配合使用；汽油通过皮老虎鼓气在油壶中形成汽油气，通过管道输送到焊枪；乙炔则通过氢氧发生器让电石和水反应生成氢气，混合氧气一起使用。

（3）水焊机

水焊机是一种便于加工铂金首饰、可以进行精密的高品质焊接的首饰加工专用机器。它的主要特点是：火焰温度可达到2800℃，火焰精细，焊接质量高。它主要使用的燃烧物是水，使用安全且不污染环境，也没有废气产生，是一种环保型的焊接设备（图5-2）。

图 5-2　水焊机

（4）多功能熔焊机

多功能熔焊机有小功率和大功率之分。在学校的教学实践中，多功能熔焊机与焊炬头、胶喉组装在一起可以更加方便教学使用。制作者通过火焰调节按钮可以调节火焰的大小，以便更加便捷干净地制作出精细的首饰。其中大功率的多功能熔焊机功率在58W左右，温度可以高达2000℃，可以用来熔化金、银等金属原料，当然也可以用来配制925银和各种合金。因为金的熔点为1064.43℃，而银的熔点只有961.93℃。

与多功能熔焊机相连接的焊炬最好选用铜管的，尤其云南当地卖的一种铜管焊炬质量较高，可以调节出高质量的火焰。多功能熔焊机配合航空汽油一起使用，干净快捷，特别适宜于学校教学或个人工作室使用，如图5-3所示。

3. 配套焊台或焊接盘

焊台（图5-4）一般采用防火材料制成。在工作台上进行焊接的一般采用矩形无石棉陶瓷板。此外，耐火砖和焊接盘等都可以用来焊接，其中焊接盘可以旋转，上面铺有一层浮石，便于固定工件和焊接。有时木炭块也可以在焊接时用来固定工件。

（三）压片机

1. 简介

压片机的作用是将金属压薄展长或者压制成条型材，是制作首饰所需片材和条材的工具。一般分为小型手动（电动）压片机、中小型手动（电动）压片机和大型手动（电动）压片机（图5-5）。一般学校教学购买一台小型手动压片机和一台大型电动压片机已经足够。如果制作器型较大的艺术首饰最好使用大型压片机，因为大型压片机压片轴宽度较宽。

(a) 多功能熔焊机　　　　(b) 航空汽油容器　　　　(c) 漏斗

图5-3　多功能熔焊机及其配件

图5-4　焊台　　　　　　**图5-5　几种压片机**

2．使用技巧

对金属进行压片或者压窄金属条前应先进行退火，退火后的金属会变软方便压延。另外，使用时先将压片机的压滚调至比金属片稍窄，后将金属片轻轻送入压片机，每压大约两次片退一次火。经常退火可以更加快速地进行压片操作，也可以提高压片机的使用寿命。

（四）拉丝机

1．简介

拉丝机（图5-6），又名手工拉丝凳。它是可以将金属条拉成不同粗细型号的细丝的工具，也是帮助我们制作首饰所需的不同线材的工具。拉丝机要配合拉线板一起使用。拉线板可以分为以下几种类型：小圆—大圆型、小半圆型、小四方—大四方型、小长方型、中六角型等。不同型号的拉线板可以拉出不同截面形状和粗细的丝。

2．使用技巧

拉丝前，在拉丝孔洞中抹一点油，首先对金属铜丝退火，之后用锉刀将铜丝的一端锉细，锉到刚好可以插进拉丝板的小孔为止，再次将金属丝待插入拉丝孔中的锉细的一段退火，之后用大虎钳夹住穿过拉丝板的细头，慢慢匀速摇动手炳。注意，一定要匀速慢慢拉动手炳，不可速度太快，以免拉断所需线材。此外，在拉丝过程中要不断对金属丝进行退火操作，这样可以帮助我们更快更好地进行拉丝操作。如果要将一根直径为0.8mm的银丝拉得更细，可以直接用台钳夹持紧拉丝板进行手工拉丝操作。先将银丝盘起来均匀退火，之后用打火机对将要插入拉丝孔的银丝头部进行退火，一只手用平嘴钳夹持住退过火的银丝头部前面一段，平嘴钳的头部抵住台钳一侧；另一只手拿住银丝后面一些的位置，两手轻轻用力拉，采用这样的方法可以将银丝头部均匀拉细，以方便将其插入到拉丝孔中。比起用小锉锉磨银丝头部来说，这种方法更科学。

（五）钻眼机

1．简介

钻眼机（图5-7），又名调速小钻床，用来为金属、珍珠或有机玻璃等材料钻眼。有些需要镂空的金属材料也可以通过钻眼机钻好几个眼，后将锯条插入眼中锯出需要镂空的部位，方便又快捷。

图5-6　拉丝机

图5-7　钻眼机

2．使用技巧

在金属下面垫一块软木，调好针头落下的位置，用记号笔为待钻眼部位做好记号，打开电源，左手压紧金属片，右手缓缓轻轻压下摇杆，待钻眼成功后，顺手关闭电源。

使用钻眼机应注意：带上护目镜，麻花钻头不要装歪，装歪的钻头很容易断掉飞溅；左手压持住待钻眼的金属片，如果手没压紧金属片，金属片会随钻头旋转发生危险，如果真的不小心看到金属片随钻头旋转，应松开右手摇杆并关闭电源；如果待钻眼的金属片较厚，则要记住向下压的摇杆须间歇性用力，这样可以缓解因摩擦而快速升高的温度。

（六）高温锔炉

1. 简介

高温锔炉（图5-8）在首饰制作中主要用来熔化金属材料、配制材料或烘烧石膏，同时高温锔炉也可以用来制作珐琅工艺品与首饰，当然要配一套炉内珐琅不锈钢或钛合金托架和炉外托管。其中，不锈钢托架的厚度最好在2mm以上，以免高温变形，而用钛合金制成的托架比较耐高温，但价格相对较贵。教学中使用的普通非数控的高温锔炉一般温度可以达到1000℃，电流在25A以内，电压220V，功率约4kW，内炉膛尺寸在300mm×320mm×240mm左右，价格在2500元左右。这样一个简易的高温锔炉由一个小电炉和搭配的外置温控器组成，经济实用，基本能满足制造小型珐琅首饰的需要。而数控的高温锔炉的价格多在7000元以上。

2. 使用技巧

插上电源，利用温度按钮定好需要达到的温度，打开右边的电流开关开始升温，直到达到所需烧制的温度，将退过火、酸洗过的铜板上面掐好丝、上好釉之后放在托架上，用托管平稳地托至炉内烧制。

（七）吊机

1. 简介

电动吊机是一种常用于镶石、执模等操作的方便快捷的工具。它由吊机机身、软轴、机头、脚踏四部分组成，机头上配有不同种类的铣刀。其中软轴长约1m，外面套着蛇皮管，方便制作者灵活操作；机头则有两种，制作者可以根据所加工的材料选择不同的机头和铣刀，一般执模用的机头比镶石用的机头粗大些；而脚踏则是用来控制吊机操作速度的。同吊机相配的成套铣刀也有很多种，根据制作的需要可以选择不同的铣刀，如波针、伞针、钻孔针、桃形针、轮针、厚薄飞碟、直牙针、斜牙针、吸珠等。这些不同的铣刀有助于对材料打孔、铣空、打磨等。

此外，吊机一般置于工作台上方悬挂，踏板放在右边地上，方便脚踏操作。吊机有国产和进口之分（图5-9）。由于吊机的用途比较广泛，使用频率较高，较容易损坏，最好购买进口的。

图 5-8　高温锔炉

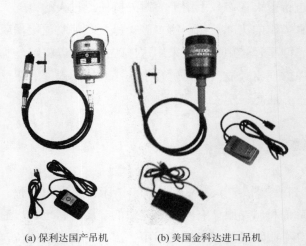

(a) 保利达国产吊机　　(b) 美国金科达进口吊机

图 5-9　吊机

灵活地选用不同的铣刀，电动吊机可以帮助我们制作出更加精细的首饰。

2. 使用技巧

使用电动吊机时，首先要注意铣刀不要装歪了，脚踏踏板时不要过于用力。

此外，注意吊机不要空转，即使不使用时最好也装有钻针，空转吊机容易损坏吊机机头。使用吊机务必束起长发，戴上发套。装直针头，使用时间歇性用力。

吊机的使用要配合各种各样的机针，机针俗称锣嘴。它有很多种类型，分别用于不同的用途，有钻针、桃针、伞针、飞碟、扫针、波针、吸珠、轮针等，图5-10是一些机针图片，制作者可以根据需要选择不同机针。

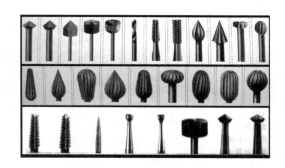

图5-10　各种吊机机针

（八）台式吸尘打磨机

1. 简介

一件制作好的首饰要经过精细的打磨和抛光才可以焕发出光洁明亮的光芒。除了使用传统的锉刀或吊机打磨外，台式吸尘打磨机也是必需的可选工具。在锉刀或吊机的前期打磨中，总会留下一些痕迹，如细小的锉痕、擦痕、钻痕、夹痕以及小小的焊疤等，通过台式打磨机可以将这些细小的瑕疵去掉，让首饰看上去完美无瑕。

台式打磨机有很多种，有单头的、双头的、吸尘和不吸尘之分。大部分都有防尘罩和吸尘装置，以减少贵金属粉末的损失和对人体的伤害。电动机的转速一般在3000r/min以上（图5-11）。

2. 使用技巧

打磨抛光之前，先打开吸尘器，将之前抛光后的粉尘吸进过滤箱，之后打开抛光电动机电源，先借助电动力量将布轮装到电动机的带螺旋纹的锥形中轴上，涂抹些许抛光蜡，注意初次打磨抛光时，抛光蜡不要涂得太多，以免将蜡粘在抛光首饰表面掩盖砂眼及细小痕迹。先进行粗抛光，粗抛光重点在于那些锉痕、钳痕、钻痕以及小焊疤等，

图5-11　台式吸尘弹头双头打磨机

粗抛光过程中，不要用力过大过猛，以免留下抛光凹痕而不能补救。此外，一些较细小的部位如戒指的主副石镶边、花纹装饰部位等，最好使用飞碟，涂上绿蜡进行粗抛光。粗抛光后，要进行中抛光和细抛光，细抛光可以让首饰的表面越发光亮，细抛光时在布轮上涂上红蜡，注意摩擦接触面要小，用力要均匀。

3. 配套布轮和抛光蜡

台式打磨机的配套布轮和抛光蜡有很多种，如布轮有6寸、7寸白布轮，4寸、5寸、6寸、7寸黄布轮，各种尺寸的美国进口飞碟，各种尺寸的羊毛辘或麻辘等；抛光蜡则有白、金黄、蓝、灰等，英国红蜡，韩国白蜡，进口中青蜡等，制作者需要根据所打磨抛光的首饰材料的不同选择不同的抛光布轮和抛光蜡。有的布轮和蜡用来打磨抛光铂金，有的用来抛光银，有的用于粗抛光，有的用于细抛光。一般黄布轮用于粗抛光，白布轮用于细抛光；绿蜡多进行粗抛光，白蜡用于中粗抛光，而红蜡则用于细抛光，这是由每种蜡的成分不同所决定的。此外，首饰打磨抛光程序中还常常使用各种木心毛刷，专门用于首饰的凹凸花纹及细小缝隙的抛光。

（九）滚筒抛光机或电磁抛光机

滚筒抛光机（图5-12）有单向和双向之分；电磁抛光机有大、中、小型之分，有的是国产

的，有的是进口的，配合磁力抛光液或抛光膏一起使用，方便快捷。图5-12、图5-13是几种不同类型的抛光机。

(a) 双滚筒抛光机　　　　(b) 特大滚筒抛光机

图 5-12　滚筒抛光机

(a) "国产"震动抛光机　　(b) 韩国磁力抛光机　　(c) 德国小型抛光机

图 5-13　国内外的抛光机

（十）超声波清洗机

1. 简介

首饰经过打磨抛光后，表面会留下抛光蜡和灰尘，必须经过超声波清洗机清洗，才能让首饰表面彻底干净光洁。超声波清洗机（图5-14）是利用声波之间的作用产生强烈震动对首饰表面的污物进行反复冲洗。它有很多品种，除有国产和进口之分外，还有4头、6头、12头、18头、24头等之分，另外还有加热和不加热之分。加热超声波清洗机使用时可以使清洗更加有效快捷。

此外，超声波清洗机在使用时，要配合专门的清洗液，现在市场上出售的清洗液也有很多种，有洗首饰水、洗银水、洗珍珠水、除蜡水等。需要注意的是，配制首饰清洗液的水温要在50～70℃之间。

图 5-14　几种超声波清洗机

2. 使用技巧

清洗首饰前，将配制好的首饰清洗液倒入清洗槽中，与此同时，将待清洗的首饰用金属丝穿挂起来，以保证其全部浸泡在清洗液中，之后对其进行加温，加温至50℃左右时将超声波的开关打开。打开开关后持续3～5min，将清洗后的首饰用清水清洗干净，最后用吹风机吹干首饰，带上专用手套将首饰收藏起来。

（十一）喷砂机

喷砂机（图5-15）是对首饰表面做效果的机器。利用喷砂机可以将首饰的某些光滑的面打磨成亚光效果。市场上的喷砂机有大、中、小型之分，也有单笔、双笔等之分，有的还配有气泵。

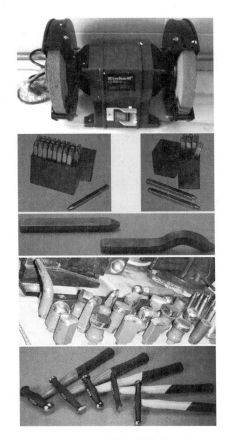

图 5-16　砂轮机等锻造工具

（a）中型水喷砂机

（b）小型水喷砂机

（c）美国喷砂机

图 5-15　喷砂机

（十二）砂轮机

1. 简介

"工欲善其事，必先利其器"，在首饰加工制作中，制作者对于这句古老名言深有感触。砂轮机（图5-16）则是"利其器"所需的必要工具。利用砂轮机可以制作各种各样的钢錾子或锤子等，这些小工具可以锻造出各种各样的首饰造型。在金属浮雕工艺中，自制錾子也是必不可少的环节，利用砂轮机制作出各种各样的錾子和造型各异的金属垫托可以让首饰制作工艺更加流畅，是制作精品艺术首饰的必需。将砂轮机制作出的小工具与铁锤、牛角砧、四方平砧、梯形铁砧、坑铁、窝砧、窝作等配合使用，以帮助锻造出各种艺术造型。

2. 使用技巧

使用砂轮机要注意安全，最好有教师在旁边时操作，带上头盔、护目镜、口罩等，若想要制作一盒不同造型的钢錾或打磨厚铜片时，还需备一杯冷水，用于给操作时过热的钢錾快速降温。

如果想要将黄铜片的侧面打磨直，那么记住要用砂轮机的中下部或侧面，双手拿紧画好线的工件，用一个点接触砂轮。

（十三）中频熔金机

熔金机（图5-17）在院校教学中使用不多，一般是工厂和一些做金活的师傅常常用到。在首饰铸造工艺中，小型熔金机配合其他铸造机一起非常好用。在铸造工艺中，熔金机可以帮助快速熔化金属碎料或补口，用熔金机熔化好的材料快速倒入石膏阴模中成型。熔金机有多种类型，有1kg、2kg、3kg、4kg的熔金机，有国产的也有意大利、日本进口的，其中4kg水循环熔金机大概在1万元左右。院校教学或个人工作室使用的熔金机没必要买太过昂贵的，能够满足教学需要的、简便易操作的机型既节约空间，又经济适用。

（十四）天平

天平分为机械天平和电子天平两种，使用电子天平更为快速便捷。作为高精密工具的天平（图5-18）在首饰行业中使用比较普遍，无论在材料保存还是生产加工等环节中，都会使用到天平，而一般的家庭作坊使用一台机械天平就足够了，当然，如果购买一台进口的电子秤更为方便。

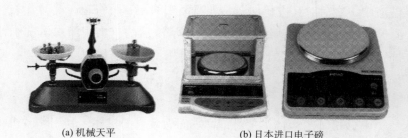

(a) 机械天平　　　　　　　　(b) 日本进口电子磅

图5-18　天平

在使用天平称量之前，首先要对天平进行零点调整，轻轻旋动天平横梁两平行螺母进行零点调整。此外，在天平使用一段时间后还要进行感量调节，即通过升降指针上的感量圈进行感量调整。之后，轻轻缓慢旋动开关，防止天平左右晃动产生误差，随后开始称量。称量过程中，首先估计一下待称量材料的重量选择好砝码，将材料尽可能放在托盘中央，启动天平，按照材料重量增减砝码，直到指针静止到分度牌10mg内的读数为止。被称物在10mg以下的，由分度牌直接称量，在10～990mg以内的通过旋动圈形砝码称量。需要注意的是称量过程中需要增减砝码时，必须把天平回旋至停止称量状态。在天平读数的过程中，克拉以下的重量由砝码的旋钮指示读值和分度牌上指针静止时的数值，克拉以上的重量则读取秤盘中平衡砝码的数值。

(a) 国产 1kg、2kg 熔金机

(b) 意大利产 1kg、2kg 熔金机

图 5-17　熔金机

（十五）台钳

常常被装在大工作桌上的台钳（图5-19）在精品首饰的制作中使用频率较高，是一种用来固定被加工工件的夹具，以便进行工件打磨、切割、拉丝等。如果想要将金属边缘打磨成直线，可

以先距金属边缘画一条直线，然后用台钳沿直线夹持住金属，用锉刀沿一个方向打磨。当想要将一根金属丝拉成更细的丝时，可以用台钳夹持住拉丝板，将退过火打磨过前端的金属丝插入拉丝板的孔洞中，用尖嘴钳进行拉丝操作。由于台钳使用频率较高，很容易损坏，一般一个工作室需要多台。

除了以上常用工具外，用于首饰制作的工具还有很多，如离心铸造机、压模机、注蜡机、搅粉机、抽真空机等用于首饰铸造的工具，以及玉雕机、电脑雕蜡机、小机床、激光焊接机等，在此不一一介绍。

图5-19　台钳

二、首饰制作的配套工具及使用技巧

制作首饰的附属配套小工具很多，如锤、钳、锯、锉、夹、尺、铲等，但却是样样都不可缺少的工具，如图5-20所示。

（一）锤

锤又称榔头，它有很多种。按照材料，有铁锤、胶锤、皮锤、木锤等，按照形状，有平头锤、圆头锤、尖嘴锤等。根据材料和造型的不同，锤可以用来进行不同的工艺，例如：铁锤往往配合砧、戒指铁、方铁等工具，敲出戒脚、敲平金属、敲出各种造型等；小钢锤主要用于镶石；铜锤用来加工精细的首饰，操作过程中不容易在工件表面留下痕迹；木锤则主要用于延展金属片、加工大块的工件等，用木锤敲金属，无论怎样用力都不会在金属表面留下痕迹。此外，一般平锤用来延展金属平面或加工方形、菱形等工件，球形锤则用于

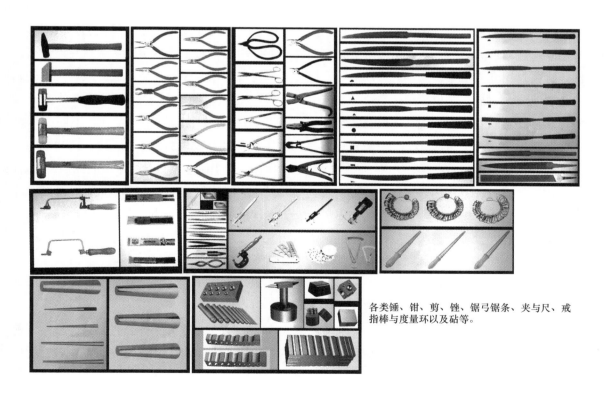

各类锤、钳、剪、锉、锯弓锯条、夹与尺、戒指棒与度量环以及砧等。

图5-20　各类首饰小工具

加工圆形或球形，铲形头或锥形头锤用来敲金属细小的地方或者将金属片敲弯等。另外，除常见的市场上可以买到的锤子外，许多设计师还喜欢自己制作各种造型的锤子，无论怎样的锤子都必须表面光滑、质地坚硬，如果锤头表面没有保护好，在敲击过程中很容易在工件表面留下痕迹。同样，硬度不高脆性高的锤子也很容易在表面形成裂口，对人造成伤害，这些都要严加注意。

（二）钳、剪

钳的种类也非常丰富。有平口钳、圆口钳、尖口钳、方口钳、弯嘴钳、扁嘴钳、圆槽钳、镶石钳、曲戒指钳、钳戒指钳、拉丝钳、手钳、平头剪钳、水头剪钳、木钳、标签钳、标签封口及打孔钳等。其中平口钳、方口钳多用于弯直角或者把持细小的工件等；圆口钳和尖口钳多用于弯曲金属线或金属片；圆槽钳用于使金属片和金属线弯曲成固定的弧度，且不会在工件弯曲处表面留下痕迹；剪钳用来剪断金属；镶石钳用来镶石；手钳用来固定待加工工件；木钳则常常用来夹住金属托镶石并且不会在金属表面留下痕迹；而拉丝钳是体积较大的五金大钳，常用来拉丝或剪断较粗的金属线，拉丝机上面的大钳就是拉丝钳。

在精品首饰制作中，剪主要用于分割较大、较薄的首饰工件，一些较为复杂的造型及较厚的工件不适合用剪分割。剪也有很多种，其中剪钳有斜口钳、直水口钳、斜水口钳等，除剪钳外还有各种黑柄剪刀、短直嘴蓝柄剪刀、长直嘴蓝柄剪刀等。

（三）锯

锯弓是配合锯条一起使用的，有国产和进口之分。长约30cm，锯弓用铁制成，两头有两个螺丝，用来固定不同型号的锯条，锯柄则是木质的。锯条型号有多种：8/0、3/0、2/0、1/0……首饰制作中常用的是4/0、3/0，俗称四圈、三圈。相对较粗的锯条用于下料，而细小的锯条多用于镂空花纹等。线锯是精品首饰制作中常用的最精确的切割工具，有时甚至可以用来打磨，小巧而方便。

（四）锉

锉也是精品首饰制作中的常用工具之一。主要用于首饰外形的整理、锉出形状及外轮廓、锉光表面、锉掉焊料及焊接痕迹等。锉的种类也很多，有平锉、三角锉、半圆锉、卜竹锉、方锉、竹叶锉、圆锉、刀锉、扁锉、鼠尾锉等。

一般粗加工多用大尺寸的粗齿锉，如平锉、半圆锉等，细加工则用细齿的什锦锉。在加工首饰工件的过程中，半圆锉、圆锉用于加工戒指或圆形工件的内圈以及在金属板上掏出圆形、半圆形等，三角锉和方锉用于打磨工件内角或从金属片上锉出三角形缺口及凹坑等，鼠尾锉则用来锉圆形的凹位，或扩大小的圆形空心等，乌舌锉、卜竹锉可以将金属表面突起的部分锉掉。锉齿有疏密之分，根据锉齿的疏密，锉刀可以分为不同的号型，一般在锉刀尾部都印有从00号到8号的编号，其中，00号的齿最疏，8号的齿则最密，最常用的是3号和4号。大约8英寸（1英寸≈25.4mm）长的红柄半圆锉锉齿比较粗，常用来锉出工件大致的雏形。而与红柄锉同样尺寸的滑锉也称油锉，也是半圆锉，没有手柄，通常用来进行工件最后的处理，通过滑锉打磨出来的工件更加细滑，方便下一步砂纸打磨和抛光。

（五）砧

砧是一种敲击金属时用来支撑的工件。有多种类型，目前国内使用比较普遍的是：牛角砧、窝砧、坑铁、四方平砧、梯形铁砧等。

牛角砧可以支撑敲打出圆形、弧形工件等；四方平砧可以在上面敲平或敲薄金属片、敲直金属条等；窝砧可以敲出比窝砧凹坑稍小的半圆球形或圆形工件，有时还用来支撑敲出戒指的镶口；而坑铁用途也较多，除能帮助将金属片敲出弯曲弧形外，还可以加工半圆工件，也可以用来敲戒指的镶口和弯曲的花瓣等。砧的表面一定要保持干净光洁，以免在敲击过程中在工件上留下痕迹。

（六）戒指棒

戒指棒分为两种，一种适用于测量内圈大小；另一种则用来支撑戒圈，方便戒圈的制作。前者作为测量用的戒圈往往是铜制的，配合指环一起使用，指环由33个大小不一的金属圈组成，用来测量手指的粗细，铜质戒指尺上则刻有1~33号的33个不同的刻度，其中33号刻度处的直径为24mm，1号为12mm，根据手指的粗细选择好指环后，在加工指环过程中再使用铜戒指棒测量，可以准确地制作出指环的大小。而后者铁质戒指棒则是用来敲制戒指圈，将其整圆或扩圈用，焊接戒指也需要用铁质戒指棒调整戒圈。

（七）夹、尺、铲

夹有钻石夹、镶石夹、焊夹、葫芦夹、反向夹等。其主要用途是：夹住钻石进行检验，夹住工件进行焊接、退火、酸洗，夹镶嵌用的宝石，夹剪好的小焊片等。通常不同的夹用来完成不同的工作，焊接时需要用细长的夹子夹细小的焊片，夹子头部最好能很好地合严，并且表面保持干净；夹较大的工件的夹子口部要扁平粗大；宝石夹的夹口要细长、有槽口等。

首饰中最为常用的尺为游标卡尺，分为物理和电子的两种。游标卡尺有多个种类，主要用来精确测量工件的厚度、长度、宽度以及圆形工件的内外直径。除此之外，还有铜卡尺等。而铲常常用来回收金属屑、装宝石或者用来筛珐琅料等。

（八）火漆球、自制各类钢砧

火漆球，又叫火漆碗，是一种可以用来作为依托，将金属固定在其上雕花、敲形的工具，可自制也可在首饰工具公司购买。自制火漆球一般是将买回的火漆熔化在半球形的塑料壳中，再将半球形塑料壳放在圆金属环上，即可以任意角度转动敲制金属造型了。使用时，先用火将火漆烤软，将要加工的小型金属工件插入其中，等火漆冷却下来，金属工件就被固定在火漆球上，以方便敲制、镂花、镶石等。火漆球可以配合铁锤及各种自制钢砧敲出各种各样的花纹及造型。

第二节　首饰基础工艺技术

一件精美的艺术首饰成品，在制作的过程中凝结着制作者的情感和辛勤劳动，这不是可以用金钱来衡量的。在进行锯、敲、焊、锉、退火、打磨、抛光等工序中，那些经过"锯"出的圆形、环形、椭圆形等几何形，和那些经过"敲"出的柱体、半球体等形体，以及那些经过"焊"出的立方体、球体等，还有那些被"打磨"的光亮的金属表面，都凝结了制作者的汗水和巧妙技术。作为首饰制作专业的学生，练就这些扎实的基本功尤为重要。

在开始饱含热情制作一件意韵深厚的首饰作品之前，优秀的首饰基础制作工艺基本功是完成这一美好心愿的基础。当然，也可以借助当今最先进的3D打印技术或者电脑雕蜡机等，但用机器制作的作品永远无法抹去机器制造所带来的生硬之感。虽然在工业化大生产面前，技术的发展可以大大地节约劳力，相反的，这种批量化的大货产品也进一步衬托出手工劳动的灵动之美，而手作过程中的快乐更是弥足珍贵。

随着综合材料首饰在国内越来越受到关注，首饰制作技术在艺术首饰创作与制作中的作用也越显得重要，一件作品的生命力往往是与优秀的设计和精湛的工艺不可分的。首饰设计与制作工艺作为一个曾经小众的圈子并不可短期速成，从某种程度上讲，你掌握的技术越多越深厚，用来表达作品概念、实现作品的手段就越丰富，作品概念的表达力度也越生动。

下面主要讲解首饰基础工艺的操作关键点，以帮助学生打下扎实的首饰制作基本功。

一、退火、淬火与酸洗

（一）退火

无论是擅长使用树脂、硅胶材料制作首饰，还是使用乌木、陶瓷、珐琅等其他综合材料制作首饰，精品首饰的传统用材金属都是必不可少的。这不仅仅是为了增加首饰成品的重量感，而是现实中无论是过去、现在或是未来，金属都是首饰创作中必不可少的核心用材。

首饰工艺制作的第一步就是要对金属材料进行退火。退火是一种通过加热金属使其变软的过程，以便于金属的加工制作。另外，当金属被拉伸、弯曲、锻打或者敲击后会变硬而使操作困难，这时也常常使用退火。退火工艺常常伴随着首饰制作过程的始终。

退火是对金属进行热处理的方式之一。热处理是对固态金属进行加热、保温、冷却以获得所需要的组织结构与性能的工艺。热处理技术分为：退火、淬火、回火、正火四种。其中，退火是指将金属加热到适当的温度，保持一定的时间之后缓慢冷却的热处理工艺。退火时，首先打开焊枪，调整焊枪的火焰，用火焰中的淡蓝色区域进行退火，火焰最高效的位置是距其末端大约2.5cm处，当火焰呈羽状时烘烤整个金属片，直至烧到发红为止，保持一段时间后自然冷却，然后将冷却后的金属放在稀释的硫酸溶液中进行清洗，再用清水清洗，这时的金属材料内部应力即被消除，金属的硬度和脆性降低，更便于"敲、锯、锉"等工艺操作。

事实上，由于每一种金属都有自己的熔点，所以不是所有的金属都需要在操作过程中不断退火，如纯金、纯银，本身质软，很少或者根本不需要退火。而铜在加工中很快就会变硬，需要有规律地退火。虽然采用焊枪火焰是既快又实用的退火方式，但并不是唯一，对于一大块金属或者一卷金属丝而言，将金属放在窑炉中退火更加适合。不同金属的退火温度如表5-1所示。

表5-1　各种金属的退火温度与熔化温度

名称 温度	铜	银	金	白金	铂金
退火（℃）	600～700	600～650	650～750	650～750	600～1000
熔化（℃）	1080	960.5	1063	929	1769

（二）淬火

淬火是将金属工件加热到某一适当温度并保持一段时间，随即浸入淬冷介质中快速冷却的金属热处理工艺。淬火后，钢和铜一般会变硬，且同时变脆。金属在焊接后，往往需要淬火，在淬火前金属需慢慢冷却，以防止因金属内部应力引起的变形，也可以避免将金属猛然放入酸液中释放出有毒的烟雾。对金属进行淬火，一般要仔细阅读所购买的金属的技术说明书，有的金属如黄金则不需要淬火，而有的金属要在特定温度下淬火。

（三）酸洗

金属在加热过程中会发生不同程度的氧化，氧化所产生的金属表面的黑色氧化膜需要酸洗才能去掉，酸洗也可以去除焊接时留下的硼砂焊剂。对金属进行酸洗可以选用多种配比的洗液，常用的有稀硫酸、明矾、盐酸、磷酸等，还有一些较为环保的洗液如柠檬酸、醋盐水洗液等。用稀硫酸酸洗前，首先要去除金属表面的绑丝，并且尽量用钛镊或防酸镊子，如果将不锈钢镊子或绑丝连同要酸洗的首饰一起放入酸液中，会污染酸液以及随后放入的待清洗的金属工件。相反，如果使用既经济又环保的柠檬酸清洗，则不会污染不锈钢镊子，也不会腐蚀绑丝，对人体健康也有好处，清洗效果也相当有效（表5-2、表5-3）。

二、锯割、钻孔与镂空

（一）锯割

在首饰的加工制作中，锯是最必要的工具之一。刚刚从模具中倒出的银经过压片机压成所需的长度、厚度及宽度。接下来的第一步是按照设计沿着画好的轨道锯割下所需的材料，此外有的下好的片材需要镂空出花纹时也要用到锯，而且锯弓是很好用的工具，它除了用来下料或分离材料还可以当作锉来使用。

初学使用锯弓是一件令人沮丧的事情，有时一个熟练的首饰制作者一根锯条可以使用一周或一个月，而对于初学者，一个下午用完一包锯条也是常见的事情。那么，如何安装、使用锯条呢？

安装锯条时，应坐在稳固的工作台前，一手持锯弓，一手拿锯条。锯弓的两端有两个螺丝，一侧还有一个螺丝。两端的螺丝用来夹紧锯条，一侧的螺丝则方便调整锯条的长短。锯条虽细，但仔细看，上面有同一倒向的锯齿。装锯条时，先看好锯齿方向，之后将一端插入锯弓一端的螺丝夹片中，拧紧螺丝。再将锯弓另一端顶住工作台，稍用力挤压锯弓，同时将锯条另一端插入另一端的螺丝夹片中，拧紧螺丝，将锯条绷紧。没有装紧锯条的锯弓在锯的过程中很容易折断。在上海，多数首饰器械公司如芝华、富宇等，均有各种型号的锯条出售。

首先，在进行锯割的过程中要注意将金属表面画好的图案痕迹保留下来，即沿着图案以

表5-2　清洗液的配比

配比关键点＼各种洗液	稀硫酸	明矾	柠檬酸	醋和盐
1	带上防酸橡胶手套	准备带盖的酒精器皿	将1份柠檬酸和5～7份蒸馏水（矿泉水）混合	准备白葡萄酒醋和碘盐
2	将酸加到水里	将50g明矾和0.5L水混合	将柠檬酸加到蒸馏水（矿泉水）里	240mL醋加一茶匙盐
3	按照10份水、1份酸的配比配制	将工件放入其中并加热沸腾2min	让柠檬酸保持适当温度	清洗与柠檬酸一样有效，且速度快

表5-3　使用酸液的安全说明

1	确保能够获得流动水，当酸不小心溢洒时可以及时使用
2	将酸液存放在瓶子里，将瓶子放在不易推翻的地方，如可以放在上锁的橱柜里，确保瓶子干净且贴好标签
3	工作时戴上橡胶手套、安全镜、戴防酸围裙
4	保持工作室通风良好，或在室外
5	配制中务必将酸液向水中注入，千万不要将水向酸液中注入

内进行锯割，这样在锯割完后锉光滑的过程中不至于将材料的尺寸锉的太小而无法补救。锯割直线时，平行于待锯割的直线画一条0.5cm的平行线作为参考线，当操作者身体、锯弓与锯割线呈一条线时，往往看不到锯割线，这时平行线可以作为锯割时的参考线。

其次，运锯过程中初学者不要太过紧张。右手放松，有节奏地匀速用力，向下来回锯，不要急躁，不要过度用力压锯条，以免锯条折断。

此外，在练习锯割的过程中应灵活掌握好角度。所谓熟能生巧，经过多次练习训练后，就会操作自如、得心应手了。

（二）钻孔与镂空

当在金属上画好图案，需要将图案内闭合的区域镂空掉时，要用到钻孔，钻孔最重要的操作准则是需要钻在准确的位置上。钻孔的操作程序与注意事项如下。

首先，钻孔时要标记钻孔的位置。可以使用中心錾敲出一记号点，或使用弹簧中心打孔机、划线器做出标记点，此记号凹点可以将钻头控制在圆点内，以防钻孔时钻头滑动。

其次，中心打孔机适用于较小的孔，操作时可以将金属放在一块小方砧或平整的金属上，将中心打孔机置于工件上，平稳地向下用力推，打孔机有相当大的力量，会使得周围留下金属屑。手工打孔时，可以用手牢牢地压持住待钻孔的金属，或用C型夹固定，较小的工件则可以使用手钳固定。

第三，钻孔前，将钻头装正，装歪的钻头很容易断掉；添加一些润滑油，可使钻孔顺利地进行；钻孔时，手持钻头一定要保持垂直，不要一直施加重压，间断性施力可以降低高速摩擦产生的热量。

将设计好的待镂空的图案转印到金属上之后，先用中心錾做出钻孔记号，之后按照记号进行钻孔。给闭合的图案内部钻孔后，需要线锯镂空。将锯条一端固定，另一端穿过孔洞，并将锯条装紧到锯弓上，开始镂空锯割图案。选择合适的钻孔位置很重要，如果要镂空掉的是一个方形，那么在每一段边长的中间位置钻孔要比在四角钻孔科学的多，这样操作可以得到干净尖锐的四角。如果要镂空的一边是圆弧形，那么钻一个孔比钻多个孔更加利于弧形锯割的光滑。

三、金属锻造与成形

在艺术首饰制作过程中，锻造技术在单个首饰造型的空间体积塑造过程中起着至关重要的作用。尽管在大多首饰工厂中师傅们很少使用真正意义上的"敲"，因为他们更习惯用焊接或铸造的方法来创造立体效果，而锻造确实是艺术首饰制作中相当重要

图5-21　上海工程技术大学学生课上练习

（左：0912052班　宓元瑜　中：0912052班 徐育蕾　右：0912052班 孙鑫）

的基本技艺，从锻造技艺的操作水平可以看出一个首饰创作者金属工艺基础的好坏。

金属锻造与成形常用于艺术首饰和银器制作中，是一种通过给金属施加不同方向的力延展、敲平、卷曲和成形金属的方法。当金属被各种形状的铁砧或桩支撑时，锤子要在其上操作，因此铁砧必须保持高抛光度，否则铁砧上的痕迹会在敲击的过程中留在金属上。注意，要经常用湿细砂纸打磨干净锤头和铁砧表面，并用麂皮擦光。

为了锻造出设计好的造型，制作者首先要为锻造选择或制作所需要的工具，这些工具对锻造来说尤为重要。它包括：带有各种凹陷形状的木头桩，窝珠钢模和方形型铁，各种造型的小钢錾及錾花用的垫胶松膠，云南师傅定做的大型骑马錾、曲线錾子，各类造型的锤子等，随着制作者经验的逐渐丰富，制作者根据需要锻造的作品造型制作的各种艺术錾子、锤子和钢模等也会越来越多，这些工具配合"垫胶松膠"或一些自己设计的工具能够很好地辅助锻造出各种艺术造型。

（一）制作錾子

在锻造之前，首先根据要求选择不同的锤子。如果只是单纯整理平整材料，可以选择锤头面积较大且光滑的锤子，有时为了不在金属表面留下痕迹，往往使用硬度较低的木锤。如果需要敲制的造型现有的锤子和錾子不能便捷地实现，则需要自己制作錾子和锤子。制作锤子或錾子一般选用钢材，尤其是乌钢，有时为了提高其硬度，以延长使用寿命，还会对其进行热处理。

使用砂轮机制作小錾子，首先根据设计好的錾子头部造型的图纸用砂轮机打磨出大致形状。注意使用砂轮机的中下部，双手拿錾子要安全稳固，打磨过程中在砂轮机右侧放置一杯冷水，用来冷却打磨中经摩擦热度过高的錾子。根据作品需要用砂轮机打磨出各种造型的錾子后，再用砂带机和干湿砂纸打磨錾子头部，然后给打磨过的錾子加热后淬火，这样操作可以使錾子保持良好

的硬度。最后，将制作好的各种造型的小金属錾子收集到一个小盒中，方便使用。

（二）配制松膠

松膠因为具有加热后变软、冷却时变硬的特点，特别适合于金属造型时做支撑，所以俗称垫胶。其主要成分是松脂或沥青，在松脂中添加浮石粉、烧石膏或黄土等添加剂可以使其坚固且具有弹性，而在松脂中加入植物油或猪油等软化剂则使其变软，且加入越多越软。除了在专业的首饰器械店中能够买到松膠外，也可以选择自己制作松膠。表5-4所示为松膠的配制比例。

制作松膠时，先按照表5-4所示的比例准备植物油、松脂与黄土。先将松脂放入锅中以小火融解，边融解边搅拌，待其完全融解后慢慢加入黄土，同时不间断地搅拌至完全融合后，再加入植物油。最后将制作好的松膠倒入钢板或敲花碗中。

（三）锻造造型

锤敲不同的材料时要注意材料的特性。例如延展性能金最好，银较差；硬度铂最高，银

表5-4 松膠的配制成分与比例

硬度 松膠成分	松脂或沥青	黄土或浮石粉	植物油或猪油
硬	3	3	0.1
中	5	10	3
软	5	5	1

最低；千足金和14K金相比，千足金可以在敲打过程中长时间不退火，而14K金稍微锤打一下就变硬了，需要退火。在锤打过程中，还要注意锤敲的部位要到位，否则会适得其反，一个形体被敲制出来需要一个过程，不可能一蹴而就，有时需要力度大一些，有时需要力度小一些，有时又需要对一平面进行修整。

一般初学者可以先练习锤敲一些简单的几何形状，如将材料敲平、伸长、展薄，或者将横截面敲打为圆形、方形的条料等。再进一步锻造一些简单的造型，如凸面球形、凹面半球形，以及一些简单的金属浮雕或花纹。

敲平材料一般要根据材料面积的大小选择锤子和錾子，先处理卷曲起伏大的部位，再锤敲起伏小的部位，直到将材料整理平整。伸长材料时，首先尽可能根据材料面积选择比材料面积稍宽些的刀形锤和直角弧形錾子，然后将锤打材料放在錾子的直角处，用锤子刀形部锤击材料，材料因受到正反两方面的挤压而由厚变薄伸长。在敲击过程中，要把握好锤子和錾子的配合角度，最好在一条线上。展薄材料和伸长材料所不同的是，伸长材料只伸长材料长度，而展薄材料同时扩展长度和宽度。展薄材料时，选用圆形中间光滑凸起的锤子，先将材料放在锤子凸起处，用锤子刀形部位敲击，再用圆形锤头

修整。若是将一截面为圆形的条料锤打成侧面呈方形的条料时，要先锤打出两个平面，然后转90°锤打出另外两个面，要求每一条直角边都锤打成一条直线。若将截面为方形的条料锤打成横截面为圆柱形的条料时，应选择大小重量略大于条料的锤子，先将方形的边棱部位敲平，然后边旋转材料边锤打，直到材料横截面呈圆柱形。在进行以上练习时，注意材料变硬时要先退火再继续锤打。

在以上锻造练习的基础上，可以进一步选择难度高一些的复杂的浮雕花纹。首先将金属片退火，同时用火枪将松膠加热使其融化变软，随即将退过火的金属片边缘按压入松膠中，根据图案用小圆点錾将图案线迹敲出，之后用制作好的各种形状的錾子敲出凹形；当金属与松膠受力变硬时，用火枪加热，将金属片夹出来并退火，同时给松膠加热使其变软，再将退过火的金属片翻转过来按压入松膠中从反面敲出凹形（即正面的凸形）。以上工艺只能帮助锻造一些浮雕花纹，如果是更加立体的造型，如银壶等的锻造，则需要用到云南师傅定制的大型锻造工具，更多时候，需要为这些造型精心设计定制钢錾等。在各种凸面钢錾上锻造立体造型需要有良好的锻造经验。

对于艺术首饰设计专业的学生而言，很多时候，使用自制的或购买的錾子和锤子并不仅仅是限于以上基础工艺。像敲制雕塑一样地敲制首饰是一件很正常的事情，需要制作许多不同形状的錾子以方便制作一些夸张的、体积感较大的首饰。一般工厂里的师傅喜欢焊接，通过焊接把工件的一个个部分连接在一起，而院校从事艺术首饰制作的老师们则更喜欢锻造，这不仅仅是因为焊接点较多的首饰往往存在一些牢固度、氧化等问题，更因为锻造工艺其中的乐趣。

四、冷接与焊接

经过锻造或者铸造等工序之后，将首饰工件的不同部分结合到一起的方法有两种。一种是不通过焊接或化学处理，以手工或机械力相结合的方式将工件连接在一起的方法，统称为冷接法，如通过铆钉、螺丝、插销、爪扣等技术将两个或多个工件铆接在一起的方式都属于冷接。另一种则是通过在对接紧密的工件接缝处涂抹焊剂，加热熔化焊料使其流淌到焊缝中从而达到将两个或多个工件结合的方法，这种工艺称为焊接。

（一）冷接

1. 金属丝铆接

铆接可以帮助将两片平整的片材通过钻孔，用与孔洞直径相同的金属丝或金属管插入孔洞中，之后用追踪锤敲击延展线材使两片材料铆合在一起。铆接是冷接中最常用的工艺，在综合材料首饰加工中使用频繁，图5-22所示为铆接工艺的原理。

如果铆接采用的金属丝是与上层金属同样的金属材料，打磨后将看不到铆接点，是一种隐藏式铆钉。而凸起式铆钉则具有一定的装饰效果，如果作品的造型中缺少点元素可以选择它。

铆钉除了将两片材料铆合到一起之外，还可以达到其他工艺目的，如转动工件、扣合搭扣、移动金属等。如果希望铆接的两片材料可以活动，那么铆合前可以在每一底座上放置一个垫圈。

铆接时应注意：①待铆合的两块或多块材料的结合面越平整越好。②钻头的直径等于铆钉的直径。如果铆钉的直径太小，它的末端则不能在整个孔洞中支撑住整个铆钉。③如果铆合的是两片纯银金属，为增加作品的牢固度，铆接用的铆钉硬度应高于纯银。

铆接时，首先将金属条铆钉的两端锉平，金属条铆钉必须穿过所有待铆合的材料，且从金属片上凸起约1mm。将待铆合的片材放置于平整的台面上，铆钉穿过孔洞。其次将点冲放在金属条其中一个末端的中心位置上轻轻锤打，金属底部被铁砧支撑。最后将工件反过来，用榔头轻轻敲打另一末端。

若想拆掉铆接点时，可以先锉掉铆钉一面的顶部，之后将另一端置于孔眼上，用比铆接洞直径小的金属丝插入孔洞，用追踪锤慢慢把铆钉从孔洞中敲出。

2. 螺钉与螺栓铆合

成品的螺钉和螺栓市场中有售，若螺钉、螺栓不符合制作需求，也可以设计制作适合作品的螺钉、螺栓。圆柱形工件表面具有连续均匀的螺旋槽称为螺纹，螺钉则是用来旋锁分开的工件，螺栓则一般和螺帽一起固定两个或多个工件。

若是自己制作螺钉、螺栓，需要制作内外螺纹的螺丝攻和绞丝模。其中，螺丝攻帮助制作螺栓的内螺纹，绞丝模则帮助制作螺钉的外螺纹。

制作螺钉的外螺纹时，首先要确定好螺钉的直径尺寸，按照这个尺寸确定绞丝模的尺寸。其次将金属丝前端锉磨出倒角，之后用台钳夹持好金属丝，注意在台钳夹持金属丝的位置包裹一些较软的耐滑材料以防止金属丝滑动，然后用绞丝模孔洞垂直插入金属丝中制作出螺纹，再将制作好外螺纹的金属丝底部锉平焊接

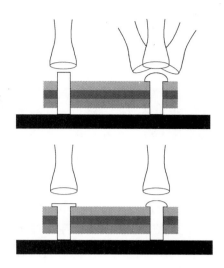

图5-22 铆接工艺示意图

一个圆片，如此螺钉制作完成。

制作螺帽则需要制作内螺纹，当然，也可以根据设计选择将内螺纹直接制作到作品上。根据螺钉的尺寸确定好螺帽的尺寸，用小于这个尺寸的钻头钻一个孔洞，再用等于螺钉尺寸的螺丝攻钻出内螺纹。这样，一套螺钉与螺帽就制作完成了。

尽管在综合材料首饰中冷接工艺使用频繁，但在精品首饰的手工制作中，更多使用的工艺是焊接。但焊接工艺并不是越多使用越好。

（二）焊接

一件优秀的首饰艺术品是设计者"心手合一"的结果，是设计与首饰工艺完美结合的奇葩。首饰加工的基本工艺复杂多样，包括锉磨、钻孔、镶嵌、镂空、车床加工、雕刻、熔融、退火、酸洗与淬火、焊接、弯曲、锤击成穹与锻压、铸造、雕镂与

凸纹、纹理、抛光、成网冲压与模压、铆接、珐琅、蚀刻与光刻等。在诸多基础工艺中，热处理与焊接工艺最为常用，其中热加工工艺中的退火、淬火工艺几乎伴随着首饰制作的始终，而焊接工艺则关系到每一个组件的组合工艺是否干净漂亮。

在精品首饰的戒指制作中，许多镶嵌手法都需要使用焊接工艺，如制作包镶宝石用的镶口需要焊接，将爪镶用的四爪或六爪焊接在镶口上需要焊接，将戒脚与镶口焊接在一起同样离不开焊接。此外，在首饰制作的工艺流程中，有些复杂造型的首饰需要将首饰的每个部分制作出来后再结合在一起更离不开焊接。所以，焊接是首饰制作中最为重要的技术之一。

人类从上万年以前就开始使用黄金制作首饰，公元前4000年的古埃及人就将自然金、砂金等装在陶器中，利用木炭吹气燃烧熔化来加工金首饰。纯金因其物理化学性质稳定常被用来制作首饰。它与其他金属一起熔化形成合金，可以降低熔点，改变其机械性能。如加入银和铜可以提高金的硬度，而加入砷、铅、铂、银、铋、碲能使金变脆。金及金合金的焊接性良好。对纯金而言，焊接时的氧化不是问题。但在金合金焊接过程中须防止氧化。金及大多数合金的熔化温度较低（1093℃），又具良好的抗氧化性，故易于熔焊。人们常根据不同需要选择不同的焊接方式，气焊采用氧—乙炔焰可避免气孔，通常用小型焊炬气焊。氩弧焊焊接速度快、质量好，适宜于焊接高温下可能氧化的合金。而教学多采用熔焊机，内置航空汽油。水焊机则可以帮助提供较精细的高温火，相比熔焊机产生的有害气体，水焊机属于最为环保的焊接工具。此外，更为先进的还有造价有些昂贵的激光焊接机，它可以帮助提供非常精细的火焰，而且即使已经添加上纤维或者其他易燃材料，激光焊接仍然可以进行而不会影响整件作品的质量。

银、铜和金的退火与熔化温度都不同，铜和银是学生课上实践的好材料。其中，银金属色彩光润洁白，随着其他杂质的加入，质地变硬，颜色变深。银密度仅次于黄金，重于铜、铁等。它挥发性小，在自然中容易被氧化生锈，有较好的延展性和极强的导电导热性能。目前，银和铜的焊接多使用多功能熔焊机，多功能熔焊机制作手工银饰品非常方便，由于银的熔化温度比金和铜都低，所以焊接时要注意温度不要过高，以免伤及工件。精品首饰设计中的银金属经常独立或与金、铂金、乌木等一起使用创造个性化产品，用明矾煮过的没有经过抛光的白银色彩细腻洁白，深受设计师喜爱。

对金属焊接而言，掌握不同金属的退火、熔化温度至关重要。表5-5所示为各种金属的退火、熔化温度。

焊接两个金属工件时，首先要把工件放在木炭块、防火砖或可旋转的焊接台上。焊接时，最好选择在光线较暗的区域进行操作。这样加热时能观察到金属色彩的变化。焊料需要焊剂帮助它流淌，不同种类的焊剂与不同种类的焊料在不同温度下匹配在一起使用。焊剂可以阻隔被焊接焊缝周围的空气，避免火焰加热时引起的氧化，从而为焊料流淌连接焊点保持金属足够干净。

表5-5　不同金属的退火、熔化温度

金属	退火温度（℃）	熔化温度（℃）	淬火
铜	600～700（1110～1290℉）	1083（1981.4℉）	立即
银	600～650（1110～1200℉）	960.5（1760℉）	500℃（930℉）以下
黄金	650～750（1200～1380℉）	1063（1945℉）	按照技术数据标明的
铂	600～1000（1110～1830℉）	1769（3217℉）	允许在空气中冷却，然后在水中淬火

焊接前，将焊剂仔细地涂抹在焊缝中。如果正焊接一枚戒指，对接的两边应轻轻掰开一点，以便焊料能够在戒圈对接缝扳回紧密之前流进每一边内侧。之后，将焊块放在硼砂上面。应该温和地加热工件，让火焰在整个工件上。当焊银的时候，焊料开始流动之前，整个工件必须处于同一焊接温度。而当焊金时，待整个工件都热了，再在被焊接的位置集中精力使焊料流动。焊料会先凝结成小球状随后化开沿着紧密的焊缝流入。

在焊接中，需要注意的几个问题：①焊接前，要先检查金属工件是否清洗干净，尤其是焊缝位置是否有污迹存在，待焊接的金属表面不应有任何氧化和油污痕迹，保持对接缝的干净清洁是焊接的基本条件。②焊接前，必须检查对接缝是否紧密对接，如果有缝隙，焊接时，焊料会沿着缝隙向金属的两边流动而不会流入缝隙，从而导致焊接失败。尤其当两个黄金工件被焊接在一起时，如果有缝隙，焊料会在接缝的一边流——金焊料不可能进入缺口中填补缝隙，而当焊接两个银工件时，银焊料偶尔会流入空洞填充，但需足够量的焊料来填充，而且多少会影响焊接质量与外观。③焊接时，火焰对着焊接缝四周加热，不要直接加热焊缝，因为当焊缝周围金属的温度上升到一定程度时，热量会向焊缝聚集，这时再用焊枪对准焊接缝上的焊料，焊料就会由凝结成的小球迅速化开并流入焊缝中。④焊料流入焊缝时，待焊枪移开关闭后，必须保持夹紧焊块直到其冷却，以免焊接好的工件错位等。⑤有些学生即使掌握了以上四点还是焊接不好工件，那就要看是不是火焰的温度不够高的原因。如果焊枪火焰的温度达不到焊料的熔化温度，即使加热再久焊料也不会熔化。这时可以在不影响焊接工序的情况下，尝试选用较低温的焊料来焊接。此外，如果我们使用的是多功能熔焊机，通常会配合航空汽油一起使用，如果使用的是98#甚至93#汽油，在烧过几遍后，焊枪温度会逐渐变低从而不能操作，此时，必须更换汽油。

最后，焊接时，还可以根据经验通过辨别不同金属焊料流动时的色彩来判断焊料是否熔化，如银金属一般在焊料流动时出现明亮的草莓红色，而18K金则出现惊人的亮橘红色。

优秀的焊接基本功依靠长期的动手实践，以上焊接的基本关键点可以帮助学生快速掌握焊接要领，并在理解的基础上动手操作。

五、金属表面质感

金属表面装饰的方法有很多种，除了简单地锤敲纹理之外，

还可以通过使用压片机制造表面质感，通过使用吊机与各种钻头刮削制作纹理，通过照相腐蚀来得到像照片一样精确的图案，或通过冲压与模压制作图案，以及通过金属的镶嵌与熔融操作得到特殊的表面效果。下面简介使用压片机与吊机针头刮削制作金属表面质感的方法。

压片机是制作片材的必要工具，熔金后制作片材或者调整片材的厚度等都需要压片机，压片机也是制作金属表面质感的好工具。使用压片机制作金属表面质感的原理是：利用材料硬度的不同，将不同硬度的金属材料（如黄铜、紫铜和银等）或非金属材料（如瓦楞纸、纤维面料等）像"三明治"一样夹在一起，经过手动压片机压延，制作出不同的金属纹理质感。

将较硬的金属如黄铜或白铜做成几何形，夹在一片银片与紫铜片中制作纹理，也可以将其他较软的粗糙纤维材料夹持在银片与紫铜片中间制作肌理，这依设计所需要的外观效果而定。操作时，注意先用膠带将小黄铜几何形片与银片固定在一起，再将其与紫铜片夹在一起，通过压片机压延出图案。或直接将备好的纤维材料或一些现有的材料夹持在银片与铜片中间压延。

六、金属的镶嵌与熔融

金属的镶嵌与熔融都是一种

表面装饰的手法，有时设计师为了求得不同金属色泽和质感的相互衬托与对比，使用金属的镶嵌与熔融技术。

金属镶嵌有多种形式，学生可以尝试进行多种练习。第一，将底层银金属镂空出花纹，用镂空掉的银花纹做模板，拷贝复制出同样大小的、相同或不相同厚度的紫铜花纹片，紫铜片的厚度根据设计的需要，如果需要得到不同金属的图案效果，可以和银相同的厚度。然后将紫铜片嵌入底层银金属中，在镂空缝中抹上硼砂，用焊料焊接，经过清洗打磨抛光，可以得到一个双色图案的金属件。第二，将设计好的图纸放在手边，根据设计图在黄铜金属上进行图案镂空，将镂空好的黄铜金属焊接在底层银金属上面，焊接后清洗打磨干净，保留银金属自然氧化的效果，如果设计需要，也可以选择在镂空凹陷处上冷珐琅。

两块银金属工件在没有任何焊料的情况下，通过加热到熔化的温度也能够将其熔接到一起，这就是金属熔融。金属熔融是一种通过加热贵金属表面，使其接近或达到熔点时金属表面呈现出流动、熔解甚至变形的状态，而金属内层则仍然停留在固体状态的技术。这种技术产生的不规则表面可以使得两片以上的金属熔接在一起。国外有些艺术家在20世纪50年代就开始利用这种偶然被关注的技术设计制作首饰艺术作品，而能够将金属熔融技术控制得当，并能够将其与独特的设计概念相结合进行创作，需要良好的首饰工艺基础。金属熔融技术可以帮助我们制作各种金属表面的肌理效果和抽象图案等。

七、金属的腐蚀与化学染色

金属的腐蚀与化学染色需要在一个通风良好的、具备安全保障的环境中进行。金属腐蚀是利用金属在空气或水中与某些化学物质接触或电气化学作用使金属慢慢消失减少的一种技术。这种技术可以帮助首饰设计师完成某些作品，如一些首饰作品需要表现出特殊的质感肌理，或者凸显出一些图案、文字或者影像等，或者通过金属腐蚀工艺制作出凹陷槽以方便在凹陷处上珐琅或镶嵌乌木、桃木等。

当把金属置于强酸液中时，金属会快速被腐蚀掉，但如果用耐酸材料将金属不想被腐蚀的部分遮盖住的话，就能保留这些被遮盖的部分不被腐蚀从而形成凹陷的图案。耐酸材料有许多种，包括漆、沥青、油墨、膠带等，还包括工业用的感光显影耐酸液态膜及干膜，或利用热转印的干式耐酸模。使用不同的耐酸材料腐蚀方法与效果也不同。当使用常用的沥青与松节油混合的耐酸物时，首先要将沥青涂抹在金属正、反面上，待干后将设计好的图案转印到上面，然后用刮刀或划线笔将图案凹陷部分的沥青刮除，再带上防酸手套将其放入强硝酸中腐蚀，放置的时间越久凹陷越深，腐蚀处理结束后戴上手套用松香水将沥青清洗干净，就得到了想要的凹陷图案。凹陷图案制作的精细与否由金属腐蚀的操作方法与过程所决定。

金属腐蚀的操作步骤有以下几步：①为腐蚀操作准备好工具物品，包括耐酸手套、防毒面罩、防酸围裙、防酸塑料槽、软毛笔、塑料防酸夹子等。②为腐蚀操作配制腐蚀液。根据待腐蚀的金属按照不同的配比将腐蚀酸液稀释，稀释酸液时注意务必是将酸液倒入水中，切勿相反，这一点与制作酸洗液相同。也可以像化学专业的学生那样，准备两个玻璃杯和一个玻璃搅拌棒，按照配比在一个玻璃杯中放置硝酸，另一个玻璃杯中放置蒸馏水。然后将酸液慢慢地沿玻璃搅拌棒倒入水中，同时用玻璃棒轻轻搅动。③工作室中我们采用最为简单的操作方式，将涂好防酸遮盖物的金属轻轻放置到防酸塑料槽中后，由于被腐蚀的金属与酸液以化合物的形式存在，它们常常会沉积在腐蚀图案的孔洞中，切记要用软毛笔轻轻将孔洞中的化合物刷掉，因为最为精细的腐蚀效果是在金属板的厚度方向上腐蚀图案呈垂直状态。因此，为得到最为精细的腐蚀效果，常常需要让干净的腐蚀酸液持续接触金属。此外，如果选择的耐酸材料是热转印的干式耐酸模的话，则可以将人物影像腐蚀得精细生动。

与金属腐蚀通过腐蚀液腐蚀图案凹陷处得到的金属凹陷图案所不同，金属的化学染色则是通过化学药品的腐蚀接触使金属产生不同的颜色变化的技术。不同的金属采用不同的染色方法，如对银来说常常使用硫化染色的技术。

银的硫化染色所需工具如下：耐酸塑料手套、防毒口罩、耐酸围裙、玻璃染色槽、塑料夹或木头夹、温度计及化学药品（硫化钾或硫磺精等）。

操作时，先用水将固态的硫化钾溶解，加入热水稀释，温度控制在40～60℃之间，将金属清洁干净，用塑料夹子将其放入染色槽中染色。中间可将其取出放入另一温水槽中观察色彩，色彩满意时用清水清洗干净，不满意可以继续放入染色槽中染色直至满意为止。如果是制作好的工件，可悬挂入染色槽染色。

八、金属的锉磨与抛光

在对金属进行锉磨与抛光前后都要将金属表面的污物清理干净。金属表面的油污、焊接时留下的痕迹、氧化物等各种表面残留物都会影响首饰的锉磨、抛光与最终外观效果，因此要先将其清洗干净。有关酸洗内容在前文中已经提及，如配制酸液与酸洗工件的方法，酸洗可以帮助去除焊接时的氧化物以及硼砂残留，而使用碱性溶液则可以帮助清洗机油等表面油脂污染。

打磨首饰工件时可以多种方式配合使用。可以先使用合适形状的锉刀锉磨掉焊接时留下的凸起焊料疤痕等。锉刀有各种不同的形状之分，通常使用半圆锉锉磨戒圈内圈，用平锉锉平首饰表面，用三角锉锉磨拐角处等。锉刀又有粗细之分，这里的粗细指的是锉刀表面的颗粒粗细，越粗的表面越能够锉磨掉较多的金属。锉刀也有大小之分，用大锉刀锉磨面积较大的区域。当感觉金属表面较为明显的痕迹已经用锉刀修理干净了，可以选择从颗粒较粗的砂纸到细砂纸打磨工件表面。首饰器械店中购买的砂纸背面都有标号，号越大则砂纸越细，其中较粗的砂纸有80#的，也有100#的，根据待抛光的首饰工件选择砂纸。还可以选择手工

锉刀打磨，或将砂纸包裹在锉刀上手工打磨；也可以使用吊机打磨，将砂纸包裹在吊机机针上进行打磨，或使用砂带机打磨。如果制作的是一件纯银首饰，且前期的焊接很干净，几乎没有较粗的焊痕，那么可以使用吊机用白棉抛光头配合抛光蜡抛光表面后，再将工件放到磁力抛光机中抛光。

工件打磨好后，可以进一步进行深层次的抛光，抛光使得金属具有光滑的外观。一般抛光使用吊机配合各种装在吊机上的抛光头就可以完成操作，如果使用大型抛光机抛光，为了安全切记只用抛光轮的中下部。

使用吊机抛光可先用自制砂纸头抛光表面局部痕迹，再用塑料抛光头抛光，不同色彩的塑料抛光头抛光的粗细不同，之后要用棉质抛光轮配合抛光蜡进行整体抛光。

使用进口单头或双头打磨机抛光时，首先要束发、戴安全镜。要确保抛光盒清洁，抛光粉尘能被很好地吸纳进去。其次要将不同的抛光轮与抛光蜡配合使用。开动打磨机，将适合的抛光轮旋转到芯轴上，用抛光蜡抵住旋转的抛光轮2～3s，再将待抛光工件稳稳地拿在手中，将其固定在抛光轮水平轴的正下方进行抛光。

第三节 首饰镶嵌工艺

无论科技发展如何推动首饰机械向环保与自动化迈进，高档首饰的加工仍然离不开手工。精湛的珠宝镶嵌工艺更是令首饰高贵华丽、超凡脱俗。在贵金属首饰质量检验中，对于镶嵌宝石的最终效果有着严格的检验标准。例如：镶石是否牢固服帖，宝石是否松动；镶齿是否对称，镶口是否周正；俯视宝石是否不露底托，表面是否有清晰的敲伤、刮伤金属的痕迹等。这些都影响着宝石镶嵌的质量。一个好的镶嵌师傅除了可以将一件首饰制作得精美绝伦之外，还掌握并善于创新多种镶嵌手法。下面介绍几种宝石镶嵌的基本工艺。

一、爪镶

爪镶是最为常见的镶嵌方法，是用金属爪嵌牢宝石的方法。根据镶嵌的爪数，一般分为二爪镶、三爪镶、四爪镶、六爪镶等。根据爪的形状又可以分为圆头爪、方爪、三角爪、包角爪、尖角爪、异形爪等。以下介绍一种最简单传统的圆头四爪镶的镶口制作方法。

①准备一根长度适中、5mm宽的金属镶口条，使用铁锤将金属条侧立起来垫在椭圆窝珠做的凹坑中慢慢敲弯，先垫在最大的凹坑中敲弯，再依次用第二、第三个凹坑将其敲至一定的弧度，注意锻敲后的金属条必须宽度一致。

②用钳子将弯片按照宝石的大小对接量度，以宝石放在上面看不到下面的托为准，剪掉多余的部分，并将接缝处用锯条锯直、锯平。

③开始焊缝。先加热需要焊接的接缝，将硼砂涂抹到接缝中，注意不要涂到周围的地方或涂抹面积太大，将银焊片放在偏下的位置，围绕接缝周围加热镶口，然后加热焊片向上吹，焊片融化后自动流入上面涂抹硼砂的接缝中，同时用镊子轻轻夹紧。焊接时需注意银焊片会自动流向硼砂所在的位置，并由热的位置向冷的位置流动。

④打磨整理清洗镶口。进入下一步锯缝。锯缝是为了使宝石的光泽能够很好地展现。锯缝时，先用游标卡尺量0.3mm，之后用钢针或油笔画线，用线锯先锯开一半，标注出焊爪的准确位置，然后焊爪。

⑤焊好两个爪后，用线锯锯开另一半，焊上剩余的两个爪，之后清洗整理镶口。

⑥将宝石放在镶石的位置上度位，做好的镶口宝石放在底托上过高过低都不好，以俯视宝石看不到底托为准，但是如果宝石比镶口大就要用伞钻或桃钻车底金。等到检查好大小合适后，根据宝石的大小用伞钻或飞碟等车出爪上卡口的握位。

⑦宝石稳妥地放入镶石位后，开始钳爪。确保宝石平稳后，使用尖嘴钳将对称的爪夹紧，使爪紧扣宝石，然后将剩余的两个爪钳正后对钳。检查四爪是否左右对称，是否扣牢宝石，以爪和宝石之间不留空隙为好。

⑧剪掉爪多出来的长度。剪爪时用手压紧爪头，爪的长度不宜过长或过短，一般爪的高度与刻面宝石的台面齐平。可以使用三角锉锉出吸爪的高度，保证高度一致；使用竹叶锉将爪内侧修整到贴紧宝石，并将爪的外侧修圆。注意修爪、锉爪的过程中不要损伤宝石的表面。

⑨选择合适的吸珠吸爪（一般吸珠直径与金属爪的直径相同）。从爪的外侧向内侧吸，将爪头吸圆，紧贴宝石。

⑩按照爪镶宝石的工艺要求检查镶口，先看宝石是否松动牢固、平整并完好无损；再看爪是否紧贴宝石，长短对称一致，表面光滑无损；爪的握位是否高低深浅一致等。

二、包镶

包镶是利用金属边包裹住宝石进行镶嵌的一种方式。由于密闭性大，在牢固性强的同时也减少了宝石部分透过的光彩，同时增加了宝石色彩的浓郁程度。由于包镶宝石重量足，能够给人高贵大方的感觉，因此备受男士和成熟女士的喜爱。包镶可以分为有边包镶和无边包镶，其中有边包镶是在宝石的周围有一金属边包裹的包镶方式；而无边包镶则主要用于镶嵌小粒宝石，是一种在宝石周围包镶的金属无环状边的镶嵌方式。包镶还可以分为全包镶、半包镶和齿包镶，全包、半包是根据金属包裹宝石的范围而定；齿包则主要针对马眼宝石，又称包角镶或马眼镶。下面以有边包镶和马眼镶为例介绍包镶的方法。

（一）有边包镶

①制作包镶宝石的镶口。根据需要取一根做镶口的金属条，宽约6mm，用钳子将其弯成刚好能包裹椭圆形宝石大小的椭圆形，根据宝石的大小调整好镶口的大小，以宝石能放平整、金属片包裹住宝石没有空隙为佳。将多余的金属片剪掉，根据宝石再次调整好镶口大小，焊接对接缝。

②再取一块宽度稍窄的金属片，按照前面做好的镶口的内径调整大小，使其刚好套在镶口里面，使内外金属环之间没有空隙，反过来将其对套缝用焊药填平。然后清洗打磨。

③用镊子将宝石放在做好的镶口里度石，看其是否刚好合适。注意宝石不要过小，小了宝石不易镶牢；宝石过大则必须使用桃针扩边开位，以宝石刚好落在镶口里平整为佳。

④使用台塞固定好调整好的工件，用左手拇指压住迫镶棒中部，食指与中指夹握住迫镶棒，稍稍向外倾斜，之后右手拿宝石锤轻轻敲打金属包边迫向宝石边。注意，敲打时左手握紧迫镶棒，右手敲打时用力均匀，确保宝石在镶嵌过程中不出现歪斜现象。直至金属边将宝石包紧，紧贴宝石为止。最后检查镶嵌是否合格，并整理清洗。

（二）马眼包角镶

①取金属条一片，长约4.2mm、宽约3mm。将其剪成两片，在大坑铁的第一个较大凹坑中敲弯，可以先将金属片放在坑铁坑中正中位置，使用戒指棒轻轻压在上面，用锤子敲打戒指棒，再将戒指棒反转180°后再次敲击，这样可以敲出马眼镶口的两个弯弯的包边金属片。一般根据宝石大小选择坑铁中坑的大小。

②将马眼包边用的两个金属片弧面向下放置，把左右两边用平锉锉平，再将左右两片金属边对接在一起，看是否完全吻合。注意，所有进行焊接的两个焊接面必须没有空隙，而且要清洁干净，这是确保焊接质量的必需。之后加热两片金属，并在两片金属的对接面上涂上硼砂，将其对接在一起立在焊接瓦上，可以用葫芦夹轻轻夹住使其对接严密，然后用焊药焊接焊缝。焊片熔化后会沿着涂硼砂的焊缝流淌，焊接成功后清洗干净。

③做包角。取一根5mm宽的金属条，用钢针或油笔画出2.5mm宽的线，使用錾子在坑铁中沿中间的划线敲弯成V字形，V字的角度以刚好包住马眼两端的角没有缝隙为准。之后将其焊接在马眼形镶口两端，再将露出部分的V字形角剪到合适的长度，并用线锯锯开角，将锯开后的角内侧修整为三角形，并稍微打薄一些。最后整理马眼包角镶口，将其焊接在戒脚上，整理清洗干净后开始镶嵌宝石。

④将宝石落入镶口中看是否大小合适，是否平整。然后如前用台塞固定好工件，左手拿好迫镶棒，右手用锤子敲打马眼的弧形金属包边将宝石包紧，并用钳

子将包角轻轻压向宝石，使两个包角对接吻合。最后观察镶嵌好的宝石有没有松动、歪斜等。

三、轨道镶

轨道镶是一种比较现代且常用的镶嵌方法，又称夹镶或迫镶，适合将大小一致的小粒宝石排镶成长长的轨道，是一种将宝石夹进车出的沟槽中的方法。轨道镶适合软质金属，有单轨和双轨之分。根据宝石形状还可以分为各种镶嵌方法，如田字镶、迫方镶、迫圆镶等。这里简单介绍圆钻轨道镶的方法。

①用镊子夹住宝石放在镶石位上观察。一般要求金属边之间的距离小于宝石直径0.2mm。根据圆钻宝石边的厚度使用细轮针车出坑，再根据宝石厚度用轮针斜车底金，再车另一边底金，最后使得底面金属深度与宝石厚度一致，两边底金与宝石亭部底面的形状相吻合。注意，不要将底金车得太空，这会在后面加大迫镶宝石的难度。

②按照这样的标准车好每一个坑后，用镊子将宝石一边放入坑内，再将另一边按压下去，依次将宝石平整地落入坑中。检查每一颗宝石之间的间距是否均匀，外观是否整齐。

③固定好工件，将迫镶棒垂直向外倾斜迫打镶嵌金属的外围，边迫打边检查宝石是否有歪斜松动等，以便及时调整。

之后，垂直迫打金属表面，使得金属边贴紧宝石外边，将宝石夹紧。

④在迫镶宝石过程中，需注意金属遮盖宝石冠部不得超过2/3，金属面要保留0.3～0.4mm的厚度，镶嵌好的宝石要平整、对称、牢固、整齐，并保持与两边金属边的距离一致。

四、钉镶

钉镶是一种用于镶嵌直径小于3mm的小宝石的镶嵌方法，可以分为倒钉镶、起钉镶、齿钉镶等。其中，倒钉镶是指在已经开好钉孔的首饰托架上镶嵌宝石的一种方法，将提前做好的钉压向宝石，并在钉口上固定宝石的一种方法。起钉镶则是在没有钉孔的首饰托架上，由制作者根据设计需要在金属面上划线、排石、钻孔、起钉的一种方法，相对而言，起钉镶虽然工艺难度较大，但有一定的发挥空间，可以雕出各种各样的钉形。而齿钉镶则是利用已有的金属小齿以齿代替钉在接近根部的位置镶住宝石的一种方法，它的随意性比不过起钉镶，但钉比起钉镶相对饱满了许多。在此不一一介绍。

五、闷镶

闷镶又称窝镶，是宝石深陷环形金属中，边部由金属包裹嵌牢的一种方式。闷镶的圆形光环装饰味道十足，宝石也看上去增大了很多。下面简单介绍闷镶的方法。

①用镊子夹宝石放在镶石的位置上观察大小。宝石如果比镶口大，须用波针开位，注意开位时一定要保证波针不能偏，这样宝石镶好后才会表面不歪斜。一般要求镶口位略大于宝石。

②调整好大小后，使用飞碟在镶口位置上车一小窝，用镊子夹宝石放入小坑，观察宝石是否平整。如果宝石表面突出不平，则需要继续开深坑位。调整宝石平整后，使用窝镶吸珠将宝石吸紧。此时应注意，用来吸宝石的窝镶吸珠不能过细或过粗，过细则宝石边上无金属，过粗则金属不能贴紧宝石或导致分层。有些制作者喜欢使用自制窝镶吸珠。

③吸紧宝石后，使用钢压将吸宝石时吸出的毛刺压平。

④镶好的宝石要求镶口的金属边不能出现崩边裂纹，边不能过大或过小。

六、无边镶

无边镶是一种用金属槽或者轨道固定住宝石的底部,借助宝石之间以及宝石与金属之间的压力固定宝石的一种方法。这种镶嵌方法外观整洁,但工艺难度较高。这里简单介绍无边镶的制作方法。

①用镊子夹宝石,放在镶口位上观察。根据宝石大小与镶口轨道深浅调整好轨道中间横担的高低厚薄。一般横担以厚薄0.3~0.4mm,距表面金属高度0.7~0.8mm为准。

②使用006或007的轮针在中间横担上开出与横担平面平行的坑,之后采用009或010的轮针开边框外边即迫镶边的坑。保证金属表面的厚度约0.5mm,最少不薄于0.3mm。在这个过程中,可以用镊子夹宝石落石看一下横担的坑开得是否合适,要求宝石与横担的开坑像齿轮一样吻合。

③调整修理好后,将一粒粒宝石落入轨道镶口中。注意,只有两排宝石时先倾斜落迫打那边,之后将倾斜的宝石轻轻按下,按入横担的开坑中,使其结合吻合。三排宝石则先落中间一排,后落两边的宝石,利用两边的宝石将横担向中间迫紧。然后稍微向里面倾斜迫打外框两边金属面,保证宝石排列均匀紧密,每颗宝石的石边将横担遮盖一半,这样两颗宝石就可以遮住横担。最后,检查确保宝石没有松动、歪斜等。

七、珍珠镶

珍珠镶是在一碟形金属上焊出一根金属针,将金属针插入小孔中镶嵌的一种方式。这种方式要对珍珠钻孔,将金属针插入小孔中黏合。珍珠镶分为全镶和半镶两种。

八、混合镶

除了以上各种镶嵌方式外,还有绕镶、编织镶等很多种镶嵌方法。有时候,根据设计需要一款首饰上会出现多种镶嵌方法,这被称为混合镶。在此不一一介绍。

第四节　首饰蜡雕工艺

在珠宝首饰以及工艺品的领域里,蜡雕技术一直深受首饰艺术家与制作者的喜爱。在工业化生产中,蜡雕技术使得首饰加工更加便利,在首饰艺术创作中,蜡雕技术成为艺术家宣泄情感、表达创意最为直接的手段。

一、蜡雕在生产中的地位

蜡雕工艺技术的产生,在首饰行业的生产中是一大进步。尽管电脑雕蜡机已经问世很久,但从某种程度上仍然无法与手工媲美。在首饰生产过程中,失蜡技术是一个不可缺少的主要环节,它可以帮助我们高品质、高效率地完成生产目标。

蜡雕,就是指以蜡为媒介,通过在蜡材上进行雕、刻、塑以完成首饰艺术造型的一种方法。它方便制作一些造型复杂细腻、立体感较强的首饰艺术品,在首饰设计生产的领域里起着不可替代的作用。有的时候,在绘制首饰图的过程中遇到困难,不知道如何表现,可以在雕蜡的过程中真正理解形体的关系,以利于更好地表现设计图;还有的时候,有些造型复杂、图案细腻的首饰，通过蜡雕可以很细致地表现细节。此外，蜡雕工艺作为首饰生产中的一个重要环节是产品批量化生产、节约工时提高效率的必需。

二、雕塑与首饰蜡雕技术的关系

在国内，工厂里的多数蜡雕师傅常常有着数十年娴熟的技艺，长期的蜡雕实践使得他们可以在一块小小的蜡上雕刻出千姿百态的造型。然而，商场里琳琅满目的首饰商品相似性却极其严重，产品造型缺少立体空间意识，主要原因之一是有些蜡雕师傅缺少雕塑造型基本功的训练。从某种意义上说，其实小小的蜡雕艺术品在造型概念上和雕塑一样，同属于四维空间艺术。无论是首饰摆件还是首饰，其蜡雕都与雕塑中的圆雕、浮雕有着千丝万缕的联系。

首饰和雕塑相同，有其独有的个性与共性。影响首饰的因素与雕塑相似，如量感、触感、节奏、光影、力度、色彩、材质等。它们作为一种三维实体艺术，富有意境与动感，生命感的空间体积是其最基本的要素。从首饰与雕塑的发展历史上看，首饰的形成早于雕塑，历史上最早的雕塑要数石雕——维林多夫的维纳斯了，而雕塑从它形成之日起就开始影响着首饰艺术。首饰

艺术中摆件是最接近雕塑的艺术，人们很容易从雕塑作品中感受到空间的韵律，对首饰摆件则可能被它的精湛工艺所吸引，而忽略了它的空间处理，好在现代摆件已向中小型、意念性、个性化方向发展，与此同时，雕塑的量感和力感也日趋明显。首饰中蜡雕技艺的开创，更使得首饰制作如虎添翼、轻松自如。

三、蜡雕的常用工具及其使用

在蜡雕作业过程中，由于蜡雕的制作方法很多，所使用的工具也多种多样，很难进行全面细致的介绍。但尽管蜡雕工具五花八门，不外乎锯割、刻、刮、锉、焊、钻、车、磨八种作业方式。因此，这里仅按照蜡雕的作业方式来介绍一些常用的工具，有助于初学者对蜡雕的认识和把握。

（一）锯弓与锯条

锯割是蜡雕工艺中最先进行的环节。将大块的蜡材分割成所需的尺寸待用，形状不统一的可分割成统一的蜡材。这种锯割作业是蜡雕工艺中最主要的作业方式。

在锯割作业的过程中，如何选择运用工具，应视作业蜡雕的产品大小而定。

（二）电动吊机和铣刀

电动吊机在蜡雕作业过程中起着非常重要的作用，它可以使整个蜡雕作业轻松便捷。但铣刀的形状、大小多样，要根据实际作品来选定。

（三）刻刀及其用途

刻刀的主要用处是对蜡雕作品进行造型雕刻。在实际作业过程中，可根据蜡雕造型的需要来选择刻刀的形状，一般来说，刻刀的形状大小各异。所以一般是根据自己的实际需要定做。

（四）刮刀与其用途

刮刀在蜡雕过程中主要起着整修的作用，它可以里外整形刮光，其形状也是多样的。

（五）电烙铁及其运用

电烙铁在整个蜡雕过程中也起着很重要的作用，它不仅可

以塑造形体也可以作为蜡与蜡的点焊连接，如点焊蜡珠、点焊钉爪、修补等。那么，怎样才能运用自如地掌握电烙铁呢？掌握电烙铁的温度是最重要的。

下面介绍电烙铁头上加以改造的方法：

第一，准备几根粗细不同的细铜丝，直径为0.3mm、0.5mm、1mm，长度在7～8cm即可。

第二，按铜丝的粗细，粗的靠手柄、细的靠外面绕在电烙铁的焊头上。

第三，绕好铜丝，然后把多余的铜丝剪掉，一般长度在从电烙铁的焊头起留出2cm，并把铜丝头各自分出方向。

四、首饰蜡雕技术

（一）认识标准图纸的重要性

图纸，在世界经济建设中被广泛应用，是一种经济技术的语言，是工艺技术的依据。在首饰行业中推广标准图纸是非常必要的。首饰图纸一般以三视图为准，对左右造型不对称的戒指来说，有时需要四视图才可以清晰地表现。

首先，推广图纸能提高首饰设计的水平，通过图纸的设计能全面反映产品的艺术和技术要求，容易发现设计中存在的问题，并得到及时改进。图纸设计与实样设计相比不仅加快了出产样品的速度、缩短了设计的周期，还减少了设计费用，为企业增加了花色品种，为适应市场需求打下基础。

其次，推广标准图纸便于技术语言的统一，加强同行之间的交流。图纸规定了统一的图形、尺寸、标志及表达形式，因此通过图纸能明确地反映产品的造型、工艺制作特点及制作过程，便于交流。

第三，推广标准图纸能加强企业内部管理，用图纸来统一工艺技术要求，便于组织和指挥生产，便于经济核算和技术资料的保存。

第四，推广标准图纸有利于首饰行业的专业化分工和产品结构调整，提高技术水平，扩大生产规模，改变首饰行业大而全、小而全的状态。

（二）首饰蜡雕过程模拟——吊坠的制作技法

图5-23所示为吊坠的效果图。

①仔细观察图稿，确定它的形状及尺寸。

②选定符合制作的蜡材，先把蜡材的两面锉平。

③按图稿上所标尺寸1：1的比例复印下来，或者按尺寸要求画下来也可以，然后把图稿剪下，贴在蜡材上（图5-24）。

图 5-23　吊坠效果图

图 5-24　吊坠蜡雕制作过程 1

④等图稿干后将其贴平整。如需快速干可以在灯光下或用电吹风吹干，等到图稿干后拿一根针或一个小刀片在图稿上对准所画线条把图案刻下来（图5-25）。

⑤图样刻好后，可以把图稿纸去掉，接下来用铣刀把图样中间无关的地方先铣掉（也可以用钻头打一个孔，再用锯子把它锯

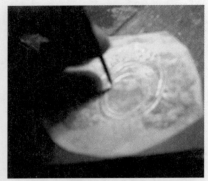

图 5-25　吊坠蜡雕制作过程 2

掉）。然后再把整个图样用锯子锯出来。用锯时要小心，应在图案线条的边外锯（图5-26）。

⑥用铣刀把所要的图案修整好，再用刻刀进行雕刻。

⑦在运刀雕刻时，要做到几点：下刀要准，力度要适宜，手握刀具及蜡要轻而稳，一定要尽量避免刻刀用力过猛，以免伤到手。

⑧当工件刻到所达要求后，接着用锉刀把它整平，然后用砂纸把表面处理完美。

⑨用铣刀打出镶石位置的孔。在打孔前，首先要认准所镶宝石的尺寸。打孔所选的尺寸应该小于镶石的实际尺寸，再根据这些选择铣刀尺寸。图5-27所示为使用铣刀打好孔的蜡雕工件。

⑩使用锯条将镂空部位锯下来，之后对蜡雕工件进行后期整理和表面处理。图5-28记录了蜡雕工件的制作过程。

图 5-27　吊坠蜡雕制作过程 4

图 5-26　吊坠蜡雕制作过程 3

图 5-28　吊坠蜡雕制作过程 5

⑪经过整理抛光后的蜡雕艺术品清透自然而生动，如图5-29所示。下一步就可以将蜡版转化为银版了。

图 5-29　吊坠蜡雕制作过程 6

第五节　首饰铸造工艺

失蜡铸造工艺是目前国际贵金属加工行业中最为常用的工艺。它的制作流程是：制作首饰原型（即首版）→压制胶膜→开胶膜→注蜡模→修整蜡模→种蜡树→灌石膏筒→石膏抽真空自然凝固→烘培石膏→熔金浇铸→炸石膏→冲洗酸洗清洗→剪毛坯→滚光。失蜡铸造工艺可以大批量生产品种多样、造型美观复杂的首饰。

一、首饰原型（首版）的制作

首版在首饰批量化的制作工序中是最为重要的，一个具有优秀造型功底和艺术设计底蕴的起版师能够很好地理解设计师的意图，并将设计图纸中的感觉很好地制作表现出来。相反，一个只懂得工艺制作没有艺术审美的起版师尽管制作工艺娴熟，首版制作出来则缺乏造型美感。所以，首饰工厂中目前比较缺少既有良好的设计基本功又有着长期的制作首版经验的人才。而此道工序正是首饰批量化制作中的核心。

首饰起版师常常使用银、铜、石蜡等常用材料根据设计师的设计图纸制作原型版。其中，最为常用的就是蜡版和银版。首版在制作完成后往往要焊上水线（即浇铸线），便于蜡液的注入和流出，起版师往往根据首版的大小形状来确定水线的粗细长短及位置。此外，手工制作的银版因考虑到后期工作中的收缩率和表面加工余量，一般要比最终产品大3%～5%。

在首版做好后进入下一道工序前，要检查首版表面是否光洁，水线的长短是否适合压模，然后根据原型的造型尺寸选择合适大小的铝合金压制胶膜，并准备好开胶膜用的手术刀、刀片、尖嘴钳、镊子等工具。

二、压模开模

将准备好的首饰原型夹在硅胶片之间，装入铝合金框中，经过加压加热后硫化成型。压制胶膜使用的工具是压模机（图5-30）。

压模过程中需要注意：①确保金属首版与硅胶片之间不粘在一起，相比较而言，银版比铜版不容易粘连。②操作过程中要确保压模框和硅胶片清洁，不得用手接触硅胶片表面。③根据胶膜的厚度尺寸及复杂程度等确定加热温度和时间，一般加热温度为150℃左右时，胶膜厚度为3层（约10mm），加热时间为20～25min；如果胶膜厚度为4层（约13mm）时，加热时间为30～35min；如果首版复杂，则需要降低加热温度延长加热时间。④硅胶片与首版之间不能有空隙。⑤压模机先预热，再放入

(a) 圆盘大压模机

(b) 大压模机

图5-30　压制胶模的压模机

已压好的硅胶片和压模框，旋紧手柄使加热板压紧压模框。达到预设硫化时间后迅速取出胶膜，自然冷却到室温。下一步开始开胶膜。

开胶膜是首饰失蜡铸造工艺中难度和要求都比较高的工序。它是将压制好的胶膜割开，将首版取出的过程。首版被取出后，工艺师还要根据胶膜的复杂程度将胶膜分成若干部分，以便后期注蜡后，蜡模能够容易的取出，因为胶膜质量直接影响着后期蜡

模的制作。质量高的胶膜在后期注蜡后不会发生变形、断裂等现象，蜡模制作出来也不需要花太多时间修整。

开胶膜的过程中，在刀片上蘸些水，以保证刀片和胶膜之间的润滑。此外，开胶膜的过程中，一般不使用直线或平面切割。工厂里的师傅往往采用四角定位法，即四角固定吻合，之间用曲线切割。

三、制作蜡模

制作蜡模分为注蜡和修整蜡模两道工序。胶膜做好后，下一步的操作就是注蜡。注蜡是一种利用胶膜注压出蜡模的工序，与前面讲到的利用雕刻制作出蜡模的技术有区别。前者称作注蜡，后者则称为雕蜡。雕蜡是一种纯手工制作技术，而注蜡则是使用真空注蜡机（图5-31）使蜡熔化后利用气压注入胶模中的过程。即在注蜡前先将胶模中的气体排出，再利用气压将熔融状态中的蜡注入胶模中。

图5-31　真空注蜡机

在注蜡过程中，应先检查胶模是否干净清洁，之后根据设计形态的复杂程度选择不同的压力和温度，形态越复杂，压力温度需要调整的越高。另外，注蜡前要先铺一层滑石粉，以便蜡模与胶膜分离，但不能使用过多，以免在蜡托表面留下粗糙的痕迹。

蜡模制作完成后，表面会留下或多或少的痕迹，如砂眼、夹痕等，需要仔细修整，还有的需要根据尺寸调整戒指圈大小，以节约成本。

四、种蜡树

蜡模修整好后进入下一步种蜡树。种蜡树是指将制作好的

蜡模按照顺序使用焊蜡机（图5-32）分层焊接在中心蜡棒上的过程。在这个过程中，蜡模要按顺序排列，之间要留有至少2mm的空隙，不能贴到一起，种好的蜡树和外面的石膏桶壁之间也要留有至少5mm的空隙，蜡树与石膏桶的底部要留10mm左右的距离。所以，种蜡树前要先根据石膏桶的大小，测算好蜡模排列的立体空间大小，确定好蜡树的高度及体积大小，以方便后续操作。

图5-32　焊蜡机

种蜡树前后要对橡胶底盘进行称重，将两次称重的数值相减就是蜡树的重量。将蜡树重量按石蜡与铸造金属的密度换算出金属的重量，这样就可以估算出大概需要多少金属进行浇铸。

圆形橡胶盘是蜡树的底座，其内径刚好与不锈钢石膏桶壁相同。在橡胶底盘中心有一个圆形突起的凹孔，方便蜡棒插入其中。种蜡树的第一步就是将蜡棒插入凹孔中，利用融化的蜡液使其结合牢固。接下来开始预算单个蜡模焊接在蜡棒上的空间与位置，将蜡模一个个从棒头部开始由上向下或者从棒底部由下向上一层层焊接在蜡棒上。为防止蜡液滴落在下层蜡模上一般采用由上向下逐层焊接的方法。

种蜡树过程中，有经验的老师傅都会注意到一些细节。首先，注意蜡模与蜡棒之间结合的角度，一般真空铸造蜡模和蜡芯呈70°~80°；离心铸造，蜡模和蜡芯呈45°~60°。其次，同一棵蜡树上的不同蜡模最好厚薄度相当。再次，种完蜡树后，要检查蜡模是否焊牢固，水线与蜡芯连接是否光滑，避免有夹角。同时，检查蜡模间是否有空隙及是否有滴落的蜡滴等。以上操作完成后，方可进入下一步操作。

五、石膏模的制作

蜡树种好后，下一步就是制作石膏模了。制作石膏模首先要

准备好专业用的首饰铸造粉。这种铸造粉一般要满足一些基本的条件，如耐火温度高、热膨胀率小、浇铸出的工件表面光滑以及浇铸后的工件易与石膏模分离等优点。

制作石膏模首先称量蜡树，并根据不锈钢套筒尺寸计算出石膏和水的用量。一般平均100g铸造粉用38~40g、水温在21~26.6℃的水来调和，水温过高会缩短凝固时间，水温过低则延长凝固时间。标准地将铸造粉与水混合后经搅拌倒入铸筒内的时间为9min。低于9min则铸造粉与水不能充分混合，蜡模表面会产生水模从而影响铸造效果；高于9min则铸造浆液流动性减少，有些细节就不能很好地填充，蜡模也容易产生龟裂。

在注意到以上几点后，将不锈钢筒小心地套在蜡树橡胶底座上，使套筒与底座紧密相连。按照比例将石膏粉加入一定水中，均匀搅拌约3min，尽量减少浆液中的气泡，之后使用真空脱泡机进行1~1.5min的脱泡，最后将石膏浆液倒入石膏套筒内，让浆液淹没蜡树1.5~2cm，马上将石膏套筒置于真空脱泡机内进行2.5~3min的二次脱泡，边脱泡边振动石膏筒。而后将石膏筒放入空气中自然干燥1~2h。

六、脱蜡烘模

脱蜡烘模是将蜡模熔化流

出，留下空心石膏模的过程。脱蜡除蒸汽脱蜡外，常用的是通过焙烧炉脱蜡。在焙烧炉内温度60℃以下时，将铸焙筒有序地置入自控常温焙烧炉中，注口向下。设置好高温炉的自控加热时间、温度等进行脱蜡烘模。其中，烘模时注意按照铸粉供应商所推荐的烘模曲线去操作，烘模后再降温到所需的浇铸温度。其中，铂金铸筒脱蜡烘模时的温度要达到950～1000℃，K金（足金、银、铜）铸筒的烧结温度在750℃以下。

七、熔金浇铸

熔金浇铸是将金属液体通过离心力、加压等方法注入铸模内，以完成首饰毛坯制作的过程。目前铸造的方法根据使用工具的不同分为两种：一种是利用氧化乙炔、熔金炉熔化金属后，再用离心机等器械将金属液注入空腔内，此过程熔金和铸造是分开来的；另一种则是利用先进的首饰器械真空离心铸造机（图5-33）或真空加压铸造机将两个过程合二为一。其中，后者可以提高毛坯质量，减少砂眼、孔洞、表面粗糙等缺点。

按照蜡树的质量计算出具体需要多少浇铸原料。浇铸时，对于常规14K、18K金而言，熔融液体的浇铸温度一般控制在1000～1160℃范围内。此外，由于浇铸过程是在真空或空气中进

(a) 意大利中频真空离心铸造机　　(b) 中频真空离心铸造机

图5-33　真空离心铸造机

行，为防止熔融液体在空气中表面氧化，往往使用硼砂、硼酸、木炭等物质与空气隔离。

目前常用的四种浇铸方法是"浇灌法、离心铸造法、负压吸引铸造法、加压铸造法"，为达到使工件尽可能减少砂眼、提高工件质量的目的，通常使用铸造机通过施加压力、真空、吸引、离心力等使熔融的金属液体充分填充铸模的每个细微部分。铸造机有很多种类型，最为常用的有两种类型：真空吸引加压铸造机和离心铸造机。其中，选用不同的铸造方法在浇铸温度、金属熔融液体温度、浇铸压力以及铸造后的静止时间等各项参数方面的要求也各不同，这些参数有时决定着铸造后工件的质量。

铸造好的工件要先去掉金属黏附的铸粉，铸粉模冷却到适当温度之后，用冷却的自来水冲洗其底部，铸粉模遇冷产生爆粉，从而使铸造金属工件与铸粉模分离。之后，再用高压水枪喷射冲洗铸造工件，使铸粉脱落干净。最后根据不同的金属选用不同浓度的硫酸或者氢氟酸的水溶液浸泡不同的时间，通过此步骤，铸粉被彻底清除干净。然后再从酸液中取出金属工件用清水清洗之后烘干。

八、后续操作

对清洗干净后的树枝状毛坯进行称重，计算损耗量，再将清洗干净的金属树上的一个个金属模通过剪毛坯工序进行分类，然后在距离工件1.5mm处按一定角度将水线剪断。接下来检查毛坯质量，检查毛坯质量包括工件的完整程度，如有无残缺、裂缝、变形等；有无成色不足等问题；有无砂孔、缩孔、气孔等孔洞缺陷以及表面是否光滑等。最后再按照不同质量分类。

第六节　首饰珐琅工艺

一、珐琅工艺技术

一般珐琅工艺分为几种不同的技术：錾胎珐琅、掐丝珐琅、锤胎珐琅、透明珐琅、七宝烧、画珐琅等。其中，掐丝珐琅工艺、錾胎珐琅工艺和锤胎珐琅工艺是首饰制作中常用的技艺。本节只就掐丝珐琅首饰工艺进行深入探讨。

景泰蓝，又称掐丝珐琅，它是在金属胎上，按照图样设计描绘出纹样轮廓线，然后用细而薄的金属丝或金属片（主要为铜，兼有金、银丝/片）焊着或黏合在纹样轮廓线上，组成纹饰图案。再于纹样轮廓线的空白处，点施各种颜色的珐琅釉料，经多次焙烧、磨光、镀金而成。掐丝珐琅器与錾胎珐琅器表面效果相似，同样呈现出宝石镶嵌的效果，但掐丝珐琅器的图案纹饰线条纤细而婉转，在烧制和磨光过程中，容易产生断裂现象，并常留有焊痕。而錾胎珐琅器的纹饰线条比较粗犷，无接头和焊痕。

錾胎珐琅是将金属雕錾工艺用于珐琅首饰的制作中。首先，在金属片上按照图案设计要求画出纹样轮廓线；其次，运用雕錾技术，在轮廓线以外的空白处进行雕錾减地，使得纹样轮廓起凸，呈现凹凸的半立体状态；再次，在其下凹处点施珐琅釉料，经焙烧、磨光、镀金而成。

锤胎珐琅工艺是在金属胎上用金属"锤"或利用钢錾"敲"的技法，从金属胎的背面锤起线，锤出纹饰图案，然后点施珐琅釉料，再经焙烧、磨光、镀金而成。点施珐琅釉料的独到之处在于是在其凸出的部分点施珐琅釉料，而其凹下的部分则以镀金饰之。这种方法突出三维立体效果，能够很好地显示出珐琅釉料的晶莹剔透。

七宝烧是日本的一种传统工艺。它是以贵金属为胎，外面装饰以石英为主体的原料及各种色料，经烧制而成。七宝烧具有胎骨轻薄、器型规整、珐琅釉料细腻、光泽闪耀、色调艳丽明快等特点。

还有一种工艺叫画珐琅工艺。画珐琅是先在紫铜胎上施白色的珐琅釉料，入窑烧好后使表面平滑，然后用各色珐琅釉料绘制图案，再经过烧制而成。这种珐琅工艺很有绘画味道，常常用来制作珐琅画。画珐琅使用非金属胎，如瓷、紫砂、玻璃等时，称为珐琅彩，属于陶瓷艺术品。传说康熙雍正时期的画珐琅工艺品最为精湛。

透明珐琅工艺是在錾胎珐琅器衰落时开始兴起并发展起来的。它在金属胎上用金属錾刻或锤花技法锤錾出浅浮雕，再施以具透明或半透明性质的珐琅釉料，烧制后，显露出因图案线条粗细深浅不同而引起的视觉上的明暗浓淡变化。

以上几种不同的珐琅工艺在首饰的制作工艺中灵活运用，能够产生不同的艺术效果，珐琅特殊的釉料质感与贵金属相配，既提高了珐琅的身价，又增加了首饰的艺术文化品位，可谓相得益彰。

二、珐琅掐丝工艺

（一）材料准备

1. 珐琅釉料

珐琅釉料的种类很多，一般常见的有：高温釉料、低温釉料、透明釉料、颜色釉料、光瓷釉、铅釉、无铅釉等。它的主要材料是石英、长石、瓷土等，它以纯碱、硼砂为熔剂，用氧化钛、氧化锑、氟化物作为乳化剂，金属氧化物为着色剂，经过粉碎、混合、熔融后，倒入水中急速冷却成珐琅块，之后经过细磨而得到珐琅粉，或配入黏土经湿磨而得到珐琅浆。珐琅属硅酸盐类物质，一般属于低温色釉，烧结温度在1000℃以下。其中，教学使用的北京珐琅厂的釉料的烧结温度一般在650～700℃，可以非常方便地制作掐丝景泰蓝挂件或景泰蓝首饰。只需配一个小小的4kW的高温焗炉，当然，如果不想购买掐丝用的铜丝而选择自制铜丝还需要一些拉丝机等工具。

2. 黏结材料

白芨常常在金丝细金工艺中用来做图案的黏结剂，它可以暂时将掐丝用的铜丝固定在铜板上。因为这种特殊的药材遇火会成为灰烬，而不会影响外观效果。白芨可以在中药店中买到，是一种草本植物。用白芨的茎块去皮后研磨成粉末状，加水调成糊状有较强的黏结性。除了白芨粉外，也可以用乳胶、万能胶、502等强力胶作为黏结剂。

3. 化学清洗材料

最常用的化学清洗材料是硫酸。如果院校的首饰实验室使用硫酸作为清洗剂，需要在购买硫酸时开具证明。此外，要注意使用的安全性，最好将硫酸瓶放在盛满水的玻璃质容器中。配制稀硫酸时，务必将硫酸倒入水中，而不能将水倒入硫酸中，以避免溶液喷溅出来引发事故。

此外，还有一些化学试剂也可以用来清洗。如碱可以去除油渍和杂质，盐酸可以清洗贵金属和黑色金属，而浓缩的硝酸一般不在细丝工艺中使用，氢化钾用于去除制品表面的氧化膜，或用来镀金。

4. 铜丝及各种花样丝

常用铜丝的制作方法：一般在上海北京东路的铜板金属市场里有卖专门的铜丝，但截面是圆形，而教学中用来制作景泰蓝掐丝工艺的铜丝多采用扁铜丝，这种扁铜丝在金属市场上买不到，所以需要自己制作铜丝。自己制作铜丝需要有压片机和拉丝机，最简单的方法就是将买来的截面呈圆形的铜丝经过压片机直接压成所需要的厚度和立面高度。

金属花丝的种类有许多种：花丝、竹节丝、祥丝、拱丝、凤眼丝、麻花丝、蔓丝、麦穗丝、小辫丝、门洞丝等。这些花丝工艺都是经过珐琅工艺师多年的经验日积月累创造出来的。在首饰设计中，如何将这些传统技艺与现代设计思维相结合开发民族又现代的首饰至关重要。切忌不要为了使用某种技艺而设计制作首饰，而是为了更好地创造首饰设计新概念去研究新的工艺，以利于更好地表达创意。

（二）主要机器设备

主要机器设备有拉丝机、高温焗炉。

（三）基本掐丝技法

珐琅工艺常见的掐丝技法有：堆、垒、编、织、掐、填、攒、焊等。当然，根据设计的需要，也可以发明创造出新的技法。在景泰蓝掐丝工艺中常用的掐丝技法是掐、焊、填。掐丝时，需要有一把好用的镊子，沿画好的纹样掐丝时，镊子要垂直向下，与金属板呈90°，这样掐出的丝不会变形走样（丝在烧制之后非常容易变形）。在教学中为了省事往往将焊的工序省掉，用白芨暂时黏结固定后直接上釉烧制，这种情况下铜丝更容易变形。此外，为了制作出精致的视觉效果，纹样的对口一定要对接严密，在弯角处尤其要注意。操作时，首先用镊子把丝捋直，之后再进行弯曲，以确保掐出的丝线流畅，并且一定要保证弯转角或圆圈时准确到位。在某些纹样的尽头还需要做死角，处理时需要手劲均匀，并保持角与直线的平直。

掐丝可以掐单股丝也可以掐多股丝。除掐丝外，制作花丝的形式也多种多样。这里简单介绍花丝工艺的几种技法。

第一，传统中所说的"堆灰"，是用白芨与炭粉堆起的胎被火烧成灰烬后，只剩下镂空的花丝空胎的做法。

第二，两层以上花丝的合制称为"垒"，它可以很好地展现产品的立体感。垒的做法除了在胎上粘贴花丝纹样后焊接外，还有在制作过程中纹样直接叠垒成图案的方法。垒有平面垒、立体垒之分，还有粘垒和焊垒之分，粘垒是将纹样一层层粘起来统一焊，焊垒则是一层层焊上去的办法。

第三，按照经纬方向使用一股或多股不同的花丝编出花纹图案的技巧称为编。这种传统技艺非常有趣，分为平面编和立体编两种。平面编是直接用做好的花丝根据设计编成花纹图案等作为部件表面的装饰，立体编则是直接编成制品造型的方法。编织时，首先将花丝退火烧软再编，力度要均匀，编出的花纹也要疏密错落有致，烧焊时工艺才会精细。我国古代的很多著名图案，如云纹、水纹、席纹等都可以使用编的手法再上色。

第四，使用单丝按照经纬方向表现的方法称为织。通过织可以单丝穿插，也可以织制成很细的纱，或织成各种网，如圆孔网、方孔网等，在这些网上还可以穿插各种细丝之后或拉或压成新图案等。

第五，把压扁的单股花丝或素丝填在掐好的花丝轮廓里的方法，称作填。

第六，将各种各样的做好的纹样组装成复杂的纹样后再将其组装到底胎上，称作攒。

第七，焊是花丝工艺中使用频繁难度较高的基础工艺。焊分为点焊、片焊、整焊，其中点焊用于小面积的局部的焊接与接口的焊接；片焊用于纹样填丝的焊接；整焊则用于大件的焊接，常常使用黄药和红药。

三、简单平面珐琅掐丝基本工艺流程范例

①按照设计所需要的尺寸裁切好铜板，刚买回来的铜板一般都是未经退火的材料，要先对其进行退火。

②将退过火的铜板放入稀硫酸中，用铜刷仔细清洗，之后用清水冲洗干净，然后放入氢氧化钠溶剂中再次清洗，最后用清水洗净。

③在铜板上用铅笔将设计稿精细地画出，要求穿插关系表现明确。

④将备好的圆铜丝经过压片机压扁，因金属市场中只能买到圆铜丝，或直接通过珐琅厂购买做好的扁铜丝。之后，将铜丝进行退火、酸洗。因为退过火的铜丝更便于掐丝。

⑤沿着铜板上画好的设计稿进行掐丝，利用小镊子垂直向下，与金属板呈90℃，如图5-34所示。

图5-34　掐丝过程

⑥掐好丝的方形铜板，如图5-35所示。

⑦将掐好丝的铜板放到平稳的操作台上，根据设计的色彩稿，选择相应的珐琅色。将不同的珐琅釉料倒入一个个标有色彩标签小杯子里，用筛子将珐琅釉料平稳地散布在丝与丝之间。

⑧将做好的景泰蓝掐丝画放

在珐琅炉托上，平稳地托到升温至650℃左右的炉内，待高温炉继续升温至750℃左右时，保持约十多分钟，打开炉门，用托管托出珐琅作品。待慢慢冷却后，可以看出烧出的色彩。在烧制过程中，在炉内停留的时间越长，色彩越暗，反之则鲜亮。如图5-36所示。

⑨用锉刀打磨铜丝，使其呈现出金属的光洁明亮的质感。

四、錾刻工艺

珐琅工艺在首饰中的应用往往与实錾、镶嵌结合在一起进行。实錾是指錾刻或錾花。方法类似于敲铜浮雕，只是线条更加细腻。进行錾刻时，一般应提前

制作出许多各种造型的钢錾，以方便敲制各种造型。当我们一手拿錾子，一手拿锤子，用锤子敲打錾子在金属胎上走形时，需要提前自己配制"胶"。"胶"是用松香2000g，花生油500g，白土粉12000g一起烧制而成，它在高温下呈可以流淌的液体胶状，常温冷却后则变为固体。我们常常将这种胶垫在金属板下，或者灌入立体的金属造型中，之后用锤子敲錾子敲出各种图案或造型。

錾刻工艺常采用勾、落、串、台、压、踩、丝等技法。其中，勾是在金属正面勾錾出基本图的大形的常用方法；落是将纹样中不需要凸的地方用錾子压下去；串则是从金属背面用圆头錾点冲以使正面的图形更加凸起的方法；台是在模板内心外，将金属片垫铺在其上，用锤子将其锤打成型的方法；踩是利用各种錾子将金属表面纹样处理平整的方法。

这里简要介绍首饰錾刻的工艺流程。首先，按照前面所述的比例将胶配制好，之后按照图纸的要求，把大形敲出来。如果作品是平面的，可以直接在木板上上胶，在胶熔化时将金属按压在胶上敲出细致的造型。如果是立体的则必须把胶灌进金属内部。其次，在垫好胶的金属表面上錾刻花纹，先用"勾"的方法将纹样大致轮廓勾出来，然后用锤子敲打錾子在金属表面錾刻花纹。

图5-35 上海工程技术大学学生课上练习

（左上：0912052班徐育蕾，右上：0912052班孙晔梅，左下：0912052班黄维妮，右下：0912052班孙鑫）

图5-36 珐琅装饰作品《从哪里来，到哪里去》

（设计制作者：张晓燕，作品未经打磨）

在这个过程中，胶冷却受力变硬，需要重新起火将其变软，同时给金属退火，重新垫胶錾刻，最后采用点、串手法使金属表面凸起位置的立体感增加，最后精细地细錾金属表面，直到满意为止。之后将某些部位根据设计图调整，将不规则的地方锉干净。最后，起火将底下或立体金属造型内部的胶化掉，将金属首饰工件整理干净进行抛光及后期处理。至此，一件漂亮精细的首饰才算完成，有时，一些艺术家还喜欢在此基础上再上珐琅。錾刻、珐琅以及镶嵌装饰彼此很难分开。灵活地使用这些工艺可以做出精美的首饰艺术品。

第七节　首饰花丝工艺

一、花丝工艺的现状与未来

中国传统工艺承载着我国劳动人民的辛劳与智慧，饱含着中华民族上下五千年历史的血泪与财富，伴随着东方文化的源远走过兵荒马乱的时代、接受过皇宫贵族的顶礼膜拜，而如今，这些曾经辉煌的技艺绝活伴随着西方首饰潮水般的信息理念的流入，正由默默无闻走向衰退或失传。

中国传统工艺中的花丝工艺是一种将金银等贵金属加工成细丝，以推垒、掐丝、编织等技艺掐制出各种不同的图案，并在金银丝上錾出花纹，有的再镶嵌上宝玉石的传统手工技艺。因花丝和镶嵌这两种独立工艺常常需要一起使用，故逐渐合称为花丝镶嵌。在我国的历朝历代中，花丝镶嵌的饰品一直受到皇宫贵族们的钟爱。

花丝工艺作为一门传统的宫廷艺术，不仅工艺复杂繁琐，且制作耗时较多，它以掐、填、攒、焊、堆、垒、织、编八种技术为核心，从设计图到成品，每个细节都需要很大的耐心。据说，一件优秀的花丝工艺饰品往往不是一个人能制作出来的，其中每一道工序都需要手工技术纯熟的工人，而且现在许多优秀的花丝镶嵌方面的工艺都已经失传。北京通州的花丝镶嵌厂据说是当年北京花丝镶嵌工艺品的主要生产地，20世纪70年代该厂已经拥有上千名熟练技工和雄厚的科研开发力量，其工艺水平已经超越了清宫造办处。到了20世纪80年代，由于出口订单数量锐减，厂里

的经营状况逐渐恶化直至破产，能够继续留下来从事花丝镶嵌行业的仅有50人左右。

作为具有几千年历史的传统工艺，要想生存并延续昔日的辉煌，需要的是现代设计理念与创新。传统花丝镶嵌工艺以金银等贵重金属为载体，技艺越精湛、细致，就越能体现饰品的富贵吉祥，也越受到皇宫贵族的喜爱，这是花丝饰品在我国历史中曾一度辉煌的原因。而当它独立于现代社会，又得不到特定的文化土壤时，一切就显得格格不入了。在没有皇室需求的时代，龙凤、花卉等传统花丝饰品的表现形式已不符合现代的审美，传统味道十足又没有现代感的花丝饰品既没有玉首饰凝重的文化底蕴，又没有钻石彩宝首饰的绚丽色泽，这使得花丝工艺曾一度处于后继无人的境地。

近年来，我国开始意识到传统工艺传承的重要性，产业政策逐渐导向鼓励花丝工艺品的创新与高科技发展，企业新增的花丝工艺的投资项目也开始增多。人们对花丝饰品的关注也越来越密切，这使得我国花丝饰品的市场迅速发展。在北京，以白静怡、毕尚斌、张广和、程淑美等大师为代表，建立了许多花丝工艺传承基地；在贵州，许多传统的花丝作坊都已经走出过去的闭塞，把消费市场做到北京、上海等大都市。频频亮相的花丝饰品让见惯了各种国外艺术首饰的设计师

与消费者开始感觉花丝工艺独有的魅力与特色，许多设计师将触角转向传统工艺的现代化设计研究，并开始尝试用现代设计理念结合传统技艺进行创作，在一些首饰专业展览中也开始看到一些独具特色的现代花丝首饰作品，具有传统的精湛技术又兼具现代的设计意识的花丝工艺饰品的未来前景广阔。

二、花丝工艺的基本技艺

花丝是一种用不同粗细的金属丝（金、银、铜）搓制而成的各种带花纹的丝，经盘曲、掐花、填丝、堆垒等手段制作出精致的饰品，人们把这一制作过程称为花丝工艺。花丝工艺的基本技艺主要包括掐、填、攒、焊、堆、垒、织、编等。其中掐、攒、焊为基本技法。

（一）所需工具与材料的准备

1. 金属丝及加工

制作花丝饰品首先要根据设计图准备不同型号、不同类型的花丝。如果不使用现成的花丝材料，而要自己准备材料，首先要将金属银条在轧条机上反复压制，直到成为粗细合适的方条状后，才能开始正式拉丝。手工拉丝是几百年延续下来的传统，也叫拔丝。有关拉丝机的使用前一节中已有介绍。拉丝板是专用的拉丝工具，有各种形状孔洞的拉丝板，可以帮助拉出各种尺寸、各种横截面形状的金属丝。将银柱通过小孔拉成丝，整个过程用力要均匀，夹银丝的钳子应使用平口钳，在拉丝过程中最好用一些润滑剂。

用来制作花丝的金属丝根据需要一般被拉成0.8mm、0.7mm、0.55mm、0.35mm等几种规格，除了素丝之外，常见的还有麦穗丝、拱丝、竹节丝等，这类丝都需要配合使用一些小工具，并用合适直径的素丝来制作。如麻花丝，可以用一块木块条压住两条金属素丝在木板上手工搓制。注意，搓制时，左手拿好两条金属丝，右手向前搓丝，必须保持左手随着右手运动的方向移动，搓出的麻花丝以均匀直挺为佳。搓好的丝可以根据需要用压片机压扁保存且方便使用。

加工好的丝可以用来做花丝饰品的图案框架，也可用来填入图案中，并依据设计盘出花纹。

2. 焊粉、焊片及配制

焊粉作为粉末颗粒状焊接材料有利于在温度比较低的情况下熔化，能使银丝之间均匀无痕地熔接起来，所以使用起来比焊片方便。焊粉和焊片都可以自己配制准备，根据设计焊接温度的不同，按照不同比例配制温度高低不同的焊粉，一般贵州作坊中比较好用的配制比例是：纯银60%，黄铜40%。配制时，在油槽或油夹中抹入一点油，将银片与铜片分别剪成小片一起放入坩埚中，用大火枪熔化焊料，同时加热油槽并加入硼砂，焊料熔化前首先凝成球状，此时用夹具稳固地夹持坩埚轻轻顺时针转动，看其是否全部熔化，之后边同时加热油槽或油夹和焊料，边将焊料快速倒入油槽或油夹中。冷却后取出焊料块。如果需要焊粉的话，可用大平锉锉磨焊料成焊粉，并装在袋中备用。如果需要的是焊片，则先将焊块放在平砧上，用大平锤敲平展薄，金属变硬时退火，再继续敲平延展，之后退火利用压延机将其一遍遍压薄，直至得到想要厚度的焊片。

3. 所需工具

制作花丝工艺在个人工作室中就可以进行。除必备的焊接工具与焊板之外，还需要准备一些专门制作的小工具。焊接工具最好用的莫过于传统的皮老虎，皮老虎是一种类似于空气压缩机的工具，使用的燃料是溶剂汽油，其火力大小是靠脚踏风箱的力量和速度来调节的。由于是手工操作，火焰变化更加丰富。火苗的长短、大小，火力的软硬都可以随时调节。教学工作室中使用的多功能熔焊机也可以，但最好配置一根好用的铜管焊枪，可将火焰调的更加精细，汽油也最好使用航空汽油。水焊机和激光焊机相对而言不适合制作手工花丝饰品。焊接在焊板上操作，与石棉板相比，木炭板具有更好的保温作用，能使被焊接的首饰受热均匀，焊粉流动性更好。除了这些必备工具之外，贵州师傅还自制了一些经验中积累的非常好用的小工具，如盘丝用的自制隔段铜片、竹签、小镊子等（图5-37）。

图5-37　贵州花丝制作的简单自制工具与材料

（二）基本技艺

1．堆

堆，指用白芨和碳粉堆起胎体，后用火烧成灰烬，而留下镂空的花丝空胎的过程。操作分为五个步骤：①用碳粉和白芨加水调成泥状，制作胎体，胎体关系到所制作首饰的造型。②将各种花丝或素丝，掐成所需纹样。③把掐成的花丝纹样，用白芨粘在胎体上。④根据所粘花纹的疏密，放置焊药焊接。⑤对没有焊牢的花纹，用焊枪将花纹的接点处焊牢。

2．垒

两层以上的花丝纹样的组合，称为垒。垒的技法可分为两种：①在实胎上粘花丝纹样图案，然后进行焊接。②在工件的制作过程中将两层以上的单独纹样垒成图案焊接。

3．编

编，指用一股或多股不同型号的花丝或素丝，按经纬线编成花纹。具体工序分为三部分：①轧丝。②将所轧丝过火烧软，便于编织。③编丝。

4．织

织，指单股花丝按照经纬原则来表现纹样，通过单丝穿插织成很细的纱之类的纹样的过程。

5．掐

用铁质镊子把花丝或素丝掐制成各种花纹的过程称为掐，包括膘丝、断丝、掐丝和剪坯四道工序。

6．填

把轧扁的单股花丝或素丝充填在掐制好的纹样轮廓中称为填。

7．攒

攒，指将不同方法做好的单独纹样组装成所需要的比较复杂的纹样，再把这些复杂的纹样组装到胎型上。

8．焊

焊接是花丝工艺的最基本技法，伴随着花丝工艺的每一道工序。

图5-38所示的作品运用了花丝工艺中的掐、填、焊等。

三、首饰花丝工艺品的现代化设计

我国传统的花丝工艺品大多局限于平面构图，立体造型较少，素材多以传统的花鸟虫鱼为主，符合中国人传统的审美观，追求饰品的意境与韵味。一方面，这些传统的饰品体现了我国人民独特的审美情趣；另一方面，饰品缺少现代首饰设计意识与首饰造型的张力。传统的精湛

图5-38　贵州的花丝作品

技艺如果与现代的设计相结合，我国的花丝首饰作品将在国际上大放光彩。

从首饰设计概念的创新上看，中国传统的花丝饰品应从再现自然、感悟自然情趣为主转向以设计师自我情感的表露与个性化设计为中心，扎根于中国传统文化，设计出情与物真正统一的、凝练的优秀饰品。

从首饰设计的空间造型上看，传统的花丝饰品较为平面，虽然具有中国传统艺术品的气韵，但缺少一定的空间立体造型意识。设计师应进一步研究点、线、面、体的空间造型在现代花丝首饰品中的应用技巧，将西方包豪斯以来研究出的理性的造型方法，与我国传统的追求写意的行云流水的在二维的空间中追求饰品的纵深感的设计方法相结合，创作出具有中国味道的当代首饰作品。

从首饰设计的材料上看，传统的花丝以金银丝为主，现代的花丝首饰作品可以结合各种综合材料进行创作，只要作品的概念需要，可以选用任何材料。

首饰艺术的人性化设计

课题名称： 首饰艺术的人性化设计

课题内容： 服饰与人体

　　　　　　首饰与服装

　　　　　　首饰与形象设计

　　　　　　首饰艺术设计的情感需求及个性化表现

课题时间： 4课时

训练目的： 通过学习首饰艺术的人性化设计，理解首饰与人体服装
　　　　　　的关系，使学生具备首饰的人性化设计意识。

教学要求： 理解服饰与人体的关系。

　　　　　　理解首饰与服装的关系。

　　　　　　掌握首饰的概念情感表达与个性化设计技巧。

第六章 首饰艺术的人性化设计

首饰艺术是艺术与技术、人性化与形式化的有机结合。有史以来，人们衡量一种设计是否成功的根本是看该设计是否能满足人的需求。而人作为高等动物，有物质和精神两个层面的需求。时至今日，早期人们对产品的使用价值，即功用性的要求逐渐让位于在此基础上的产品的附加值——情感价值、美学价值、个性化价值等，首饰设计的人性化正体现于此。在以人为中心的设计中，首饰产品的外在造型、材质肌理等外在形式逐渐成为人们表达内心情感、追求审美、体现个性化价值等的外在表现符号。

所谓首饰艺术设计的人性化是指首饰设计在以"人"为中心的基本原则下，首饰外在的造型、色彩、肌理等形式要素均以最大限度地体现设计者与消费者的内在精神需求为目的，以最完美地体现人与首饰的和谐关系为研究对象，以取得美学与哲学上的内在统一。从这个角度出发，设计制造富有形式美感兼具情感内涵的现代"首饰艺术品"，是人性化设计的根本要求。

从美学的角度上来说，形式化与人性化是不可分割的。形式化主要体现在首饰的造型、色彩、材质、肌理等构成的形式要素及装饰佩戴方式、视觉感受等方面；而人性化则体现在包含装饰美观等视觉享受在内的更加深入的层面：消费者的审美及文化取向、精神寄托，首饰蕴含的特殊意义，佩戴者的内心感受，抑或是出于社交需要等。其中，人性化的情感要素需要借助形式化要素来体现，而在形式化的表现符号中蕴含的人性化要素则更加彰显出首饰艺术品存在的内在魅力与价值。

基于人性化设计的理念，首饰设计需从两方面着手。首先，首饰设计要以人体不同结构为中心，最大限度地体现不同人体的美学价值。其次，首饰设计要以消费者的审美、情感等心理需求为中心。前者要求设计师树立起从头到脚一体化包装的概念，即首饰要与服装搭配一起来装饰不同的个性化人体，一起塑造个性化的服饰氛围。后者则要求设计师以消费者的精神需求为导向，如首饰表达对逝去亲人的缅怀，表达外交时的友好交流，表达某种心理暗示，让佩戴者感受到首饰设计的精神层面的内容。

第一节 服饰与人体

人体是自然界最美的造物。服饰与人体之间除去实用功能之外的关系，更多的是装饰媒介。这种媒介在为人遮体御寒、祈求心理安全感、吸引异性关注的基础上，逐渐演变成一种装饰符号。在这个过程中，我们可以看出，早期依附于人体之上所存在的基础装饰符号正是建立在人的内在需求的基础上的。同样，今天的我们研究服饰与人的关系也可以分为两个方面：第一，从人体角度着眼的服饰与人体造型的外在关系；第二，从人性角度着眼的人的内在精神需求与服饰的关系。

广义的服饰概念包括服装与饰品，二者共同装扮着人体。首饰作为饰品中的一类，不仅具有辅助之功，更有画龙点睛之妙。

因此，人性化的首饰艺术创作，一定要放在服饰与人体的关系之中进行。而服饰与人体造型的关系又是一个老生常谈的话题。十几年来，业内的服装设计专家已经总结出了许多塑造完美人体的服饰设计方法。这些设计方法都是围绕着如何通过服饰设计让人体的外在视觉效果接近于理想的人体状态，从一定角度上分析，这种设计方法属于唯美的设计观。然而随着时代的发展，旧的规则毕竟要被新的需求所替代，这更加符合哲学中否定之否定原则。后现代主义时期的设计师为了迎合新一代消费者标新立异的思想，需要对传统的唯美服饰设计观进行解构并打破，重新构建起个性化的表现自我的服饰新形象。打破过去合理的规则和原理，正是这一时期设计游戏的开始，只有这样，才可以重建崭新的设计空间。

一、从传统的唯美主义观看服饰与人体

中国有古诗云："横看成岭侧成峰，远近高低各不同。"也就是说对于同一事物，从不同的角度看会有不同的感觉。用这种方法去观察千变万化的人体，活用装饰语言，能够帮助我们塑造出理想体形。

早期的业内专家对于理想体形做了概括，按照时装模特的选拔标准，理想的体形特征是："头小，肩宽，腰细，腿、臂修长，侧身呈优美的'S'形，胸围略小于臀围，上、下身比例为5∶8。"长期以来，服装时尚界在穿衣配饰标准方面一直以使着装后的效果最大限度地接近理想体形为准则，首饰佩戴的基本原则则是突出人体中最美好的部位。

按照基础体形特征，常规下我们习惯将女性体形分为：X形、A形、H形等。

早期的服装书籍中，常常这样描述"X"体形：X形属于理想的体形，以细腰平衡宽肩宽胯，从侧面看形成优美的"S"形，这使得X形体形的女性穿衣的选择范围比较大，如果穿着X形服装并在腰际配一条时尚的腰带更显得优雅妩媚（图6-1）。从唯美的角度看时装与人体装饰，这条时尚腰饰就成为该体形的视觉装饰中心点，装饰的目的就是突出体形优势"细腰"。

再如"A"体形的人，主要体形特征是"窄肩，小胸，下肢粗壮"。这种体形尽管看起来不是很完美，但也有它的优势。由于上肢肩膀较窄，使这种体形的人体显得较高，同时下肢的粗壮又增加了稳定感。我们常常可以在一些有名的雕塑中见到这样的造型："窄肩，小胸，极其夸张的、粗壮的臀部和大腿。"可见这种造型也有它的优势和美丽之处。对于纯艺术来说，夸张增加了它的生命力；而对于传统的人体着装配饰来说，则是一方面塑造理想体形，一方面突出最完美的部位。所以当我们给A体形的人戴上适宜的胸垫时，胸围的量即被补足，当A体形的人穿着明亮色彩的上衣和简洁暗色的下装时，三围给人的感觉则趋于完美。在此基础上，将首饰佩戴在腰部以上最漂亮的形体部位上，雕琢后

图6-1 夏奈尔（Chanel）服装

的A体形的人也会成为美好的艺术品。

与"A"体形相反的一种体形是"倒三角形"，对于男人来说，这是一种比较完美的体型，这种体形使人看上去比较粗壮；如果一个女人拥有了这样的体形则会显得比较矮。这种体形的基本特征是："宽肩，丰胸，胯臀较小，使得下身看上去有些不稳，与此同时，增加了速度感。"但这种体形也有它的优点，那就是上身的宽肩丰胸显示出浓浓的女人味，如果这类体形的女人穿上裸露较大的、简洁的上衣，再佩戴一条夸张的吊坠，加上洛可可时期的膨大的裙子则再贴切不过了。

从着装配饰的几大规律来看，传统服饰造型中的规则也是建立在塑造唯美的理想体形的基础上的。

首先，从着装佩饰的整体和局部看。局部作为整体的一部分要服从整体，我们经常可以看到一些失败的设计，零乱的设计元素堆砌在服装面料之上，服饰本身与穿着者看上去格格不入。这些都是忘记服饰的整体美而片面地追求局部的表现。就像一幅画，如果每一个角落都精彩整体就不精彩了，有主有次、有层次才有美感。从这一点出发，我们在着装配饰时应该注意色调的统一，款式是否与人体吻合，色彩是否与肤色适合，视觉集中点不要太多，最好只有一个，而这

一点往往存在于基础人体的漂亮部位，如果用首饰装饰这个点，就一定要装饰得非常精彩耐看。其他一切都服务于这一点。当一款着装太过于平淡时，我们加入一个精彩的设计元素，会起到画龙点睛的效果；同样当着装效果过于零乱时，我们可以将多余的设计元素去掉，以达到化繁就简的效果。这两种做法都属于使局部服从整体的做法。图6-2所示为迪奥（Dior）的2008年秋冬作品，整体感强而经典。

图6-2　Dior 2008 年秋冬作品

其次，从着装美的强调规律看。一款服装整体协调，但看上去总是有些平淡感，这主要是因为缺少强调造成的。如果我们随便加入了一个强调元素，而这个强调元素未必和整体相配，因此强调元素的加入还要考虑与整体的和谐性。这里的与整体的和谐不仅指与服装的和谐，还有与自身人体状态的和谐。例如，如果你的腿形漂亮就穿一双漂亮的丝袜；如果你的眼睛漂亮就在化妆时将眼睛化得更加突出，而淡化服装；如果你的腰部太粗，而胸部造型漂亮就在胸部别一枚精致的胸针将视线引至胸部；如果你的腰部比较细，则系一条精致的装饰腰带；如果你的肩形漂亮，那么就将它大胆地露出来，这些都属于正确的强调。那么如果强调太多呢？强调太多的着装会使人的眼睛产生疲劳，这种疲劳感

会使人的眼睛不能长时间驻足，也不会产生持久的美感。正所谓事物都有它的度。在着装佩饰中如何把握好这个度，正确地运用强调就显得尤为重要。图6-3所示的阿玛尼（Armani Prive）国际品牌的2008年秋季发布作品就成功地运用了强调手法，塑造出优雅的女性职场形象，不同大小与材质的蝴蝶结造型正是Armani当季服饰的视觉中心点。

再次，从着装佩饰的秩序规律看。一款着装如果缺少秩序，会显得有些突兀，从而产生不美的感觉。着装就像音乐中的音符，1—2—3—4—5—6—7错落有致才会产生动人的篇章。秩序就是一种层次，缺少层次就缺少丰富的内容，有的着装乍一看很漂亮，看久了便觉得乏味，这主要是因为缺少秩序、层次。那么秩序、层次到底是什么呢？它包括很多内涵。同一色调不同明度的变化会出现层次，同一色相不同纯度的变化也会出现层次，同一款式风格的重复出现、里外相间也会出现层次，甚至我们在使用强调手法时不同的强调力度同样会出现层次。有了层次就有了丰富的内容、有了节拍，就像一幅素描有了明确的黑白灰，有了丰富的灰调层次，微妙而细致。图6-4所示的克里斯汀·拉克鲁瓦（Christian Lacroix）的高级成衣中的服饰形象就成功地把握了服饰色调的秩序与层次，高贵豪华、璀璨夺目。

图 6-3　Armani Prive 2008 年秋季作品

最后，从着装佩饰的平衡规律看。着装如果失去平衡也就失去了美的支点。自然辩证法认为，事物在处于平衡状态时，即处于相对静止状态。这种相对静止的状态就给人一种稳定感。而在着装中，稳定的对立统一是永恒的美。黄金分割的形体之所以美是因为它找到了美的支点，雕塑家之所以将女人身体的臀部和下肢夸张化，是因为他们知道那

图 6-4　Christian Lacroix 的作品

样构图比较稳定，也就是平衡，有些设计师利用平衡的原理设计出动感的作品，这些作品是因为不平衡才产生运动感和速度感。而在着装配饰的设计中，平衡是产生美感的一种因素，这里的平衡当然也包括很多内容，有色彩的平衡，款式的平衡，不同面料产生的重量感的平衡等。而如何掌握这些平衡，正是设计人员需要明确的问题。图6-5所示的是缪西亚·普拉达（Miuccia Prada）2008年春夏米兰时装周上推出的如童话般神秘甜美的小精灵形象——不受约束却极有主见的女孩，以模仿著名迷幻摇滚唱片封面、描绘涂鸦在卧房墙壁上的模样出现。真丝绘图面料的及臀短袖束腰上衣、喇叭状的飘逸长裤、露趾设计的变形短靴以及肋骨纹编织裙装，或穿插搭配

或整体混融均衡。

从传统的唯美的服饰观看服饰与人体，设计师无论从造型、色调的组织，还是面料的质感处理上都依据自包豪斯以来总结出的形式美法则，这一法则以最大限度地体现人体美为最终目的，在此基础上，模特们的体形在服饰的塑造下更加接近于理想的形体状态。然而，现代的服饰设计师的理解则不同。

二、从后现代主义时期的新型设计观看服饰与人体

前面从传统的唯美的服饰观的角度总结分析了不同人体与服饰的关系。下面我们在此基础上尝试从新的视角剖析人体与服饰的关系。

（一）从自然与文化的角度看，服饰与人体同属于自然与社会的一部分

人体存在于自然界中，属于自然的一部分同时装扮着自然。人的渺小与自然造物的浩瀚博大正体现于此。当我们这样认为时，无形中人体就成为自然的延续和形态内容，它与自然界中的其他一切造物有着不可分割的交流关系。而穿着于人体之上的服饰与人体之间的关系则转变为服饰与人体共同归属于自然。此时，服饰本身的艺术内涵与自然归属性增强，而人作为自然中特

图 6-5　Miuccia Prada 2008 年春夏作品

殊的风景，还有其独有的社会属性，这种社会属性也赋予服饰设计深层的内涵。正是人类的这种自然属性和社会属性成为设计师丰厚的设计源泉，共同诠释着不同的服饰氛围。当代优秀的服饰设计师一定深谙人体与服饰的自然属性与社会属性。从一些经典的艺术作品中，我们可以读解服饰与人体共同诠释服饰氛围的内在关系。

以人体为骨架，用建筑艺术的造型思维，将文化与服装结合重塑服饰外观造型的最优秀的设计鬼才当属Dior的前任设计师约翰·加利亚诺（John Galliano）。对于加利亚诺而言，服饰就像建构于人体之上的流动建筑，更像展示幽默、怪诞的媒体。图6-6所示的作品是这位总是可以将自然万物与社会所带来的文化属性相结合的设计师在他入主Dior十年的纪念秀中的作品，作品再现了他所诠释的普契尼笔下的歌剧《蝴蝶夫人》的形象。图6-7所示的作品《神庙》则将宗教中圣母的形象与脱衣舞女结合在一起，设计师让·保罗·高缇耶说："我在试图接近天堂的一个小小角落。"

如果说英籍设计师加利亚诺是一位可以自由穿梭于自然的时空中的服饰建筑家的话，那么朋克之母薇薇安·韦斯特伍德（Vivienne Westwood）则是一位

图 6-6　Dior 高级时装作品《蝴蝶夫人》

图 6-7　Dior 高级时装作品《神庙》

游戏于人间的不折不扣的女巫。在她2007年秋冬"醒来吧 洞穴女孩"的时装秀中（图6-8），她以山顶洞人作为灵感来源，远古洞穴里概念性的图案、类似拼图一样的感觉在各种款式的时装中出现，带人走进远古的世界；大胆的剪裁，现代的款式，凌乱的拼接，面料上被撕破或者剪坏的破口，却加上了似乎是要弥补的纽扣，这些都表现了Westwood极端的个性及敢于冒险的精神。

当然，像John Galliano、Westwood等一样优秀的活跃在国际时尚领域的设计师还有很多。在服饰艺术家的眼中，服饰与人体之间的微妙关系不仅仅是以人体为中心的唯美设计，更多的是设计师自我个性的表达需要，而服饰本身不过是设计师用以引导时尚、表达内在精神的媒介。这种媒介有时被像艺术品一样夸张渲染，有时被解构重置成艺术家需要的状态，有时则被打上某个品牌标志性的烙印，更多的时候则成为艺术家塑造服饰氛围的需要，而这种需要常常难以离开自然与社会所赋予服饰艺术的双重属性。

（二）人体是自然中的雕塑，服饰是建构其上的艺术品

人体就像雕塑的架子，不同的是雕塑最初的骨架可以随心所欲地调整，人体则天然形成，服饰设计必须以现有的人体为骨架，重新建构起新的突出不同个体的个性化服饰形象。按照这样的标准，服饰设计的核心就转变为突出不同个体个性化特点的形象设计。以人体为骨架重新建构装饰性的三维造型空间是现代服饰设计人性化的最佳表现，也是后现代主义时期服饰艺术家重新解构现代主义艺术设计规则的开始，同时更是新一代消费者对于个性化服饰设计要求的体现。

图6-9所示的这款18世纪古典主义的高级服饰，夸张的船型头饰，向胯部左右延展的裙撑早已将人物体块的大结构重塑，更像建构于人体之上的建筑艺术。在这个精心建构的服饰建筑中，人体是建筑艺术的主结构，而裙撑或紧身胸衣则是内在结构中的次结构，面料则是建筑的外表皮肤。按照欧洲的思想，这种设计师笔下的丰胸丰臀细腰的优美女性形象在欧洲服装变迁的历史中早已根植其中，成为一直以来欧洲人所认为的区别于男性性别特征的女性优秀特质。也就是传统的唯美的理想体形状态，这种审美的特质已经融入欧洲人的血液中。

在高级时装中，按照这样的思维，人体作为主结构与次结构一起构成完整的三维体块造型，次结构往往因造型需要改变或补

图 6-8　Vivienne Westwood 的作品

充着主结构的内在骨架造型，有时候表面的材料皮肤也可以借助不同的材质重塑新的外观造型特点。对于这一原理的掌握加利亚诺是最优秀的一位，他能够随心所欲地驾驭所有的元素，并将个性化的精神文化要素凝结其中。

从艺术三维体块的角度分析人体，人体的装饰性语言突破了早期的唯美思维。打破原有的唯美服饰造型规则，即是从早期单纯依靠"省道"塑造基础的形体美转变为通过建构辅助次结构向三维空间发展。按照人体的体块划分，人体可以分为头、胸、臀、腿四大体块，四大体块之间的形体运动构成了人体的动态。从广义完整的人体包装的角度分析，服饰即服装与配饰，正是在此基础上重新架构起的内在三维空间，在这个重构的内在结构上，服饰材料则成为表面皮肤。

在这个过程中，服饰设计的过程被分解为三大部分。一是研究基础人体结构。二是研究设计建构新的内在结构。三是研究设计次结构之上的表面材料及工艺。于是，服饰不再是单纯的商品，它已经成为设计师表达内在个性及自我精神情感的视觉艺术品。下面以学生作品为例展开陈述。

图6-10所示为学生毕业设计作品。作品名称《旋转康康》，灵感来源于法国巴黎的红磨坊和在此上演的热情似火的康康舞。

图6-9　欧洲18世纪古典主义的服饰形象

作品一改传统服饰造型的设计手法，用金属钢丝设计构造出三维的立体空间架构，在其上用大红

图6-10　2007年学生毕业作品《旋转康康》——从效果图到成衣

（设计者：徐育蕾；指导老师：张晓燕）

195

棉布条包缠出立体三维的空间，黑色的、从头到脚的紧身衣，配合彩妆面具和红舞鞋，塑造出印象中歌剧里的服饰人物形象。

作品一改传统的服饰设计观念，将服饰看作存在于自然中的视觉艺术品。服饰形式上与身体相连，可以说是对身体的一种延伸，是联络现实与虚构间差异的雕塑物，模糊了遗失与重塑之间的距离。作品抛开人体是服饰设计的基础这个框架，在人体之上构建起新的三维空间，塑造出新的空间架构与视觉感受，展现出多元化的视觉思考与艺术表达。

设计者制作的过程分为以下几步：首先，选择能够塑型的有弹性的钢丝用金属敲制工艺扎起三维立体造型，用透明胶带缠紧交叉点，随后对需要结合的点进行焊接。其次，为了不破坏

钢架本身的结构，选择骨架外露的包缠手法，而不是将钢架作为裙撑，包缠前为防止钢丝太滑无法缠紧，先用棉线包缠钢丝，之后再将红色棉布条用美国进口GS胶黏合在棉线上。最后，紧身胸衣选用黑色弹力面料，与大红色的空间立体构造形成鲜明的对比，配合彩妆与面具、红色舞鞋。

如果说徐育蕾的作品是对"人体—服装—自然"的关系的重新思考的话，图6-11～图6-13所示的作品则是设计者将其对自然物象的情感用独特的视觉方式来表达诠释。陆甄懿的毕业作品《魅湖》的灵感来源于自然界中不同的湖泊。由陆地表面洼地积水形成的广阔水域称为湖泊，湖泊深藏在地平面以下的凹陷处，就像深藏在人的外表下的波澜不惊的内心，无论世事变幻，永远保有最初的洁净。湖泊的形态千变万化，设计通过面料创意表现当风吹到湖面时产生的波动与波纹，这种力的驱使无疑展现了湖泊的魅力。作品从另一视角昭示了人类与自然的和谐相融。不同于徐育蕾的作品专注于造型，作品《魅湖》选用服用面料通过立体裁剪制作出有廓型感的服装，对其面料进行创造性设计。图6-11、图6-12所示为其灵感源与效果图。

图6-14所示为朱晓红的毕业作品《破冰之舞》。作品灵感来源于自然界中的冰之美景，美丽的少女在冰上独舞，在阳光的照耀下，花瓣与绿叶，天空与云朵让整个人和脚下的冰美丽且充满自然趣味。充满激情的破冰之舞用温暖柔软之心打破冰之坚硬冰

图6-11　学生毕业作品《魅湖》灵感源

图6-12 学生毕业作品《魅湖》效果图

图6-13　2015年学生毕业作品《魅湖》
（设计者：陆甄懿；指导老师：张晓燕）

冷的质感，重现冰中美景。图中是灵感源到最终成衣的对照图，作品通过用现代创意服装的造型技巧，配合在底层面料上用针戳干湿毡的面料再造技术，选用毛毡面料进行处理，用彩色丝线的多彩色搭配表现出意象感觉的冰雪美景，重新塑造出冰之舞的独特形态。

图6-15所示的作品灵感来源于中国折扇。中国折扇记录了三千多年古中国飘逸的书画长廊，在开合之中指点江山、纵情笔墨，融入名山大川，赋予东方绅士儒雅风度。设计者感悟于此，采用中国折扇的造型为基本造型元素，用建筑的造型手法将中国味道与现代感相结合，作品将无光泽的棉布与有光泽的美丽绸相结合，用装饰亮片条与硬衬作辅料，在随意的造型中流露出面料不同的质感节奏。

图6-14　2015年学生毕业作品《冰之舞》
（设计者：朱晓红；指导老师：张晓燕）

图6-15 环保大赛获奖作品的设计制作过程
（设计制作者：刘晶洁、钱孝萱、周浩、徐佳；指导老师：张晓燕）

图6-16所示的作品《蒸·气·道》的设计
者从中华饮食技艺中得到灵感。炎黄时期，我们
的祖先就从水煮食物原理中发明了"蒸"，并逐
渐懂得用蒸汽烹制食物的方法。"蒸"这种由
"水"转化为"气"，"蒸气"穿透蒸笼的感觉
让设计者联想到道家思想中"炼气化神，炼神还
虚"的感觉。正所谓"道生一，一生二，二生
三，三生万物"，世间万物，都包罗在这袅袅蒸
腾之气中。作品利用"蒸"这种形态上的感觉表
现"实化虚，虚生实"、"无即是有，有还无"
的道家精神。

图6-17所示的作品《哭泣的洋葱头》的灵感
来源：当童年的快乐渐渐逝去，我们为自己穿上
一件件武装外衣，快节奏的时代，人们为生活忙
得失去了方向，没有了理想和最初的那些快乐。
就如同"洋葱"在最初华丽的外衣退去之后，一
层层地蜕变，受过伤、流过泪渐渐开始学会为自
己穿上一件件本不属于自己的外衣。作品通过层
层包裹的洋葱的外在形态的视觉模拟来表达设计
师内在的情感。

当设计的思维空间被无限打开时，我们对于

图6-16 2013年学生毕业作品《蒸·气·道》
（设计制作者：周丽佳；指导老师：张晓燕）

199

图6-17　2013年学生毕业作品《哭泣的洋葱头》
（设计制作者：陈乐怡；指导老师：张晓燕）

服饰早期的理解也发生了一些变化，正是这样的变化引导我们不断推陈出新。新一代服饰设计师常常运用各种方法制作服饰的次结构，有时采用钢丝、鱼骨、竹片、塑料等扎起内部结构，有时通过给软质的面料熨烫双层衬来增加面料的硬挺度和可塑性，以便能制作出硬朗的外轮廓等。同样，在此结构的基础上设计表面皮肤也是一件有趣的事情，设计师可以像折纸一样折叠面料，可以在硬质透明纱上缝缀亮珠片，可以通过加叠层层面料堆出一定的体积空间感，还可以通过对面料镂空、抽丝或双层面料叠加、画印染等手法创造出想象中的材料质感及表面效果。

　　图6-18～图6-20所示的作品灵感来源于卡通世界，卡通画中古怪精灵的形象让设计者产生兴趣，古怪精灵身着古怪服装站在空旷的原野上，花瓣与绿叶挂在衣裙上，宽松稚嫩的葱绿色长裙、灯笼裤让精灵形象更显神秘且充满卡通趣味。设计者在廓型感较强的大造型的基础上运用刺绣、戳干湿毛毡等细节装饰工艺手法进行图案设计，可谓精益求精。于细节处见服饰作品的品质是学生与当代优秀设计师应该培养的良好设计习惯。

图6-18　2014年学生毕业作品《古怪精灵》灵感来源

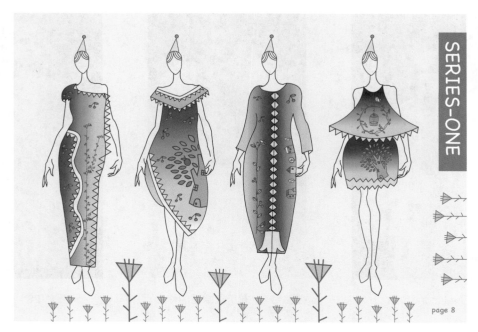

图6-19　2014年学生毕业作品《古怪精灵》效果图

（设计制作者：周晓悦；指导老师：张晓燕）

图6-21～图6-25所示为一些优秀作品，即可以说是时装，也可以说是视觉艺术品。希望能通过对这些作品的解读加深学生对服饰与人体关系的理解。

图6-21～图6-23所示的三款时装有的强调衣身的上部造型、有的则夸张衣裙下部。图6-21所示为Valentino的作品，夸张的灯笼袖在内部次结构骨架的基础上采用面料的层叠表现出空间质感，图6-22所示的作品则采用折纸手法在软质面料上烫衬以增加柔挺度并折叠出图中的视觉效果。图6-23所示为Dior的作品，外轮廓鲜明，像一首轻盈优美的音乐，同样采用折纸的手法，衣身下部简单的浅浮雕效果的花瓣装饰形成节奏感。在有视觉冲击力的大造型下，对面料表层皮肤的处理有时只需寥寥几笔便可增加作品的层次与美感。

在时尚领域中，服饰的款式与色彩常常伴随流行进行着波浪式的运动，人们常常发现某年某月曾经流行的款式与色彩经过几年岁月的变迁又再度出现，似曾相识的感觉令人们感

图6-20　2014年学生毕业作品《古怪精灵》成衣

（设计制作者：周晓悦；指导老师：张晓燕）

图6-21　Valentino作品

图6-22　有折纸味道的作品

图6-23　Dior作品

叹时尚的昙花一现。而表面皮肤——材料则不同，多年前当所有的款式与色彩组合都被使用厌倦的时候，设计师已经开始关注面料，因为在所有的流行元素中，只有材料科技不断向前发展。尽管对表面皮肤材料的处理也在沿用着那些已经使用过多遍的处理手法，不同的是，如今所流行的材料已不是多年前厚重的面料，而是采用轻薄柔挺的面料配合各种自然材质进行着多变的设计。图6-24所示的Giorgio Armani Prive的作品都采用了轻薄面料的层叠表现浪漫的感觉。

现代的服饰设计师对于理想形体状态的理解与过去不同，所谓理想形体状态，应该是当人体与装饰于人体之上的外观形态达到最佳艺术氛围时的形体状态，这其中包含了人物个性与内在情感的成分。在此基础上，人物内在个性与服饰外观的塑造相结合尤为重要，人体本身的形态造型作为内在骨架的地位被削弱。基于任何形体之上的服饰外观造型的重新建构带给设计师与穿着者的不仅是唯美的外观，更是个性化的张扬。而艺术造型中的夸张是不完全以基础理想形体为基准的，只要设计造型需要，即可以做任何形式的造型与创意。

图6-25所示作品的服饰风格统一而富有整体感，设计师随心所欲地表达内心的艺术情感，服饰外观造型有的夸张肩部、有的夸张胯部、有的增加下身的重量感，还有的如行云流水、优雅随意。这就是装饰所带来的无穷力量。

图6-24　Giorgio Armani Prive作品

图6-25　高级时装作品的夸张与整体性

（三）服饰设计是以人为中心的整合设计

用"整合设计"描述今天的设计也许会招致设计界非议，因为没有任何一个时刻像今天这样提倡创新，提倡独一无二。但是，回过头来仔细想想，当我们关起门满怀热情投入设计，终于做出令自己满意的作品时，也许这个作品的某个细节或者某一部分早已在多年前的杂志里出现过，又怎敢说这是我们独一无二的创意呢？

今天，已经到了一个技术引领设计的时代，服饰业经过长期的发展，能够设计出的新款式、新的色彩组合、新的面料设计处理方法等都已经出现过了，我们需要做的就是在设计之前进行资源整合，在整合资源的基础上结合流行时尚的脉搏以"解决设计问题"为根本而进行整合设计，所以，这里的整合设计是建立在一定的专业素养基础上的设计。第一，整合设计必须以人的需求、设计的目的为中心，以技术创新为动力，以消费者的个性化需求为导向。第二，整合设计是建立在巨大的资源库基础上的更加有深度、有内涵的设计，是一项建立在更高的专业程度上的设计策划。第三，整合设计必须具备较强的把握流行信息的能力，能够第一时间把握流行时尚脉搏是整合设计师最基础的能力。

掌握整合设计的方法对于服装、配饰、妆面、发型等以人体为中心的、与时尚相关联的产业链来讲，是非常重要的，这其中也包含了首饰艺术作为典型的人体装饰艺术所体现出的内涵。

第二节　首饰与服装

首饰与服装的关系，从一定意义上讲，二者同属于以人体为中心的视觉装饰品。作为服饰整体形象包装的一部分，首饰艺术作为服装的配饰艺术，一方面无法与服装割裂开来真正独立，它既是人体不可缺少的装饰品，是人体向空间延展的媒介，又是服装中的某些不可缺少的装饰元素；另一方面，首饰作为装饰品，它与服装的关系仅限于那些用于个人装饰的时装首饰，而那些用于相关环境装饰的首饰则具有相对的独立性。

一、首饰之于服装

（一）首饰成为品牌的标志性符号

首饰之于服装的一个最鲜明的标志是，首饰作为一个小小的微观装饰点往往成为服饰品牌的标志性符号，成为传承品牌文化与理念不可缺少的媒介。众多国际著名的服饰品牌中，无论是服装还是包袋鞋帽，都使用本品牌独特的标志性符号。夏奈尔的双"C"标志，路易·威登的"LV"标志，迪奥的"CD""DIOR"标志以及华伦天奴的"V"标志等，这些符号性的标志已经成为品牌的眼睛。

1．Chanel

自加布里埃·夏奈尔（Gabrielle Chanel）于1913年在法国巴黎创立夏奈尔品牌以来，一百多年的历史中，双"C"标志（图6-26）已经浓缩为人们崇尚Chanel品牌的精神象征。它是将Coco Chanel的双"C"交叠而设计出来的标志，这一简洁经典

图 6-26 Gabrielle Chanel 的双 "C" 装饰于项饰中

的标志常常出现在Chanel服装的扣子或皮包、皮鞋的扣环上（图6-27），成为人们识别品牌的标志和视觉中心点。

图 6-27 Gabrielle Chanel 的双 "C" 装饰于包中与鞋中

除双"C"外，被称为Chanel王国的"国花"的"山茶花"更被设计成各种材质的饰品，装饰于服装之中。据Coco Chanel的俄国情人说，茶花也是俄国皇室出席宴会必须佩戴的饰物，更是Chanel女士所深深喜爱的（图6-28）。

图 6-28 Chanel 的 "山茶花" 装饰

（图中的山茶花装饰物，经常出现在夏奈尔时装的耳饰、腰饰、胸饰、鞋饰上，成为装饰点）

在能够代表Chanel的标识中，立体的菱形格纹也逐渐成为Chanel的标志之一。这种菱形格纹不但被运用到Chanel的服装和皮件上，还被运用到手表的设计中，著名的"MATELASSEE"系列，K金与不锈钢的金属表带，就塑造成立体的"菱形格纹"。此外，在Chanel服装中出现最为频繁的当属夏奈尔式链饰了，这种长长的链饰有时挂在胸前，有时别在腰际，经典而令人难忘。

2．Valentino

在罗马的土壤中成长起来的Valentino品牌的永远象征除了永恒的"红"之外，就是其"V"标了。在Valentino神奇时装世界里，Valentino红占据核心位置，是完美融合浪漫创意、感性及女性柔美的象征，而"V"则是其独特的时尚标志，它广泛地被运用于印花、提花织物、版画、应用工艺、珠宝、带扣、饰针和手表等系列产品中，成为品牌独特的标识。

Valentino首创用字母组合作为装饰元素。最典型的是1968年的"白色系列"，之后他的"V"字开始出现在服装和服饰品上，甚至带扣上。正是这些首创的理念改变了时尚的历史（图6-29）。

图6-29　Valentino 的"V"字装饰

3．Christian Dior

据说，Christian Dior出生于1905年法国的诺曼底，"Dior"在法文中是"上帝"和"金子"的组合，所以，金色后来也成为Dior品牌最常见的代表色，而Dior或CD则成为品牌的标识。与其他品牌所不同的是Dior从不将任何"CD"或"Dior"等明显的标志放在衣服上，衣服上面只有Christian Dior Paris作为唯一辨识的字样。

Dior的"CD"标常出现在它的配件上，如皮带、皮带扣环以及眼镜架侧面等，而"Dior"标常挂在包袋等的提环上，成为最为突出的标志。此外，Dior专用的钻石切面般的格纹也较少出现在服装上，只有在Dior的皮件上才会明显见到（图6-30、图6-31）。

4．Gucci

古琦欧·古琦（Guccio Gucci）于1923年创立Gucci。Gucci集团曾经是意大利最大的时装集团，经营除时装外的皮包、鞋、手表、家饰品、宠物用品、丝巾、领带、香水等众多奢侈品。

图6-30　Christian Dior 的"Dior"标

图6-31　Christian Dior 的"Dior"
标装饰于耳饰中

谈起Gucci，人们马上会想到它的"竹节手柄"和"马术链"。据说，用来制作Gucci包的竹节手柄的竹子是从我国和越南进口的，而以制作生产马具起家的Gucci，系马匹的马术链后来也成为Gucci独有的细节设计，这常常让我们想起Gucci最为著名的镶有马术链的麂皮休闲鞋（图6-32）。

除"竹节手柄"和"马术链"外，印有成对字母G的商标图案及醒目的红与绿色作为Gucci的象征也常常出现在公文包、手提袋、钱夹等配饰中（图6-33）。

首饰元素对于服饰的装饰常体现在细节上，服饰品牌中的logo标志常被制成金属装饰物装饰在服装、箱包、腰带、鞋子等服饰中。这些小巧精致的标志

图 6-32　Gucci 的马术链手链、竹节包、马术鞋

图 6-33　印有成对字母 G 的商标图案装饰于配饰中

性的装饰元素所代表的不仅仅是装饰趣味性，更多的是品牌的附加值，从而成为我们辨识品牌真假的标志物。这一点我们深有感触，如许多仿品牌的包包的金属拉链和标志扣等，在工艺和材质上都无法做到以假乱真的地步，这正是我们用来排除赝品的鉴别点。

（二）首饰成为整体形象塑造的一部分

首饰作为整体形象塑造的一部分，一是从造型的角度看，它以点、线、面、体的造型形式存在于服饰中。二是从材质的角度看，首饰中常用的金属、宝石、乌木、珐琅等硬质材质与服饰本身的软质材质形成质感对比，

增加了服饰的节奏感。三是首饰在服装中常常以头饰、项饰、胸饰、腕饰、戒指、腰饰等存在，有时也装饰在包袋鞋帽中。四是首饰除作为品牌标识存在外，更为重要的是，它的眼睛般的图标作用是服饰中交流对话、展现个性的媒介，穿着者的个性即服饰的内涵更容易通过首饰来体现。五是服装与首饰都是身体装饰，是身体的延展。

1. 造型角度

从造型的角度看，首饰以点、线、面、体的形式存在于服装设计中。

首饰有时以点的形式存在。点成为服装及包、帽等的视觉中心点，或者点作为小的装饰点装饰在皮革、纤维面料等底层面料上形成面。有时以线的形式存在，线或由点组成或直接成为结构线，还有的时候以面的形式存在，面的折叠构造还可以成为体（图6-34～图6-36）。

2. 材质角度

从材质的角度看，首饰中常用的金属、宝石、乌木、珐琅等硬质材质与服饰本身的软质材质形成质感对比，有时设计师还会反常规地采用硬质材质来制作高级服饰艺术品（图6-37、图6-38）。

图6-34　首饰以"点"元素存在

（首饰以点的形式存在，或成为视觉中心点，或作为小的装饰点，装饰于底层材料之上）

图6-35　首饰以"线"元素存在

（首饰以线的形式存在，线成为结构线，图中夸张的首饰已经
超越首饰作为配饰的地位，成为一种视觉艺术品）

图6-36　首饰以"面"元素存在

（这款夸张的戏剧感十足的高级时装中的头饰，以线、面的搭建配合发型、
妆面的设计共同构建着服饰氛围）

首饰的传统用材是以金属、宝石等硬质材质为主的，随着时代的发展，许多服装中的软材质也被用到时装首饰中。设计师在采用各色面辅料设计各种配饰的同时，还常常将闪光的半宝石缝缀在面料上与普通面料形成质感对比，或用亚克力作出夸张的腕饰以及用珍珠穿成项饰来协调配色，还有的时候，设计师直接将金属丝、鱼骨等塑形材料嵌入软材料中撑起立体的结构造型等。材质的无限扩展以及软硬材质的互用模糊了服装与首饰的界限，让人不禁认为两者其实同属于人体的装饰品，与此同时，也丰富了设计师的创意来源。

3. 与衣着搭配角度

在人体的包装中，首饰作为服装的配饰随着人们对人体装饰部位理解的不同，逐渐形成了各种门类：头饰、项饰、胸饰、腕饰、戒指、腰饰等。这些局部的装饰首饰一方面起着对服装的辅助设计作用或画龙点睛的作用，另一方面又具有着独立的艺术价值和个性美。

在传统的成衣着装搭配中，人们常常根据不同的脸形、颈形选择耳饰、项饰，或根据不同的指形选择不同的戒指，根据不同的人体着装效果选择胸饰及头饰等。例如，圆脸形可以佩戴长形耳饰和垂坠耳饰，塑造上下伸展的视觉效果，看起来更加成熟和俏丽；方脸形适合选用椭圆形、花形、心形的耳饰来减少脸

图 6-37　各种材质的首饰存在于服饰中

图 6-38　木材料制作的服装艺术品

部明显的棱角；尖脸形则应该选戴圆形耳饰；椭圆形这种东方妇女传统的标准脸比较完美，几乎什么样的耳饰都能佩戴，但要注意与自己的身材、发型和服装相配合。而选戴项饰的长短一般是根据脸形和脖子的长短粗细来决定，细长颈和稍显长的脸部不适合选用过于显V形的项饰，以免重复脸形的尖线条，可以佩戴短项饰，以使面部线条显得柔和些；脖子短而肥胖的脸适宜佩戴长一些的项饰，如佩戴中型大小的珍珠制成的长项链，可以使脸看起来长一些。此外，戴戒指则要根据指形。短指型适合选择直线形、榄尖形、梨形的戒指，避免圆形、方形及长方形的宝石戒指，戒指的设计最好是直线形或斜线纹，因为它会使短手指看起来更加修长；较修长的手指适宜

戴横线条的戒指，款式如阔条、多层镶嵌圆形及方形宝石都会很好看，避免梨形、榄尖形、直线形的戒指；如果手指属中等型，则可以根据个人爱好和风格戴任何形状的戒指。不过切记任何戒指都不应长至指的上关节，也不可以阔过手指的宽度等。

而在高级时装及创意服饰中，设计师考虑的则是服装与配饰围绕人体塑造的完整效果以及首饰本身所展示出的佩戴者的个性美。

图6-39所示为国际品牌时装及成衣中的一些装饰细节。无论是头饰、腕饰、戒指，或是包袋鞋帽上面的装饰扣，都是以完整的人物形象及作品主题为中心的。Dior2007年怀旧的头饰与2008年的情系捆绑的鞋饰、Armani精美的蝴蝶结腕饰、Chanel的头饰及个性妆面都凝聚着品牌每个季度所推出的新的流行与时尚主题。

4. 品牌标识角度

首饰除作为品牌标识存在外，更为重要的是，它的眼睛般的图标作用是服饰中交流对话展现个性的媒介，穿着者的个性即服饰的内涵更容易通过首饰来体现。

在服装、首饰、包袋鞋帽、发型、妆面等一系列与人物形象相关的字眼中，首饰是最容易体现穿着者个性的装饰。图6-40、图6-41所示的国际品牌的发布秀中，服装、模特、配饰及妆面形成个性化的统一体，不可分割，而首饰往往成为其中最为精致的

图 6-39 首饰在服装中常以头饰、项饰、胸饰、腕饰、戒指、腰饰等形式存在

图 6-40 首饰成为视觉中心点 1

图 6-41　首饰成为视觉中心点 2

视觉中心点。

5. 身体装饰角度

　　服装与首饰都是身体装饰，是人体向空间中的延展。

　　从哲学的角度上分析，人体作为自然界中生命体的存在，是其区别于许多物品的本质。而服装与首饰则是其向空间延展的媒介，是其展示内在个性美的窗口。图 6-42、图 6-43 所示的首饰视觉艺术品将人体转变为展示首饰艺术的载体，人类精心设计

制作的首饰艺术品成为设计师与观者交流的媒介。

（三）国际大牌服饰的装饰语言运用解析（以Dior品牌为例）

　　在世界地图中游走，从英国到法国经过日本飞越整个太平洋到达纽约，眼光流动处，华丽时尚的翩翩衣袂间，是天才的设计师的梦想在飞，宣扬的正是这种不折不扣的个性。在狂放怪诞、古典优雅之间，装饰语言被体现得淋漓尽致！

　　在英国，一个生活保守传统的绅士淑女之乡，包容着英格兰的典雅秀丽，苏格兰的苍劲豪迈，威尔士的古朴自然，北爱尔兰的神秘沧桑，正是这些丰厚的宝藏孕育了无数优秀的英籍时装设计师。设计鬼才约翰·加利亚诺是其中最有代表性的一位。毕业于圣马丁艺术学院建筑专业的加利亚诺1988年被评为年度最佳设

图 6-42　首饰成为人体向自然空间延展的媒介

（这种媒介一方面表达设计者的思想，另一方面与观者进行交流）

图 6-43　人体成为展示首饰视觉艺术品的载体

计师，1994年推出的'95春季时装系列让他轰动一时。伦敦是一个充满理性严谨的保守城市，这使得加利亚诺的作品充满了英国的传统和法国的浪漫，正如时装评论家所说："他像强盗一样掠夺了英国古典时尚的精华，并戏剧化地融入现代元素，在他的时装中，人们可以看到伊丽莎白时代的高贵感、西部牛仔的狂放、拳坛高手的硬汉形象及摇滚歌手和皮条客身上的痞子精神，同时还有一股浓郁的拉丁风味。"在加利亚诺近几年的设计作品中，我们可以看到这个惯用装饰语言的高手如何通过想象刻画理想中的时装氛围，不知道是超凡的想象力让他的时装充满装饰味，还是装饰帮助我们的设计师实现了梦想。我们通过解读加利亚诺2002～2009年的高级时装发布作品分析装饰语言运用的技巧。

图6-44所示为2002年加利亚诺春夏时装秀上的作品，美丽的潘帕斯平原、神秘的原始森林和日本高级艺妓的隐秘世界，在浓重的南亚风格音乐的笼罩下产生了一种别样的风味。装饰集中于

头颈部，模特们的眼睛被重彩描绘，面孔煞白，嘴唇涂红，一副日本高级艺妓的形象，加利亚诺将这种通过化妆进行装饰的手法运用娴熟。宽大的外衣与精致的项饰相配，风格性很强。

2003年，加利亚诺设计了一系列"垃圾服装"，污垢的雪纺裙，不合体的外套，艳俗的色彩让模特们看起来仿佛是来自贫民窟的公主。当人们开始感叹加利亚诺江郎才尽时，却可以看到其中装饰语言所起到的不可忽视的烘托气氛的作用，甚至垃圾的感觉更多是垃圾装饰的成果。无论头饰、项饰还是箱包都笼罩上了垃圾的气氛，服装和配饰整体和谐地统一在一起，传达出设计师内心的情感（图6-45）。

2004年，加利亚诺将装饰语言夸大化，用羽毛点缀在金色长裙上，形成密密麻麻的象形文字，佩戴圣甲虫形状的巨大耳环，祖母绿宝石项链，用贝壳珍珠对鞋子进行镶嵌，装饰物点缀融入到服装中，成为不可分割的一部分，几乎到了无处不在的地

图 6-44　2002 年加利亚诺高级时装作品

图 6-45　2003 年加利亚诺高级时装作品

步。此外，脸部继续进行化妆装饰以取得与服装整体的协调。这场"埃及艳后"的极富想象力的时装秀将4000年前的历史文化与现代时装融合在一起，产生了无与伦比的惊艳感。这个爱幻想的孩童又一次取得巨大成功。这个生活中集"模特、设计师、商人、演员"等多角色于一体的"超级幻想家"，用他的强烈表现力将装饰语言把玩到极致（图6-46）。

2005～2006年，在喧闹一时的艳丽色彩下，加利亚诺又在整个舞台上精心营造了梦幻神秘的中世纪城堡，随着皇家马车把一个个身着奢华服饰的贵妇们带到充满神秘色彩的古城堡，这一季由加利亚诺精心打造的Dior时尚歌剧再次上演。首先从城堡走出的贵妇身着如行云流水般的飘逸薄纱，以随意层叠的手法制造出梦幻般的灰调感觉的时装，伴随舞台的气氛以及低调的背景音乐，使得中世纪的禁欲主义的压抑感充斥着整个舞台；欧洲16世纪流行的首饰材料珍珠成为配饰的重点，配合服装与帽饰的灰调层次以及涂黑嘴唇的灰调妆面，加利亚诺魔术师般的天分又再次展现（图6-47）。

图 6-46　2004 年加利亚诺高级时装作品

图 6-47 2005 ~ 2006 年加利亚诺高级时装作品

2007年，加利亚诺的"蝴蝶夫人"专场发布又一次令众人叹为观止。普契尼笔下的歌剧《蝴蝶夫人》被加利亚诺演绎得古典而时尚。这位蝴蝶夫人曾是一名日本艺伎，嫁给了一位美国军官，军官回国了，而痴情的蝴蝶夫人一直等着军官的归来，足足三年过去了，当蝴蝶夫人看到军官带着他的新妻子回来时，忍不住留下了伤心的眼泪，蝴蝶夫人最终悲伤难忍离开人世。这一令人心酸的歌剧故事成为加利亚诺本场时装发布的来源，就连背景音乐也使用了剧中的《晴朗的一天》。时装及配饰中那些捆绑、编织的感觉正表达了蝴蝶夫人昔日的忧伤，浓艳而古典的造型是日本和服工艺的缩影，日式折纸艺术和东方印染图案织品表现出东西方的交融（图6-48）。

2008年春，加利亚诺将新艺术概念融入华丽精致的作品中，细腻的金箔刺绣、盛开的花朵、高耸的发髻，亮缎面料上采用大量的半宝石进行装饰，鲜艳明亮的色彩风格，配合盘状圆帽与变形楔跟鞋，抽象概括的线条依旧表现出华丽的气氛与戏剧化的感觉（图6-49）。

2009年，加利亚诺以17世纪的荷兰艺术为背景，用日本折纸

图 6-48 2007 年加利亚诺高级时装作品

图 6-49　2008 年加利亚诺高级时装作品

艺术的手法，塑造出廓型明确的系列时装，柔和的蓝色、金色被大量运用到作品中。17世纪荷兰巴洛克风格的绘画大师Anthony Van Dyck的作品给了加利亚诺大量启发（图6-50）。

2010年，加利亚诺将具有怀旧风情的骑马装改良，硬朗皮大衣配轻柔的雪纺，打造出充满浪漫主义风情的帅气优雅的女骑士形象。过膝高筒靴、松散的麻花辫、加上福尔摩斯的小礼帽，一起烘托出高贵、洒脱迷人的气质。这种英国著名时装大师Charles James的华丽复古风被加利亚诺演绎得时尚而浪漫（图6-51）。

从英籍设计师加利亚诺的设计中，我们深刻地体会到装饰语言在时装设计中的巨大作用，在时装的世界中把玩装饰语言需要有一颗对自然界中的材质的永恒童心。在观察者的眼光流动处，这些装饰材料起到了节奏性的作用，像音乐中形成悦耳之音的音

图 6-50　2009 年加利亚诺高级时装作品

图 6-51　2010 年加利亚诺高级时装作品

符或者和谐调子的间奏。时装的概念涵盖了所有的装饰物，同时某些时装的软材质又成为或装饰或着装的饰物，它们一起成为个性化着装的一部分。

从英国走到法国，时装伴随着不同国度的文化微妙地变化着，同时，时装设计师的跨国交融也给服装注入了互融的血液。法国，一个17世纪以来就扮演着重要艺术先驱角色的国家，从洛可可艺术到印象画派，从卢浮宫到埃菲尔铁塔，从拉德芳斯大拱门到巴黎歌剧院，从福楼拜、雨果到巴尔扎克、大仲马，从音乐家圣桑到钢琴王子理查德·克莱德曼，这个浪漫多情的国度拥有着培养艺术家的丰厚土壤。法国人从来都不会忘记装饰自己，法国的时装设计师也总是将装饰物运用到经典。一个美丽而非凡的女子创立并传承的品牌Chanel就是其中最具代表性的一个。这一经典品牌的两个设计师夏奈尔和卡尔·拉格菲尔德都可以称为"把玩装饰语言的高手"。

夏奈尔经常使用仿石制作时装首饰，并把它和真正的宝石一起使用。如果说加利亚诺喜欢将琳琅满目的装饰物点缀于时装中与时装融为一体的话，夏奈尔的时装设计则更喜欢将装饰物集中装饰于一点，起到画龙点睛的作用，经典而时尚。2009年，由日本造型师Katsuya Kamo打造的剪纸头饰再次为Chanel带来了清新脱俗之感，经典而浪漫（图6-52）。

2010年秋冬，Karl Lagerfeld（卡尔·拉格菲尔德）将一座冰山放在了秀场中间，模特们脚下踩着刚刚融化的雪水，穿梭于"寒冷世界"，大量毛绒绒的人造皮草配合超舒适温暖的羊毛针织材料，粗花呢外套中加入皮草一起编制，温暖柔软的感觉采用各种面料表达，轻柔的雪纺做出面料表面的花褶，蓬松的向后梳起的头发、精致的小包以及衣服底边和袖口刻意流出来的一小段流苏边形为Chanel增加了独特的味道（图6-53）。

如果说英籍设计师加利亚诺利用装饰采用加法设计准则的话，那么Chanel品牌的两个设计师都是惯用减法法则的。款式简单朴素的同时与少量的装饰物相配，取得对比或和谐的着装效

图 6-52　2009 年 Chanel 品牌作品

图 6-53　2010 年 Chanel 品牌作品

果，对比风格的装饰物做得非常精致，形成整套服装的视觉中心点，和谐风格的装饰物则与服装融为一体，内敛而不失趣味性。

跨国的文化交融可以丰富设计师的创作源泉，装饰语言的灵活运用则可以增强服装自身的个性。纵观世界顶级服装品牌的设计师的作品，我们会看到品牌与设计师所使用的装饰语言密不可分，有时服装惯有的装饰风格让人想到它的设计师，有时设计师为维护品牌的统一风格而使用该品牌前任设计师惯有的装饰语言。更多的时候，设计师受他所出生和生活的国度文化的影响，产生了个性化的装饰语言，创造出别具一格的时装。所以许多从业人士经常会一看到品牌服装就知道它的设计师是谁，这个过程也许正包含了看到该服装的整体感觉的判断解读过程，而这一感觉除时装自身外，还来自于它的装饰风格以及其中所凝结的文化。

如果我们把时装设计师比喻为来自不同地域的厨师，时装就是一道道美味的菜肴，而首饰等装饰语言则是其中不可缺少的作料，透视设计师解读时装，我们会看到装饰语言如何运用到绚烂多彩！

二、首饰独立于服装，成为视觉艺术品

在广义的首饰概念中，首饰除用于个人装饰外，还用于相关环境物品的装饰，从这个角度看，首饰不仅仅作为服装的配饰存在，还作为与装饰相关的其他物品存在，如用于室内装饰的室内装饰品等。无论是用于人体装饰的配饰，还是供人使用的生活用品，抑或是让人欣赏的装饰品等，首饰都是围绕人的视觉感受而存在的视觉艺术品。

在首饰用于个人装饰时，作为与人的身体最为亲近的艺术品，当代首饰设计俨然已跳脱了传统的佩戴形式。凭借着佩戴者身体的活动，可观赏的角度与方式也随之变换。比较被固定在美术馆等模式化的展示空间里的其他艺术形式，这样的交流方式是鲜活的、互动的、自由的。在这个过程中，人体与服装则转变为承载首饰艺术品的支架。图6-54所示的装饰作品作为服装的一部分帮助服装完成与观者的交流对话，同时，展现出首饰作为独立的、可以与空间交流对话的装饰品的存在价值。

图 6-54　英国伯明翰大学作品

（既是服装中的装饰细节，又是具有独立内涵的首饰艺术品）

作为独立的视觉艺术品，首饰是穿在人体之上，还是挂在墙壁上，抑或是摆在博物馆的某个位置，它的独立性是同样的，所

不同的是，存在于人体之上的首饰在日常生活中可以以不同的视角展示给观者，同时帮助佩戴者与周围进行沟通，并在时空的延续中，传达更深层次的内蕴。图6-55所示的首饰视觉艺术品已经将人体变为展示艺术的支架，首饰本身的内涵已经超越其作为人体装饰的价值。

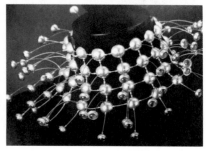

图 6-55　具有独立价值的
首饰艺术品

三、服装与首饰的流行

在与人类相关的一切物品的流行中，服装是首当其冲的。在时尚领域中，如果按照受流行影响从大到小的顺序排列，应该是由纱线面料影响到服装，由服装影响到首饰等配饰，之后到包括交通工具在内的生活用品，如手机、汽车等，最后到平面设计等

领域。在这样一个过程中，我们会发现首饰尤其是时装首饰更多的是受服装的影响。

在早期的国际流行色预测中，参与预测的小组由欧洲25个国家、美国以及亚洲的韩国、日本、中国参加，由每个国家的代表带来本国的流行方案，在所有国家的流行提案中，专家们一起选择那些"交集"并确定其为未来将要流行的方案，流行纱线的色彩常常按照色彩的冷暖、明暗等被排列成一组组色卡，以用作流行推广及引导。与此同时，我们可以看到一些国际知名品牌的产品，早已使用了这些最为流行的色彩。在这个过程中，就产生了"潮头市场——大牌，潮峰市场——名牌，跟潮市场——大众品牌，基础市场——小品牌"的流行格局。

由此，我们可以得出一些快速收集总结归纳流行信息的方法。一是关注国际大牌服饰的最新发布动向；二是掌握流行媒体资讯，包括时尚专业杂志（*ELLE*、*VOGUE*、*BAZZAR*、*CLOTHES*、*COLLEZIONE*、*MENS*、*BOOK*等）、国际时尚网站（www.style.com，www.firstview.com等）、电视（专业时尚频道）、专业时尚报纸及娱乐杂志等。

大多数院校学生在获取这些流行资讯时，仅仅凭着对时尚的感觉而设计，在具备了大量流行信息之后，很少有学生会去用心

总结概括达到真正融会贯通。实际上，对流行资讯的概括应用是一门十分科学的课程，就像我们已经开始将流行色数据化一样，对于流行资讯规律的把握也需要将感性的东西具体化。只有这样，我们才能真正走在流行的前面。因为，在大多数情况下，我们概括当前正在流行的东西比较简单，如2008～2009年的款式，流行上拥、下垂、捆绑、束肩等，色彩流行渐变色、白色、海水蓝色等，面料流行轻柔、下垂、飘逸、柔挺的材料等。而通过现有的流行提前预测出未来几年的走势则有些困难，这就需要做大量过去流行资讯的收集工作，研究科学的预测体系建构的方法。

在服装与首饰的流行中，很多学生只看到表面现象，很少有人去思考现象背后的原因。如2005～2006年当服装流行高明度、高纯度的色彩时，首饰则开始流行金银色以及黑白色，那是因为这种高纯度、高明度的色彩需要金银质感的色彩及无彩色系来协调配色。而2008～2009年当服装开始流行线的捆绑及面的折纸艺术时，首饰开始流行金属环的环环相扣及单个装饰点的连续等，鞋子则开始流行线的捆绑与少量面的结合以及单个元素的装饰细节等，这是因为从造型的角度看，面需要线的存在，线需要点的调节。这就是首饰等配饰的流行与服装流行的密切关系。

第三节　首饰与形象设计

今天的各行各业，已经不可能独立发展而不受其他行业的影响，时尚行业更加如此。因此今天对人体包装有一个更加贴切自然的名词——形象设计。提起形象设计，有些人总是喜欢狭隘地把它看成是美容化妆等的代名词，甚至有些开设形象设计专业的学校不开设服装课，据笔者对上海地区开设形象专业的学校的了解，大部分学校都是以发型设计、化妆、美容美体、美甲等课程为主，培养的学生除了进影楼、美容院工作并没有太广阔的空间，这一现状需引起业界的关注。

一、形象设计的概念

这里之所以提到形象设计，是因为作为人体装饰的首饰，无法真正与个人形象割裂开来，这也是首饰人性化设计的体现。基

于此，我们需要给形象设计一个合理的概念。所谓形象设计，指以人体为中心，包括发型、美容、化妆、服装及配饰（首饰、包袋鞋帽）等的一体化设计，以及它们之间相互搭配协调的内在关系设计。简单地说，就是以人体为中心的从头到脚的一体化包装设计。

装等以及整体着装的关系。图6-56、图6-57所示说明了它们之间不可分割的内在关系。

首饰的人性化设计，就是首饰成为人体包装的一部分，与化妆、发型、配饰、服装之间的关系的设计。

二、首饰与形象设计

首饰与形象设计的关系，是指它与妆面、发型、配件、服

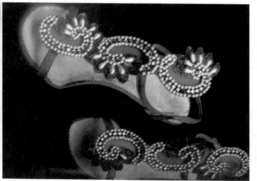

图 6-56　首饰成为包、鞋等配饰上面的装饰

图 6-57　首饰与帽饰、妆面、发型之间不可分割

（首饰常常与帽饰、妆面、发型有着不可分割的关系，它们常常共同塑造出个性化的服饰人物形象）

219

第四节 首饰艺术设计的情感需求及个性化表现

美国行为科学家马斯洛提出的需求层次论，提示了设计人性化的实质。他将人类需要从低到高分成五个层次，即生理需求、安全需求、社交需求（归属与爱情）、尊重需求和自我实现需求。马斯洛认为上述需求的五个层次是逐级上升的，当下级的需求获得相对满足以后，上一级需求才会产生。人类设计由简单实用到除实用之外蕴含各种精神文化因素的人性化走向正是这种需求层次逐级上升的反映。所以首饰设计的人性化精神的实质，绝不是设计师的"心血来潮"，而是人类高级的精神需求、平衡情感、个性化表现等自身特点的需求。首饰艺术背后所蕴含的情感内涵更能够体现作品的深层次内容，在满足设计师的精神需求的同时，引起消费者的关注。

外在的是形式，内在的是心灵。西方艺术的发展经历了古典主义—现代主义—后现代主义，在艺术的长河中，一直是一部古典和被古典偏离的历史。古典主义讲故事般的对形式和理想化的追求，现代主义为艺术而艺术，通过反对古典主义的形式而表现的主张人性和艺术回到未被文化、世俗化所"污染"的最原始状态的理想，被后现代主义所颠覆，形成了新时期首饰艺术的独特艺术表现。现代主义所建构起的越是伟大的艺术、权威的东西正是后现代主义所批判的，包括包豪斯以来总结出的所有艺术规律及法则，后现代主义要解构这些东西，并主张过于合理化的东西缺少人性化，人性化正是后现代主义时期所追求的最高艺术境界。这种人性化境界在首饰艺术领域所表现出的个性化符号是空前的。

一、首饰艺术设计的情感需求

人是具有丰富的精神特质的高等动物。人生不同的经历，不同的生存空间，形成了不同个体的情感特质。人类以特有的方式怀念那些值得怀念的，敬仰那些值得敬仰的，感伤那些已经失去的，快乐那些正在闪光的……《圣经·传道书》中说："虚空的虚空，虚空的虚空，凡事都是虚空……"尽管如此，人还是免不了多愁善感，感伤俗世，难以脱离情感纠缠，因为人的精神需求、存在价值并不是在虚空中度过，而是在虚空中留下足迹。

台湾电视剧《放羊的星星》中，女主角夏之星逃亡中偶遇仲天骐，从此一副手铐铐住一对恋人。图6-58（a）所示的这款以手铐为元素的造型普通的"链人"首饰意义非凡，记录了一对恋人的情感经历。图6-58（b）所示的"仲夏夜之星"则是女主角

(a)   (b)

图 6-58 体现情感需求的首饰造型

阿星设计的以两个人的名字命名的首饰，将耳坠和手链设计在一起，就象征男女之间和谐的完美关系，耳坠卸下，彼此成为各自独立的个体，就算这对恋人有一天必须要分开，曾经有过的美好记忆也会牢牢刻印在心底永远不会改变，这就是该首饰设计的精神意义所在。该剧播放后，引起消费者对剧中首饰的争相购买，消费者感兴趣的并不是首饰的外在形式，更多的是首饰背后所凝结的情感价值。

2008年3～5月，英国伯明翰大学珠宝学院在上海四大空间举办了当代首饰与视觉艺术展，展览名称为"失之美"，也是本次参展作品的主题。随着时代的发展，在日益膨胀的雄心下，人们越来越关注自己得到的，而忽略了那些失去的美好。为数不多的参展作品中，大多以平凡质朴的材质诠释设计的内涵，彰显出首饰设计已不再是纯形式主义的表现，在优美形式外观下蕴含的作品底蕴更能深入人心。作品的创作关注观念的发展与表达，藉此寻找作品的内在属性和精神价值。不仅呈现出艺术家的自身经验与文化价值观，同时也传递了艺术家对于个体与社会、传统与当下以及新与旧的记录和思考。

图6-59和图6-60所展示的是Lisa Juen的设计作品《合一》和《高处不胜寒》。作者认为，"在全球化的背景下，我们正受到被均同化的威胁，外部世界的发展变得越来越重要，而我们内在的、个人的、未受影响的思考似乎渐渐丧失了价值。"为了保存日渐褪色的文化多样性和个体特色，从这个世界的规则中逃离出来进入自己的梦想，艺术家以首饰为媒介构建着自己的世外桃源。作品中作者把原本的平面材质三维化，以不同的形与色将局部从母体中分离出来，并赋予它们个性和精神。

当设计者将个人情感的变化融入到作品中时，这种做法无疑拉近了首饰艺术家与佩戴者之间的距离，而首饰艺术的内在情感价值正体现于此。

二、首饰艺术设计的个性化表现

现代首饰艺术作为独立的视觉艺术已经脱离了传统首饰的衣饰概念，成为解读个性化语言的符号。这种个性化符号在后现代主义时期反对已经建立起的艺术设计规则，主张回归自我的心灵，追求反叛、不合理的艺术风格。首饰艺术在这一时期的个性化表现最为强烈。

个性化设计是人性化的要求与体现。它一方面包含了设计师

图6-59　作品《合一》
（材料：铜、珐琅、丝线、人造宝石）

图6-60　作品《高处不胜寒》
（材料：铜、珐琅、丝线、人造宝石）

的个人审美与表达，另一方面又包含了设计必须结合消费群体的个性化需求。设计师的设计风格由设计师本人不同的人生经历、审美及文化素养所决定，这决定了设计师不同的设计语言，也表现了设计的"求异性"，这种求异性正是个性化的表现之一。此外，消费者购买首饰的行为与消费者的个性、修养、职业及其佩戴场合等密切相关，这也体现了不同消费者对于个性化首饰的不同需求，即对首饰设计的求异性提出要求。不无遗憾的是，目前国内首饰业的发展尚处于初级阶段，许多首饰产品的设计个性化特点不强，同质化过于严重，从

而消费者对首饰个性化的需求无法得到真正满足。

对于个性化要求的日益增加使得首饰设计的单品艺术定制成为可能，单个的全球独一无二的艺术首饰受到某些特殊消费者的喜爱并成为其标新立异的需要。同时也逼迫首饰公司推出限量版饰品，以迎合消费者与众不同的需求。同时，这种高层次的消费群体的存在也使得首饰作为高档奢侈艺术品的价值得以体现，使得那些凝结了手工劳动汗水的单品精品首饰越来越受到消费者的喜爱与收藏。

参考文献

［1］Laura Fronty，APassion for Jewelry：Secrets to Collecting，Understanding，and Caring for your Jewelry ［M］．Rizzoli，2007．

［2］Terry Taylor，The Art of Jewelry：Wood，Techniques，Proiects，Inspiration ［M］．Lark Books，2008．

［3］Diana Scarisbrick，Rings：Jewelry of Power，Love，and Loyalty ［J］．London：Thames & Hudson，2007：384．

［4］Nadine Coleno，Amazing Cartier：Jewelry Design since 1937 ［M］．Flammarion，2009．

［5］Joanna Gollberg，Making Metal Jewelry：Projects，Techniques，Inspiration ［M］．U．S：Lark Books，2006．

［6］Terry Taylor Dylon Whyte，Chain Mail Jewelry：Contemporary Designs from Classic Techniques ［M］．U．S：Lark Books，2006．

［7］Jeffrey B．Snyder，Art Jewelry Today 2 ［M］．Schiffer Publishing Ltd，2008．

［8］Lark Books，2005 Necklaces：Contemporary Interpretations of a Timeless Form（500 Series）［M］．U．S：Lark Books，2006．

［9］Anne Leurquin，A World of Necklaces：Africa，Asia，Oceania，America ［M］．Skira Editore，2004．

［10］Anne Van Cutsem，A Wofld of Bracelets ［M］．Skira Editore，2003．

［11］Suzanne Tennenbaum，The Jeweled Garden ［J］．London：Thames and Hudson，2006：208．

［12］Jones，Sue Jenkyn，Fashion design ［J］．London：Baker & Tayl，2005：240．

［13］Peter Lane，Contemporary Studio Porcelane ［J］．London：A & C Black，2005：289．

［14］Deborah Nadoolman，Costume design ［J］．Burlington：Focal Press，2007：592．

［15］张蓓丽．系统宝石学 ［M］．2版．北京：地质出版社，2006．

［16］石青．首饰的故事 ［M］．北京：百花文艺出版社，2003．

［17］邹宁馨，伏永和，高伟．现代首饰工艺与设计 ［M］．北京：中国纺织出版社，2005．

［18］邵平．珠宝首饰绘图技法 ［M］．上海：人民美术出版社，2006．

［19］王建中．世界现代玻璃艺术 ［M］．石家庄：河北美术出版社，2004．

［20］于大川．珠宝首饰设计与加工 ［M］．北京：化学工业出版社，2005．

附录

学生作品欣赏
上海工程技术大学学生作品

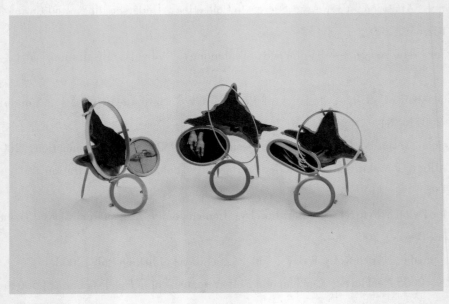

设计者：李春晓，指导教师：张晓燕
作品名称：解构·山河故人
材料：纯银，相片纸，黑檀木，鲍鱼贝

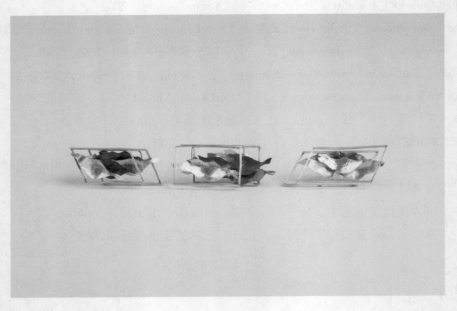

设计者：阮婷玉，指导教师：张晓燕
作品名称：时空·落叶
材料：纯银，白铜，焊接工艺

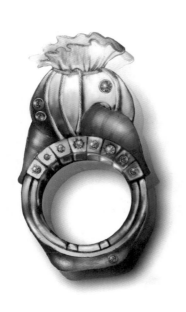

左图设计者：陆凌颐，材料：K金、硅胶
右图设计者：赵斐，材料：24K金、925银、木材
指导教师：张晓燕

设计者：曩舒心，指导教师：张晓燕
作品名称：power of circularity
材料：纯银、丝线、豆丁绣、焊接

教师作品欣赏
SFT——甜憩园时尚首饰工作室张晓燕首饰作品
——是空灵之诗，还是怀荡温度的首饰作品？

张晓燕毕业于北京服装学院首饰设计与制作专业硕士，上海工程技术大学服装学院副教授，硕士生导师，创立甜憩园时尚首饰工作室。张晓燕的首饰作品寓情于唐诗宋词般的优美气韵，感悟自然造物之灵秀，从童趣的孩子般的内心世界，到个人情感的自然流露，无不映射出设计师独特的创作视角，作品将现代首饰造型技巧与传统佛学文化相融合，材料与色彩多以纯银的本白色与24K金的金色为主，适当运用镀氧化膜的彩色钛、彩色宝石、珐琅、黑檀木等具有鲜艳色泽的材料，彰显作品自然、时尚、优雅的韵味。品诗情画意，伴茶韵花香，听天籁之音，轻歌曼舞……甜憩园首饰工作室纵情于设计师与观赏者心与心的交流，用首饰搭建桥梁，为钢筋水泥的快节奏的城市下生活的人们建造一方恬静休憩的心灵家园，回归自然轻松的本性。

胸针作品：月色净土　　设计者：张晓燕
材料与工艺：纯银、铆接焊接工艺、钛合金阳极氧化技术
作品概念：若欲无境，当忘其心，心忘即境空，净自心则福田方净。作品月色净土通过月色下静谧的树枝、小鸟等充满意境的自然物境表达设计者享受晨钟暮鼓，菩提梵唱的安然宁静之心境。

项饰作品：相望　　设计者：张晓燕
材料与工艺：纯银、锻造焊接工艺
作品概念：是河畔的微风掠过轻盈的水面，是飘落的花瓣翻转于时空的边缘；
　　　　　是摇曳的花枝留恋岸边的顾盼，是遥远的思绪怀想曾是小小少年；
　　　　　在那遥远的——开满鲜花的河畔，遥遥相望的一瞬间，永不相忘于流年……

SFT——Sofar品牌胡世法首饰作品

胡世法毕业于上海大学美术学院首饰设计专业硕士，就职于上海工程技术大学，创立首饰品牌Sofar，上海设计之都领军人才第一期成员，作品曾多次在国内外重要展览展出并获奖。胡世法认为："首饰是最贴近身体的艺术，它带着身体的温度，可以和佩戴的人有最无间的交流"。

作品：流年　　设计者：胡世法
材料与工艺：银、旧照片、珍珠等现成物、焊接工艺

作品：无声　　设计者：胡世法
材料与工艺：银、现成物、焊接工艺

SFT——书间首饰工作室王书利首饰作品

　　王书利毕业于上海大学美术学院首饰设计专业硕士，现就职于上海工程技术大学，书间首饰工作室负责人。作品曾多次在国内外重要展览展出并获奖。

胸针作品：游无居·览无物（2013年）　　　　　设计者：王书利
材料与工艺：925银、紫铜、氧化剂、综合材料、铆接焊接工艺
作品概念：游无居览无物系列胸针是对文人画可游可居意境的物化。但又非绝对的物化，意是通过艺术首饰这一艺术载体来再次传达古代文人寄情于山水的艺术情怀。

项饰作品：敬物（2012年）　　　　　设计者：王书利
材料与工艺：铁合金、菌类植物
作品概念：造物主的智慧虽然是我们人类无法企及的，但是对造物主的敬仰却是我们人类从古至今一直未曾改变过的。敬物系列项饰一是通过艺术首饰载来传达对造物主的无限敬仰；二是表达对各种生命形式的尊重。

后记

本书在2010年版本的基础上做了进一步的完善修改，教材在修订的过程中得到了亲人、朋友的精神支持，得益于众多老师、同行的帮助，在此表示深深谢意！本书副主编楼慧珍教授多年来从事油画及水彩画创作，绘画作品得到海内外人士的喜爱珍藏，她在全书的整体结构及优秀图片的选用方面细心斟酌并在本书作为教材所必须有的专业高度和艺术鉴赏价值方面给予了帮助；复旦大学视觉艺术学院外聘教师龚根发多年来从事首饰蜡雕工艺制作，为本书提供了首饰制作工艺章节的蜡雕工艺制作范例；笔者的学生复旦大学视觉艺术学院陆盛青同学为本书提供了首饰艺术绘图技法章节的部分手工绘图技法范例与JewelCAD首饰设计范例，在此表示感谢。

此外，感谢中国纺织出版社策划编辑王璐、责任编辑魏萌以及复审老师姜娜琳在原书修改版的基础上对全书给予的整体细致的修改与统筹建议。感谢本书第一版编辑向映宏、陈芳、杨勇，感谢笔者在读硕士期间的导师北京服装学院邹宁馨教授在艺术首饰设计方面和中国地质大学珠宝学院邵平老师在珠宝首饰手绘技法方面的指导，并对笔者所在上海工程技术大学服装学院领导的支持表示感谢。

张晓燕

2016年秋天于上海工程技术大学